U0352930

重庆文理学院学术专著出版资助

酒糟炭植物毒性及其修复重度复合重金属污染土壤机理研究

朱启红　夏红霞　黄 浩　李 强　著

北 京
冶 金 工 业 出 版 社
2023

内 容 提 要

本书从酒糟生物炭对重度复合重金属污染土壤物理、化学、生物学性质的影响与调控研究出发，系统、全面地介绍了作者团队近10年来对酒糟生物炭修复重度复合重金属污染土壤的相关研究成果。全书共分七章，主要内容包括绪论、酒糟炭制备及其吸附性能研究、酒糟炭潜在植物毒性研究、酒糟炭对重度复合重金属污染土壤理化性质的影响研究、酒糟炭对重度复合重金属污染土壤细菌多样性及土壤酶活性的影响研究、酒糟炭对重度复合重金属污染土壤重金属赋存形态的影响研究、酒糟炭对重度复合重金属污染土壤水稻生长发育和产量的影响研究等。

本书既可供土壤学、环境科学、生态学、农学、植物生理学等领域科研工作者、技术人员阅读，也可作为高等院校、研究所相关专业研究生课程的参考教材。

图书在版编目(CIP)数据

酒糟炭植物毒性及其修复重度复合重金属污染土壤机理研究/朱启红等著．—北京：冶金工业出版社，2023.8

ISBN 978-7-5024-9481-0

Ⅰ.①酒…　Ⅱ.①朱…　Ⅲ.①酒糟—活性炭—作用—土壤污染—重金属污染—生态恢复—研究　Ⅳ.①X53

中国国家版本馆CIP数据核字(2023)第074261号

酒糟炭植物毒性及其修复重度复合重金属污染土壤机理研究

出版发行　冶金工业出版社　　**电　　话**　(010)64027926
地　　址　北京市东城区嵩祝院北巷39号　　**邮　　编**　100009
网　　址　www.mip1953.com　　**电子信箱**　service@mip1953.com

责任编辑　夏小雪　美术编辑　吕欣童　版式设计　郑小利
责任校对　梅雨晴　责任印制　禹　蕊
三河市双峰印刷装订有限公司印刷
2023年8月第1版，2023年8月第1次印刷
710mm×1000mm　1/16；12.5印张；202千字；189页
定价72.00元

投稿电话　(010)64027932　投稿信箱　tougao@cnmip.com.cn
营销中心电话　(010)64044283
冶金工业出版社天猫旗舰店　yjgycbs.tmall.com
(本书如有印装质量问题，本社营销中心负责退换)

前　言

土壤是重要的生产要素之一，一旦受到污染不仅影响作物产量，也会威胁到水、大气等其他生态环境安全。土壤污染尤其以重金属污染为重，因重金属不能为土壤微生物所分解，易于积累，转化为毒性更大的甲基化合物，有的甚至通过食物链进入人体，并以有害浓度在人体内蓄积，严重危害人体健康。

当前，我国土壤重金属污染防治形势严峻。据资料显示，我国土壤重金属污染面积已达全国耕地面积的1/5，其中部分土壤已达到重度污染。由于缺乏合适耕地，农民仍在重度污染土壤上继续从事农业生产，这给粮食安全带来极大隐患。因此，如何在不影响农业生产的前提下，通过合理、有效的措施改变重金属在土壤中的存在形态，降低其在环境中的迁移性和生物可利用性，减少重金属在农产品中的富集量是解决土壤重金属污染问题的最佳途径。

生物炭是生物质材料在缺氧或限氧条件下热解，去除生物质中的油和气后剩下的固体物质，具有负电荷多、离子交换能力强、吸附性能优异等特点。利用生物炭修复重金属污染土壤已获得学术界的广泛认可，但也有学者对生物炭农用安全存在质疑，认为生物炭中的有毒物质可能危及农业安全，且现有生物炭修复污染土壤方面的研究主要集中于轻中度污染土壤，多局限于单方面的机理分析。

本书是基于重庆市自然科学基金项目“生物炭输入对库区土壤重金属迁移转化的影响研究”、重庆市教委科研项目“生物炭植物毒性及其缓解机制研究”等的相关研究成果和作者课题组近10年的研究成果，并结合生物炭修复重金属污染土壤现状而编写的。书中利用室内实验和田间实验相结合的方法从物理、化学、生物学角度论述了酒糟炭对重度复合重金属污染土壤性质的影响与调控。其中，包括酒糟炭制备及其吸附性能、酒糟炭潜在植物毒性、酒糟炭对重度复合重金属污染土壤理化性质的影响、酒糟炭对重度复合重金属污染土壤细菌多样性及土壤酶活性的影响、酒糟炭对重度复合重金属污染土壤重金属赋存形态的影响、酒糟炭对重度复合重金属污染土壤水稻生长发育和产量的影响等。

本书主要针对生物炭修复重金属污染土壤方面研究存在的问题，提出了以下解决方案：(1) 针对生物炭是否存在植物毒性这一焦点问题，通过种子萌发实验、幼苗生长实验并结合有毒物质分析，科学、有效评估生物炭潜在的植物毒性，为合理利用生物炭提供科学依据。(2) 根据生物炭的致毒机制、对重金属离子的吸附机理，明确不同改性方法对生物炭潜在的植物毒性和吸附重金属离子的影响，制备低毒性、高吸附性能生物炭，进而确保生物炭农用安全。(3) 针对人们常常忽视重度重金属污染土壤修复研究的现状，从土壤物理、化学、生物特性三方面，系统分析生物炭输入对重度复合重金属污染土壤理化性质、重金属赋存形态以及农作物富集重金属的影响，以揭示酒糟生物炭修复重度复合重金属污染土壤的机理，为利用生物炭修复重度复合重金属污染土壤提供依据，进而促进农业安全生产。

本书对扩展废弃酒糟资源化利用途径，解决废弃酒糟污染问题，以及利用生物炭修复重度复合重金属污染土壤，确保农业生产安全具有重要意义，可有助于推动农业生态安全，改善农村生态环境。本书既可作为土壤学、环境科学、生态学、农学、植物生理学等领域科研工作者、技术人员的参考书，也可作为高等院校、研究所相关专业研究生课程的参考教材。

在本书编写过程中，得到了四川农业大学伍钧教授、沈飞教授、徐小逊教授的悉心指导与帮助，感谢重庆文理学院化学与环境工程学院、科研处对相关研究工作的鼎力支持，感谢重庆文理学院对本学术专著出版的资助。

由于作者水平有限，书中不妥之处，诚请读者批评指正。

作　者

2023 年 1 月

目　　录

第一章 绪　论

随着经济发展，人类活动产生的各种污染物质正对人类环境造成严重危害[1]，尤其是土壤重金属污染日趋严重，这不仅会导致土壤肥力下降、农作物产量降低[2]、污染地表水和地下水，还会通过食物链危及人体健康[3]。重金属污染土壤修复、改良与持续利用是保证粮食安全及世界和平稳定发展的重要措施[4-5]，已成为当前和今后一个时期环境保护领域的头等大事[6]。

生物炭是生物质材料在缺氧或限氧条件下热解[7-8]产生的，具有难溶、稳定、高度芳香化等特性[9]，被认为是黑炭的一种[10]。相关研究表明，生物炭具有巨大的表面积和内部孔隙[11]，具有负电荷多、离子交换能力强[12]、吸附性能优异等特点[13]，不仅能直接吸附污染物质[14]，施入土壤后还可改善土壤理化性质[15]、减少养分流失[12]、促进作物生长[16]、吸附固定土壤污染物质[17-18]，并能增加土壤碳库，减少温室气体排放[19-20]。生物炭利用研究现已成为环境和农业科学领域的研究热点之一[21]。

与传统土壤添加物石灰、有机肥相比，生物炭以其高度稳定性和对土壤理化性质的综合改变[22-23]，在土壤改良以及污染土壤修复中展示了巨大的优势和潜力[24]。因此研究生物炭对农田重金属污染土壤的修复，对于拓宽重金属污染土壤的修复途径，提高重金属污染土壤的治理效果具有重要的理论和现实意义。但是，目前国内外有关利用生物炭修复重金属污染土壤方面的研究主要针对轻中度污染土壤[10,25-26]，尚未见到有关利用生物炭修复重度重金属污染土壤方面的研究报道。

第一节 生物炭特性

生物炭制备材料来源十分广泛，农田废弃物、生活垃圾、牲畜粪便等均可作为制备生物炭的原料[27]，但不同生物质原料和热解温度制备的生物炭结构差异较大，对污染物质的吸附性能也各不相同[28]。相关研究表明，生物炭比表面积、表面形貌、内部孔隙等[11]均会随着热解温度和热解时间发生变化，生物炭表面官能团以及酸碱性、亲水性、疏水性等也与热解条件密切相关[29-30]。

Kim 等[31]研究发现当热解温度从 300℃提高到 500℃，松木制生物炭的产量从 60.7% 急剧降低到 14.4%，并且随着热解温度升高，生物炭上的芳香族官能团明显增加。Yuan 等[32]利用油菜、玉米、大豆和花生秸秆在300~700℃条件下制备生物炭，发现生物炭 pH 值随热解温度升高而增加。通过 X 射线衍射研究发现，这主要是因为生物质在高温条件下热解产生了较多的无机碳酸盐，低温时产生了大量对生物炭 pH 值影响非常明显的—COO(—COOH)、—O(—OH) 官能团。陆海楠等[33]研究发现，水稻秸秆、玉米秸秆分子结构中的含醚键（C—O—C)、羰基（C ═O）等基团在生物质原料裂解过程中逐渐消失，并且随着裂解温度升高，生物炭结构中的甲基（$—CH_3$)、亚甲基（$—CH_2$）逐渐消失，芳环结构逐渐增加。郑庆福等[34]研究也发现，玉米渣、牛粪、锯木等原料制备的生物炭中含有大量羟基、芳香基以及含氧基团，但不同温度下制备的生物炭结构差异较大，高温炭化促进了生物炭芳香基团的形成。

第二节 生物炭对土壤性质的影响

生物炭对土壤的改良功能源于南美亚马孙盆地黑土的发现，这是一种有机碳含量是普通土壤 3~4 倍的特殊肥沃土壤[35]，对中低产地具有十分显著的改良作用。许多研究结果表明，施用这种特殊肥沃的土壤（生物炭）可明显增加土壤有机质含量，促进土壤团聚体形成[36]，改善土壤物理结构，减少养分流失，促进养分循环[37]。

一、生物炭对土壤物理性质的影响

土壤物理性质包括土壤质地结构、土壤比重、土壤容重、土壤孔隙度和土壤水分含量等[38]。相关研究表明，施用生物炭可改变土壤物理特性[39]，但其改善效果与生物炭种类、施用量以及土壤质地密切相关[40]。赵殿峰等[39]研究发现，生物炭可显著提高植烟土壤有机质含量，改善土壤结构。张伟明[41]研究也发现，施用生物炭后土壤容重最高下降 12.94%、总孔隙度提高 9%~13%、通气孔隙度提高 0.2~2.7 倍。这主要是因为生物炭具有类似有机质或腐殖质的作用[42]，因此施用生物炭可增加土壤有机碳含量[43]，降低土壤容重[39]。陈红霞等[44]认为，施用生物炭降低土壤容重，这除了与生物炭的稀释作用外，还与施用生物炭提高土壤团聚性有关。

Mulcahy 等[45]研究表明，施用生物炭还可改善土壤水分特征曲线。齐瑞鹏等[46]研究也发现，生物炭能够明显增加塿土入渗能力，这主要是因为施用生物炭改变了土壤孔隙结构。赵迪等[43]也证实，添加生物炭显著降低了粉黏壤的持水率。Herath 等[47]向典型湿地脆磐潮湿淋溶土和简育湿润灰烬土中添加在 350℃以及 550℃下制备的玉米秸秆生物炭，经过 295 天的培育，施用 550℃下制备的玉米秸秆生物炭的湿地脆磐潮湿淋溶土稳定性显著高于简育湿润灰烬土，土壤容积含水率、土壤饱和含水率等参数也发生明显变化，土壤质量得到明显改善。

向土壤中添加生物炭，还可改善土壤通气状况[38]，促进土壤有机-矿质复合体的形成[48]，提高土壤团聚体的稳定性[49]，有利于土壤保水蓄肥，促进植物根系生长[30,50]。生物炭在促进植物根系生长时，植物根系可能会伸入生物炭内部孔隙中吸收生物炭附着的水分和养分，促进了土壤团聚体的形成；与此同时，生物炭促进了土壤中细菌、真菌、放线菌的生长繁殖[51]，上述细菌菌丝与生物炭交织形成的根系系统会进一步促进土壤团聚体的形成[44]，增强土壤团聚体的稳定性[52]，从而促进植物对养分的吸收[53]，有效提高养分利用率[42,54]。

二、生物炭对土壤化学性质的影响

土壤化学性质包括土壤 pH 值、盐基饱和度、阳离子交换量等[55]。相关研究表明，施用生物炭可提高土壤 pH 值、阳离子交换量（CEC）等，并提高土壤养分含量[56]。

pH 值是土壤重要的化学属性之一，可直接影响土壤养分的有效性[15]。逄雅萍等[57]研究发现添加生物炭可提高土壤 pH 值，且生物炭添加量越大，pH 值增加越多。王震宇等[4]研究发现，施用花生壳生物炭可提高酸化土壤 pH 值 1.33 个单位，显著提高土壤碱解氮含量，进而促进了玉米植株生长。张祥等[58]研究也发现，花生壳生物炭能显著提高南方红壤和黄棕壤 pH 值；但刘祥宏[59]研究却发现，施用锯末生物炭降低了黄土高原土壤 pH 值，这说明不同生物炭对不同类型土壤 pH 值的影响是不同的。

CEC 值是用来估算土壤吸收、保留和交换阳离子的能力，可用于判断土壤保肥、供肥性能和缓冲能力[60]。相关研究表明，施用生物炭可有效提高土壤 CEC 值，但其效果与生物炭以及土壤自身特性有关[59]。孙军娜等[61]研究发现，施用糠醛渣生物炭可显著提高土壤 K^+的含量，且土壤交换性 K^+的含量随生物炭施用量增加而增加；但添加糠醛渣生物炭对土壤交换性 Na^+、Ga^{2+}、Mg^{2+}等的含量影响不明显。Glaser 等[9]认为，生物炭提高土壤 CEC 值可能是因为生物炭巨大的比表面积及其表面的含氧官能团，提高了对土壤溶液中阳离子的吸附能力[20]，增加了土壤阳离子交换量[62]。Chintala 等[63]也提出类似观点，认为生物炭中芳香族碳的氧化和羧基官能团的形成也可能是提高土壤 CEC 值的原因[64]。但刘祥宏[59]研究却发现施用生物炭对黄土高原的塿土和黑垆土无明显作用，甚至会产生一定的负效果，引起土壤 CEC 值在一定程度上的降低。黄超等[65]研究也发现，生物炭对提高低产土壤 CEC 值作用明显，而对高产田作用不明显。

土壤 CEC 值增加，这意味着土壤养分潜在流失量降低，土壤保蓄养分能力得到增强。高德才等[66]利用室内土柱淋溶实验研究了不同用量生物炭对旱地土壤氮素动态变化的影响，研究结果显示生物炭施用量超过 2%时，可显著降低土壤 TN、NH_4^+-N 流失量；生物炭施用量超过 4%时，可显著降低土壤 NO_3^--N 淋溶流失量。这可能是因为施用生物炭改变了土壤的质地结构[67]，降低了淋溶液的流出量；同时，生物炭对土壤溶液中的 NH_4^+-N 具有较强的吸附能力，可延缓 NH_4^+-N 向 NO_3^--N 的转化速率。Gueerena[68]研究表明，良好的土壤透气性能可提高土壤氮素的硝化反应，提高土壤硝态氮含量；同时，土壤溶液中的 NH_4^+-N 易被土壤胶体和生物炭吸附，故土壤中的氮主要以 NO_3^--N 形式流失。Knowles 等[69]向邓普顿粉砂壤土和阿什利的溪谷淤泥壤土中施用生物炭，经过 5 个月的研究发现，施用生物炭可减少土壤氮素流失。周志红等[70]研究也发现，适量施用生物炭可降低黑钙土和紫色土总氮、硝态氮和有机氮流失，但当生物炭施用量超过一定量 0. 01t/m^2 时却促进了土壤中氮素流失。Laird 等[42]研究也发现，添加生物炭不但未起到抑制作用反而促进了硝态氮的淋溶流失。

由此可见，施用生物炭既可能提高土壤氮素利用率，也可能促进氮素流失，这主要是因为生物炭是一种惰性有机碳，热解温度、热解时间以及原料等均会显著影响生物炭的稳定性、吸附能力以及离子交换能力[71]；同时，土壤性质也是影响生物炭效果的关键因素之一。

三、生物炭对土壤生物因子的影响

微生物是土壤有机质腐殖化和矿质养分释放的主要参与者[72]，同时也是土壤养分重要的储存库和植物速效养分的重要来源库[73]，土壤微生物量比土壤其他性质更能快速反映土地利用方式的变化。生物炭巨大的表面积[74]和多孔性特点[75]为微生物生长提供了众多着生点[76]；同时，生物炭多孔结构中吸附的可溶性有机物、气体、土壤养分和水分为微生物生长提供良好的环境[22]，从而促进了特定微生物的生长繁殖。而且，进入到土壤中的生物炭可与土壤结合，从而改善土壤通气结构，促进土壤形成团聚体[44,73]。施入到土壤中的生物炭还加深了土壤颜色，提高了土壤温度，增强了微生物的代谢功能[77]。但生物炭对土壤微生物的影响是多方面的，其影响机制还有待深入研究[72,78]。

大多数研究表明，添加生物炭利于土壤微生物生长繁殖，可明显改善土壤生物群落结构和土壤酶活性[79]。顾美英等[80]研究发现，施用生物炭棉田根际土壤细菌、放线菌、真菌与对照组相比，分别提高了72.1%、73.2%、83.3%；非根际土壤分别提高了51.9%、56.8%和100.0%。研究结果还显示，与常规施肥相比，生物炭处理灰漠土，其细菌和真菌数量均有所增加，但放线菌变化差异较大。Kolton 等[81]研究发现，施用生物炭可促进某些细菌生长，但抑制了溶杆菌属（*Lysobacte*）、变形菌门（*Proteobacteria*）等细菌生长。Anderson 等[82]研究也发现，生物炭可促进土壤酸热菌（*Acidothermaceae*）、纤维素单细胞（*Cellulomonadaceae*）、芽球菌（*Geodermatophilaceae*）和微杆菌（*Microbacteriaceae*）生长，但会抑制红色杆菌（*Conexibacteraceae*）、微球菌（*Microccaceae*）、微单胞菌（*Micromonosppcaceae*）、类诺卡氏菌（*Nocardioidaceae*）、链霉菌（*Streptomycetaceae*）生长，这可能与生物炭改变土壤微环境、土壤养分有效性[9]以及生物炭携带的碳源等有关[20]。陈心想等[72]研究也发现，施用生物炭可显著提高细菌、放线菌、真菌三类微生物数量，但降低了玉米拔节期和成熟期土壤微生物量。

酶是土壤中最活跃的有机成分之一[83]，它驱动了土壤几乎所有的生物化学反应[84]，参与了土壤地球物质化学循环和能量转换[85]。人类活动引起的土壤质量变化会引起土壤微生物性质变化[86]，故土壤酶活性可用于表征土壤健康状况[87]，也可作为评价重金属污染土壤改良效果的指标之一[88]。生物炭与土壤酶之间的作用较为复杂[89]，生物炭对酶促反应底物的吸附作用可促进酶促反应[78]，提高土壤酶活性；同时，生物炭对酶分子的吸附作用却抑制了酶促反应[90]。侯艳伟等[88]研究发现，在重金属污染土壤中添加秸秆生物炭，可显著提高土壤脲酶、过氧化氢酶活性；但黄剑[91]却发现，过量施用生物炭抑制了土壤脲酶活性[89]。

第三节 生物炭对土壤重金属赋存形态的影响

重金属进入土壤后会以多种形态存在，不同形态重金属迁移能力和生物毒性差异巨大[14]。BCR 分级提取法将土壤重金属分为可交换态、可还原态、可氧化态和残渣态[92]。可交换态重金属因其可被生物直接吸收，被认为是速效态；土壤可氧化态以及可还原态重金属在一定条件下可转化为酸溶态而被生物利用，被认为是缓效态；残渣态被固定于土壤晶格中，几乎不被生物利用，被认为是无效态[93]。可交换态重金属所占比例越大，重金属活性越强[94]，生物有效性也越高[95]，其毒性也就越强；相反，可还原态、可氧化态以及残渣态所占比例越高，其生物有效性越低[96]，毒性越差。

生物炭对土壤重金属赋存形态的影响主要是通过改变土壤 pH 值和有机质含量[97]，促进可交换态重金属向可还原态、可氧化态以及残渣态转化[98]。这主要是因为施用的碱性生物炭中和了土壤部分酸性物质，土壤溶液中的碱性基团如硅酸根离子、碳酸根离子、氢氧根离子逐渐增多[96]，促进了难溶性重金属氢氧化物、硅酸盐和碳酸盐的形成，从而降低了可交换态重金属含量[99]。同时，随着土壤 pH 值增加，土壤胶体表面负电荷增加[95]明显，增强了对土壤重金属离子的电性吸附能力[96]。Hou 等[92]研究发现，随着土壤 pH 值增加，土壤重金属阳离子逐渐向羟基态转化，促进了重金属离子与土壤吸附点位的结合[100-101]，从而被土壤胶体吸附固定。此外，生物炭自身也直接参与了对土壤重金属离子的固定作用：生物炭表面吸附的大量羧基和酚羟基等官能团，可通过配合或螯合作用与重金属离子反应形成难溶性配合物[102]，促进土壤可交换态重金属向残渣态转化。相关研究还表明，施用生物炭还可以增加土壤有机质含量，提高土壤 CEC 值，从而提高土壤重金属离子的配合反应[103]，进一步降低可交换态重金属含量。Cao[104]和Chen[105]等研究发现，生物炭易使重金属铅在富含磷酸盐和碳酸盐的环境下形成$Pb_3(CO_3)_2(OH)_2$、β-$Pb_9(PO_4)_6$沉淀；同时，生物炭携带的磷酸根离子还可以直接吸附土壤中的重金属离子，降低其活性。

此外，进入土壤的生物炭还可与土壤结合，促进土壤形成团聚体[44,82]，加深土壤颜色，提高土壤温度[77]，促进土壤中部分微生物的生长和繁殖，尤其是促进土壤丛枝菌根真菌（*Arbuscular mycorrhizae*，AM）、外生菌根真菌（*Ectomycorrhizal*，EM）的活性，而AM和EM可与重金属相结合[106]，从而限制了重金属向菌根植物上部迁移，减少重金属对植物的毒害作用[107]。Lehmann等[79]研究表明，施用生物炭还可明显提高土壤脲酶、过氧化氢酶、酸性磷酶活性。土壤脲酶活性增加，主要是因为脲酶中的巯基与重金属离子发生配合反应，降低了重金属离子的活性[108]。由此表明，施用生物炭可改善土壤通气结构，促进土壤团聚体的形成，增强微生物的代谢功能[109]，并提高土壤pH值[98]、增加土壤有机质含量等[110]，促进可交换态重金属向残渣态转化，进而降低土壤重金属的迁移能力。

第四节　生物炭对植物生长的影响

土壤是粮食植物赖以生存的介质，但现在土壤环境污染形势严峻，严重制约着农产品的产量与品质安全。Blan[24]在2010~2011年在我国南方Cd污染农田中施用生物炭，研究发现施用生物炭后的表层土和收获后的米粒中Cd含量显著降低。施用生物炭可降低米粒中20%~90%的Cd，生产的米粒Cd含量低于国家食品安全标准（Cd含量小于0.4mg/kg）的要求。Méndez等[111]利用污泥制备生物炭修复地中海污染土壤，研究发现，在500℃条件下制备的污泥生物炭可降低土壤中Cu、Ni、Zn和Pb的活性。刘阿梅等[112]通过研究发现，施用生物炭可显著促进圆萝卜和小青菜生长，生物炭促进圆萝卜增高26%、增重4.6倍；促进小青菜增高41%、增重14.3倍。并显著降低圆萝卜、小青菜根叶中镉积累量。侯艳伟等[88]研究发现，施用生物炭虽然降低了龙岩土壤油菜中As含量，但提高了郴州土壤油菜中As含量，且郴州土壤油菜As增量随生物炭施用量增加而升高。

综上所述，施用生物炭可改变土壤pH值、CEC值、水分含量等理化性质，影响土壤微生物多样性、土壤酶活性等，影响土壤重金属赋存形态，进而影响重金属在土壤-水-植物体系中的迁移转化。但生物炭对土壤的影响是多方面的，生物炭对土壤的改良效果与生物炭自身特性、土壤类型等密切相关，其影响机制尚不完全清楚，有待深入研究[78]。土壤组分复杂，某一环境条件的细小变化，均会影响土壤物理、化学、生物学性质，尤其是对土壤微生物多样性影响显著。因此，研究生物炭对土壤重金属的迁移转化，尤其需要从土壤物理、化学、生物特性三方面进行系统分析，进而确定生物炭的影响机理。

第二章　酒糟炭制备及其吸附性能研究

生物炭是秸秆、牲畜粪便、生活垃圾等有机生物质在缺氧或限氧条件下热解，去除生物质中的油和气后剩下的固体产物[9,22]，它被认为是黑炭的一种。目前，关于生物炭制备及其理化性质方面的研究较多，但多集中于水稻秸秆、玉米秸秆、油菜秸秆、生活垃圾、牲畜粪便等生物质原料制备的生物炭。相关研究已表明，生物炭理化性质与生物质原料、生物炭制备条件密切相关[34,124]，不同原料、不同热解条件制备的生物炭吸附性能差异巨大[30]。因此，有必要对特定原料、特定热解条件下制备的生物炭进行基本理化性质研究，以便为该生物炭的应用研究提供理论依据与技术参考。

自古以来，酒在宗庙祭祀、朝廷宴饮、社会交际等活动中必不可少。成都地区，因其气候温和，特产丰富，酿酒历史尤为悠久。据资料显示，早在东汉，成都就开始用蒸馏技术造酒，酿酒业现已成为四川省重要的支柱产业之一。尤其是以高粱、大米、糯米、小麦和玉米五种粮食为原料，经过精心配料、陈年老窖发酵，精心勾兑而成的五粮液，它以“香气悠久、入口甘美、各味协调、酒味全面”等独特风格闻名于世，成为当今酒类中的珍品。但是，随着酿酒业的蓬勃发展，酒糟废物再利用已成为酿酒行业的难题之一。

为扩大酒糟的资源化利用途径，减少酿酒业的后顾之忧，本章以酒糟为原料制备生物炭，以酒糟炭微观结构与表面形态为切入点，研究不同热解温度下制备的酒糟炭理化性质特征，并通过比较不同温度下制备的生物炭对重金属铅离子的吸附动力学行为差异，进而分析酒糟炭对重金属离子的吸附性能，以期为利用酒糟炭修复重金属污染土壤提供理论依据。

第一节 材料与方法

一、实验材料与实验方法

（一）实验材料

供试材料：酒糟取自四川省某酒业有限公司，为“五粮液”原酒酒糟（酿制前原料中高粱、大米、糯米、小麦、玉米的质量比为 23∶37∶19∶17∶5）。

实验药品：铅为 $Pb(NO_3)_2$（优级纯）。

（二）实验方法

酒糟炭采用限氧热解法制备[125]：将风干的酒糟于 80℃烘箱中烘干，粉碎过 100 目筛。取粉碎过筛后的酒糟于坩埚中压实，盖上坩埚盖，放入马弗炉中升温热解。热解温度设置为 300℃、400℃、500℃、600℃、700℃，以 5℃/min 升温速率升温至设置温度后热解 2h。待热解结束后，关闭马弗炉，取出坩埚冷却至室温即获得酒糟炭，记为 C300、C400、C500、C600、C700。

吸附实验：分别称取 0.2g 酒糟炭于 50mL 聚乙烯离心管中，加入 20mL 浓度为 10mg/L 的 $Pb(NO_3)_2$溶液，在 25℃条件下于恒温水浴振荡器中振荡（100r/min）。分别于不同时间取出，以 4000r/min 速度高速离心 20min，用 0.45μm 水系滤膜过滤后，用 ICP-MS 测定溶液中 Pb^{2+} 含量，计算平衡吸附量。吸附实验所用溶液均用 0.01mol/L 的 $NaNO_3$作支持电解质。

等温吸附实验：采用批量吸附实验来验证酒糟炭的吸附性能。吸附实验在（25±0.5）℃、100r/min 振荡条件下进行。称取 0.2g 酒糟炭于 50mL 聚乙烯离心管中，加入不同浓度的 $Pb(NO_3)_2$溶液，待吸附平衡后取出，以 4000r/min 速度高速离心 20min，用 0.45μm 水系滤膜过滤后，用 ICP-MS 测定溶液 Pb^{2+} 含量。等温吸附试验中 Pb^{2+}初始浓度范围为 10~250mg/L，共设计 7 个浓度点，平衡时间为 4h，所有溶液均用 0.01mol/L 的 $NaNO_3$作支持电解质。

pH 值对吸附的影响：取 20mL 浓度为 10mg/L 的 $Pb(NO_3)_2$溶液于 50mL 聚乙烯离心管中，调节溶液 pH 值至 2~8，加入 0.2g 酒糟炭，在 25℃条件下于恒温振荡器中振荡 4h，离心，测定溶液中 Pb^{2+} 浓度。

二、测定项目与方法

酒糟炭灰分含量测定参照《木质活性炭试验方法——灰分含量的测定》（GB/T 12496.3—1999）；

酒糟炭 pH 值测定参照《木质活性炭试验方法 pH 值的测定》（GB/T 12496.7—1999）；

酒糟炭比表面积、孔径采用 SA3100 型比表面积及孔径分析仪（Beckman Coulter，Inc 公司）测定；

酒糟炭红外图谱采用 Vertex70 型傅里叶变换红外光谱仪（Bruker 公司）测试；

酒糟炭主要元素组成采用 Vario MACRO cube 型元素分析仪（Lementar 公司）测定；

酒糟炭微观形貌结构采用日立公司的 TM-1000 表面扫描电镜测定。

Pb^{2+} 浓度采用 ICP-MS（美国 Agilent 公司，型号 7700x）进行测定，实验数据采用 SPSS 和 Excel 软件进行统计分析。

第二节　热解温度对生物炭理化性质的影响

一、热解温度对酒糟炭产率、灰分含量的影响

不同热解温度下制备的酒糟炭产率以及灰分含量结果如图 2-1 所示。由图 2-1 可见，随着热解温度增加，酒糟炭产率、灰分含量发生显著变化。在热解温度 300℃ 时，酒糟炭产率最高，达 43.1%；此时酒糟炭灰分含量最低，仅为 16.9%。随着热解温度增加，酒糟炭产率快速下降，而酒糟炭灰分含量随热解温度上升而快速增加，这与张千丰等[126]、王煌平等[127]的研究结果一致。Peng 等[128]研究也发现，随着热解温度增加，生物炭产率逐渐下降，灰分含量逐渐增加。这主要是因为生物质原料中在热解过程中，其有机成分的化学键随着热解温度增加而加速断裂与重排，形成大量挥发性物质、高沸点物质和难分解的多芳香烃类物质，故生物炭产率急剧下降[129]，灰分含量快速增加。

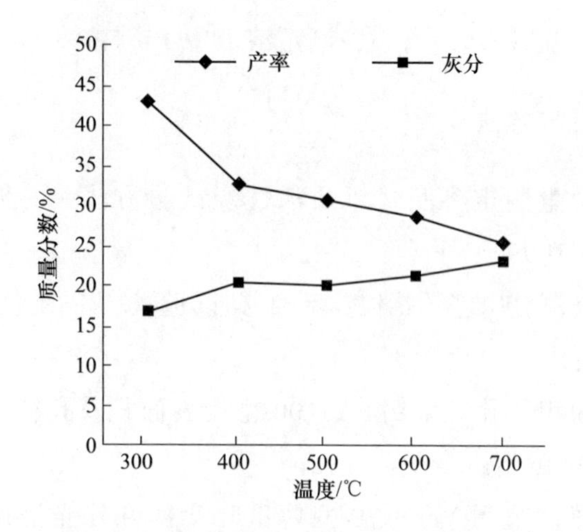

图 2-1　温度对酒糟炭产率和灰分的影响

二、热解温度对酒糟炭 pH 值的影响

热解温度对酒糟炭 pH 值的影响如图 2-2 所示。由图 2-2 可见，随着热解温度上升，酒糟炭 pH 值不断上升。尤其是在热解温度为 300～400℃时，酒糟炭 pH 值上升很快。此后，随着热解温度上升，酒糟炭 pH 值增加逐渐变缓，这主要与热解温度有关[126]。Novak 等[130]研究表明，随着热解温度升高，生物质材料中的植物酸不断分解，导致生物炭 pH 值不断增加[131]；与此同时，随着热解温度增加，生物炭产率不断降低，生物炭中矿质元素含量不断增加[132]，进一步提高了生物炭的 pH 值。

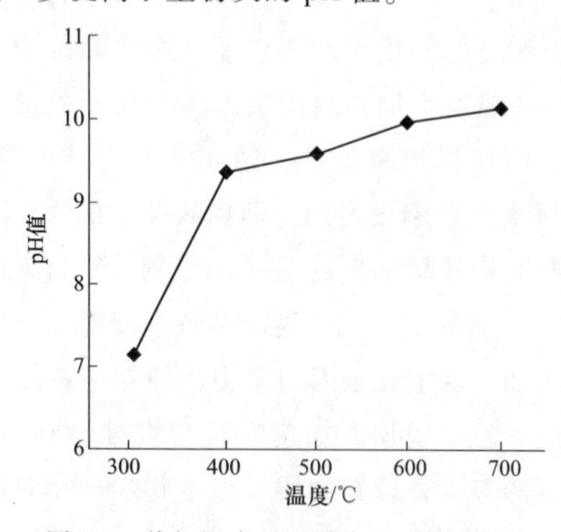

图 2-2　热解温度对酒糟炭 pH 值的影响

三、热解温度对酒糟炭孔结构的影响

相关研究表明，酒糟炭吸附性能与酒糟炭比表面积、内部孔隙等密切相关[133]。酒糟炭孔结构表征结果如表2-1所示。由表2-1可见，在300℃条件下制备的酒糟炭比表面积较低，仅为16.3m^2/g，当温度上升到400℃时突变到156.9m^2/g。此后，随着生物质热解温度增加，酒糟炭比表面积和总孔体积进一步增加，在600℃时生物炭比表面积、微孔体积以及总孔体积均达到最大值，分别为245.6m^2/g、0.1329cm^3/g、0.2931cm^3/g；但本实验制备的酒糟炭比表面积、微孔体积以及总孔体积均大于安增莉等[134]制备的水稻秸秆生物炭。安增莉等[134]在600℃下制备的秸秆生物炭比表面积为121.32m^2/g，微孔体积为0.0237cm^3/g，总孔体积为0.0735cm^3/g。李瑞月等[135]利用小麦、水稻以及玉米秸秆在450℃下制备的生物炭比表面积也仅为29.97m^2/g、32.22m^2/g、47.42m^2/g，低于本实验中在600℃条件下制备的酒糟炭。该实验结果还显示，随着热解温度达到700℃，酒糟炭比表面积、微孔体积以及总孔体积均小于C600，这说明热解温度超过700℃时对酒糟炭微孔结构造成一定破坏。Chen等[136]研究也表明，松针、松木屑生物炭孔隙在热解温度500~700℃有明显的下降过程，经电镜扫描分析发现，在上述温度下松针、松木屑生物炭内部孔隙已发生塌陷。

表2-1 酒糟炭孔结构参数

酒糟炭	比表面积/$m^2 \cdot g^{-1}$	微孔体积/$cm^3 \cdot g^{-1}$	总孔体积/$cm^3 \cdot g^{-1}$
C300	16.3	0.0143	0.0214
C400	156.9	0.0834	0.1027
C500	201.1	0.1143	0.2684
C600	245.6	0.1329	0.2931
C700	212.3	0.1127	0.2342

四、不同热解温度酒糟炭表面官能团分析

红外吸收光谱是鉴别材料表面官能团最直接而又有效的一种手段[135]。不同温度下制备的酒糟炭的傅里叶变换红外光谱（FTIR）图如图2-3所示。

图 2-3 中 3200~3665cm^{-1}处是酚羟基或醇羟基的伸缩振动峰[136]，2856~2927cm^{-1}处是脂肪性 CH_2—的不对称峰和 C—H 伸缩振动峰，1710cm^{-1}处吸收峰主要是羧酸的 C ═O 伸缩振动峰，1613cm^{-1}处为芳香烃的 C ═C、C ═O 伸缩振动峰[27]，1375cm^{-1}、1440cm^{-1}处的吸收峰为芳香烃的酚羟基[137]，797cm^{-1}、1087cm^{-1}处的吸收峰是 Si—O—Si 振动吸收峰[108]。由图 2-3 可见，300℃下制备的酒糟炭（C300）在 1440cm^{-1}、1375cm^{-1}、1613cm^{-1}、3200~3665cm^{-1}处具有一定峰值，而 C500、C600 酒糟炭在上述波长处峰值明显增加，尤其是 C600 酒糟炭在 1440cm^{-1}、1375cm^{-1}、1613cm^{-1}、3200~3665cm^{-1}处的峰值显著高于 C300、C400；且 C600 在波长 2856~2927cm^{-1}以及 1710cm^{-1}处波峰显著高于 C300、C400。这表明随着热解温度升高，酒糟炭表面形成了更多的酚羟基、醇羟基等，而这些基团可提供大量 H^+，H^+可与金属离子进行交换作用，从而吸附固定金属离子[108]。但 C700 酒糟炭在上述波长处峰值有所降低，表明其表面酚羟基、醇羟基等基团有所降低，这可能是热解温度过高，破坏了酒糟炭表面官能团。

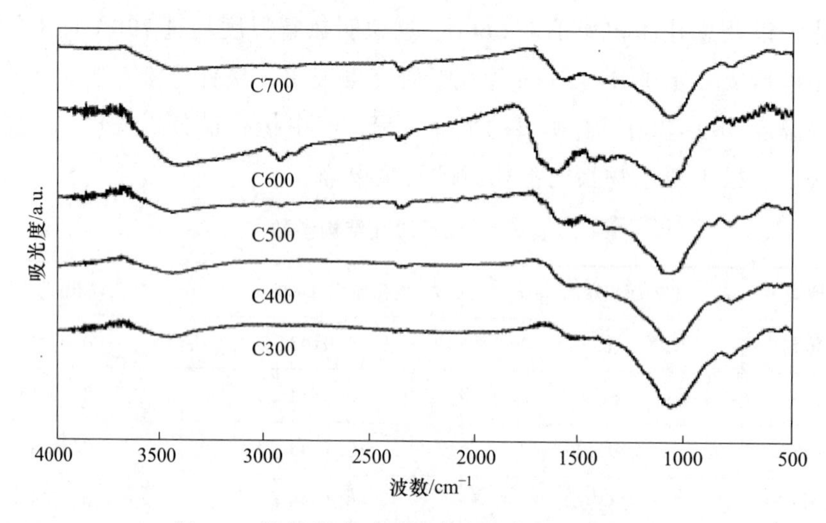

图 2-3 热解温度对酒糟炭表面官能团的影响

五、不同热解温度酒糟炭扫描电镜分析

不同热解温度下制备的酒糟炭 SEM 结果（放大 2000 倍）如图 2-4 所示。由图 2-4 可见，热解温度对酒糟炭表面形貌影响较大。300℃下制备的酒糟

炭（C300）表面有一定的多孔结构，但多孔结构较少，且孔隙较小。400℃下制备的酒糟炭（C400）表面孔数量明显增多，且排列比较整齐，微孔深度也高于300℃下制备的酒糟炭（C300）；500℃下制备的酒糟炭（C500）粗糙程度明显增强，大孔增多，且有较多的微孔出现；600℃下制备的酒糟炭（C600）表面大孔增多，并有部分大孔存在；700℃下制备的酒糟炭（C700）表面孔数量较多，但孔深度均较浅，且在孔表面有大量碎屑存在，说明在此温度下已有部分孔破碎。

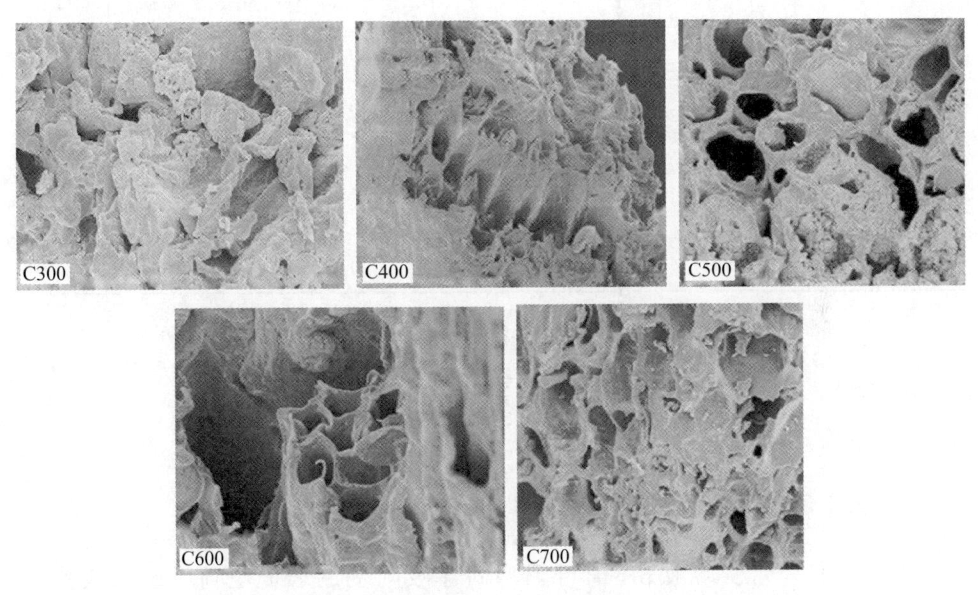

图 2-4　不同热解温度酒糟炭扫描电镜图（放大 2000 倍）

六、不同热解温度酒糟炭元素组成

利用酒糟在不同温度下制备的酒糟炭元素组成如表 2-2 所示。由表 2-2 可知，制备的酒糟炭主要元素组分为碳和氧。在 300℃条件下制备的酒糟炭含氮 1.91%、碳 47.87%、氢 3.778%、氧 23.10%、磷 0.16%、钾 0.16%、镁 0.08%、钙 0.92%、铁 0.11%。随着热解温度增加，酒糟炭中的碳、磷元素含量不断增加，氮、氢、氧等元素含量不断下降；而钾、镁、钙、铁等金属含量随热解温度上升略有增加，在热解温度上升到 600℃后金属含量变化已不明显。据统计，热解温度从 300℃上升到 700℃，酒糟炭中氮、氢、氧分别下降 74.87%、53.04%和 68.18%，碳增加 22.77%、磷增加 100%，这与孟梁等[124]研究结果一致。生物炭中氮、氢、氧含量下降，主要是因为酒糟在热解过程中发生脱水、脱羧基等反应，导致氧、氮等大量流失[138]。生物炭中金属含量略有增加，这主要与生物质中氮、氢、氧等含量下降有关[139]。

表 2-2　不同温度下制备的酒糟炭元素组成

样品	元素组成（质量分数）/%								
	N	C	H	O	P	K	Mg	Ca	Fe
C300	1.91	47.87	3.778	23.10	0.16	0.16	0.08	0.92	0.11
C400	1.23	49.31	3.179	18.42	0.21	0.16	0.08	0.91	0.11
C500	0.86	52.13	2.379	15.31	0.25	0.17	0.09	0.92	0.12
C600	0.62	57.36	2.249	9.43	0.29	0.17	0.1	0.98	0.13
C700	0.48	58.77	1.774	7.35	0.32	0.18	0.11	1.02	0.13

第三节　酒糟炭吸附性能研究

一、pH 值对酒糟炭吸附 Pb^{2+} 的影响

相关研究表明，溶液 pH 值可影响固体吸附剂的表面电荷，也易改变金属离子在溶液中的离子化程度及其存在形式，进而影响吸附剂的吸附能力[140-142]。溶液初始 pH 值对酒糟炭吸附 Pb^{2+} 的影响如图 2-5 所示。由图 2-5 可见，在 pH 值为 3~6 范围内，酒糟炭对 Pb^{2+} 的吸附量随 pH 值增加而增加。但 pH 值在 3~4 范围内，C400、C500、C600、C700 对 Pb^{2+} 的吸附量仅增加 0.5~2 倍；C300 吸附量虽然增加了 3 倍，也仅为 8.84mg/g。当初始溶液 pH 值超过 4 时，生物炭对 Pb^{2+} 的吸附量显著增加，尤其是 pH 值在 5~6 范围内 C500、C600、C700 吸附量显著增加。当溶液 pH 值超过 6 时，酒糟炭对 Pb^{2+} 的吸附量分化显著：C300、C400 吸附量趋于稳定，C500、C600 吸附量显著下降。这是因为，在低 pH 值时溶液中存在大量 H^+，H^+ 与 Pb^{2+} 在酒糟炭表面形成竞争吸附，不利于酒糟炭对 Pb^{2+} 的吸附，故酒糟炭对 Pb^{2+} 的吸附量较低。随着 pH 值增加，溶液中 H^+ 数量逐渐降低，H^+ 竞争优势减弱，Pb^{2+}

逐渐被酒糟炭吸附，故酒糟炭对 Pb^{2+}的吸附量逐渐增加。当进一步增加溶液pH 值时，Pb^{2+} 可与 OH^- 反应生成沉淀而降低其移动能力[143]，这与Kolodynska 等[144]的研究结果一致。

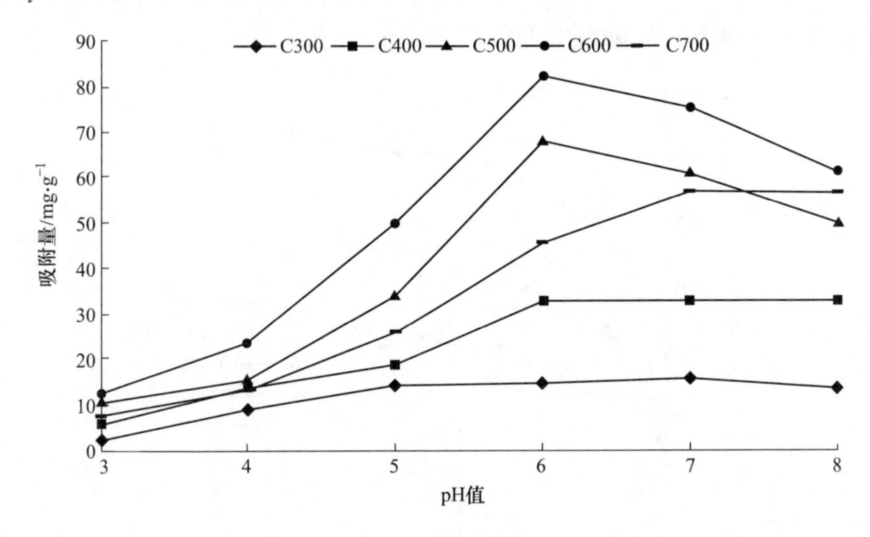

图 2-5 溶液 pH 值对酒糟炭吸附 Pb^{2+}影响

二、吸附等温线

根据 Gibbs 等温线的分类，酒糟炭对重金属 Pb^{2+} 的吸附线属于 L2 型[133]，可用 Langmuir 和 Freundlich 两种模型进行拟合。

Langmuir 和 Freundlich 等温线表示如下，其中 Q_m 为生物炭饱和吸附量，mg/g；Q_e 为生物炭平衡吸附量，mg/g；K_L 为 Langmuir 吸附特征常数；K_F 和 n 为 Freundlich 吸附特征常数。

Langmuir 等温线：

$$Q_e = Q_m K_L \rho_e/(1 + K_L \rho_e)$$

Freundlich 等温线：

$$Q_e = K_F \rho_e^n$$

酒糟炭对 Pb^{2+}的等温吸附线模型拟合结果如图 2-6 所示，拟合后的模型参数如表 2-3 所示。ρ_e 为吸附平衡浓度，mg/L；Q_e 为吸附平衡时生物炭的平衡吸附量，mg/g。Langmuir 模型理论的假设条件为单分子层吸附[136]，即吸附剂上所有的吸附点对吸附质具有相同的吸附能力，吸附点之间不会发生竞争[145]；K_L 为 Langmuir 吸附特征常数，其大小可反应吸附剂表面吸附点与吸附质之间的结合力。Langmuir 等温线拟合结果显示，C500、C600 的 K_L 均大于 C300、C400 以及 C700 的 K_L，由此表明，C500、C600 对重金属 Pb^{2+} 具有较强的吸附力，故可吸附更多的 Pb^{2+}。

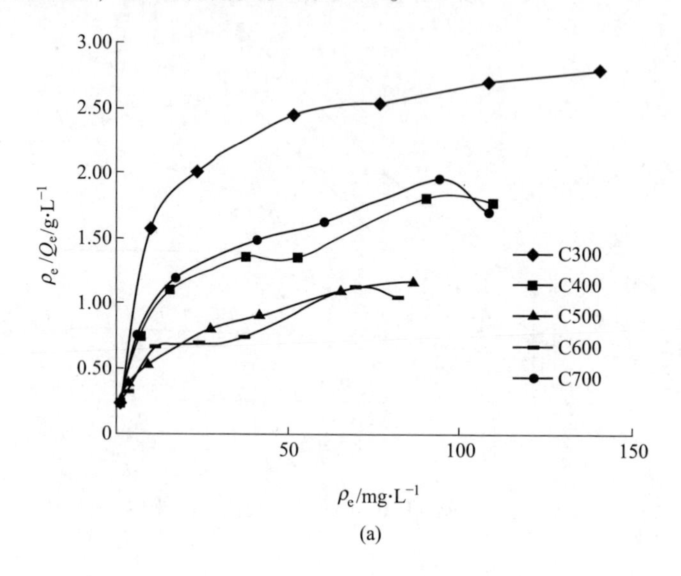

(a)

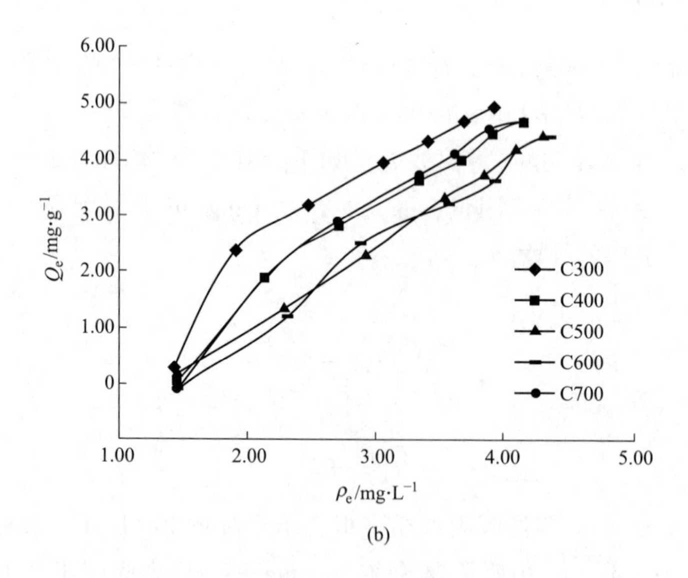

(b)

图 2-6 酒糟炭对 Pb^{2+} 的等温吸附线

（a）Langmuir 等温线拟合；（b）Freundlich 等温线拟合

表 2-3 酒糟炭对 Pb^{2+} 的吸附等温线拟合参数

酒糟炭	Langmuir 等温线拟合			Freundlich 等温线拟合		
	R^2	K_L/L · g^{-1}	Q_m/mg · g^{-1}	R^2	K_F	n
C300	0.66	0.011	73.53	0.927	0.1077	0.59
C400	0.80	0.017	89.29	0.968	0.1064	0.58
C500	0.93	0.026	99.01	0.999	0.1174	0.65
C600	0.89	0.026	104.17	0.989	0.0947	0.54
C700	0.75	0.018	81.97	0.970	0.1170	0.58

Freundlich 等温线描述的是多层吸附，其吸附量可随溶液浓度增加而持续增加[133]。Freundlich 等温线拟合结果显示，C500 的 K_F 常数大于 C300、C400、C600 以及 C700，再次说明 C500 对重金属 Pb^{2+} 具有较强的吸附能力。由此表明，生物质热解温度对酒糟炭吸附能力密切相关。Freundlich 模型拟合曲线相关系数 R^2 均大于 0.9，Langmuir 模型拟合曲线相关系数 R^2 介于 0.66~0.93，故 Freundlich 模型能更好地描述酒糟炭的等温吸附行为。由此表明，酒糟炭对 Pb^{2+} 的吸附为多层吸附。

分离因子 R_L 与 Pb^{2+} 初始浓度关系如图 2-7 所示。由图 2-7 可见，不同温度下制备的酒糟炭对 Pb^{2+} 吸附的分离因子均小于 1，这说明酒糟炭对重金属 Pb^{2+} 的吸附为有利吸附，并可以通过提高 Pb^{2+} 初始浓度来提高酒糟炭的吸附量。Pb^{2+} 初始浓度与酒糟炭平衡吸附量 Q_e 间的关系如图 2-8 所示。由图 2-8

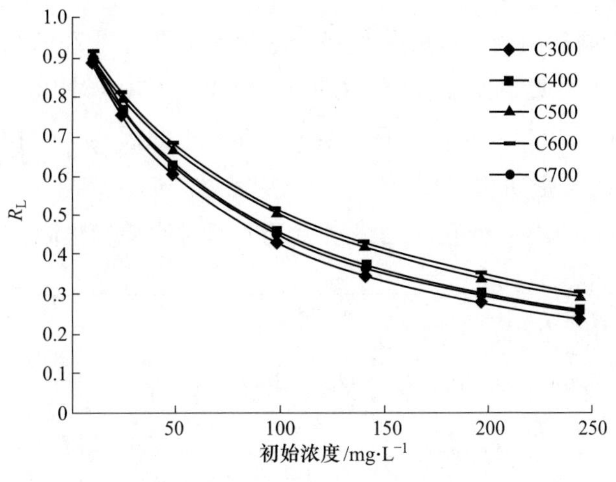

图 2-7 分离因子 R_L 与 Pb^{2+} 初始浓度的关系

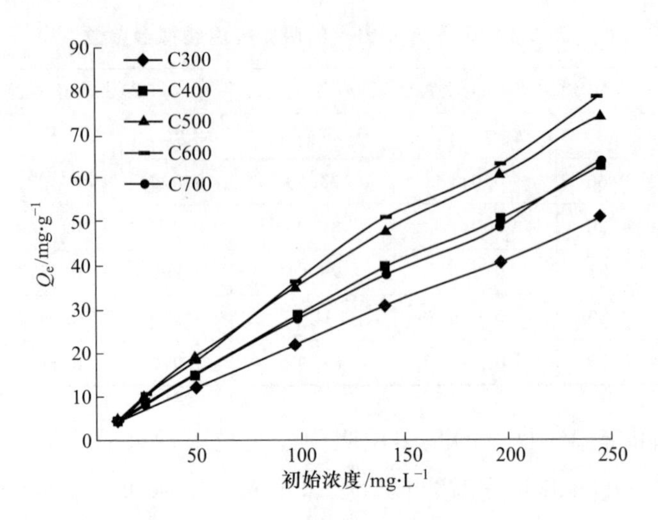

图 2-8　Pb^{2+}初始浓度与酒糟炭平衡吸附量 Q_e 间的关系

可见，随着 Pb^{2+}初始浓度增加，不同温度下制备的酒糟炭对重金属 Pb^{2+}的平衡吸附量 Q_e 均增大，并且 C600 的平衡吸附量 Q_e 幅度明显高于其他处理。由此表明，随着热解温度上升，酒糟炭表面具有更多的吸附点；但当热解温度超过某一限值时，酒糟炭表面官能团受到损坏。Kim 等[31]研究也发现，当热解温度从 300℃ 提高到 500℃ 时，松木制生物炭表面芳香族官能团明显增加；但进一步增加温度时，生物炭表面官能团受到显著破坏。

三、吸附动力学

不同温度下制备酒糟炭对重金属 Pb^{2+}的吸附结果如图 2-9 所示。由图 2-9 可见，酒糟炭对 Pb^{2+}吸附速度较快，C500、C600、C700 对 Pb^{2+}吸附平衡时间仅需 30min，而 C300、C400 也只需要 60min。由此表明，生物炭吸附速率与生物炭表面官能团密切相关。

利用 Lagergren 准一级和准二级动力学方程对酒糟炭吸附实验结果进行拟合，拟合参数如表 2-4 所示。

准一级动力学方程：

$$\ln(Q_e - Q_t) = \ln Q_e - k_1 t$$

准二级动力学方程：

$$\frac{t}{Q_t} = \frac{1}{k_2 Q_e^2} + \frac{t}{Q_e}$$

式中，Q_t 和 Q_e 分别为 t 时刻的吸附量和平衡时的吸附量，mg/g；t 为时间，min；k_1 为准一级吸附速率常数，min^{-1}；k_2 为准二级吸附速率常数，g/(mg·min)。

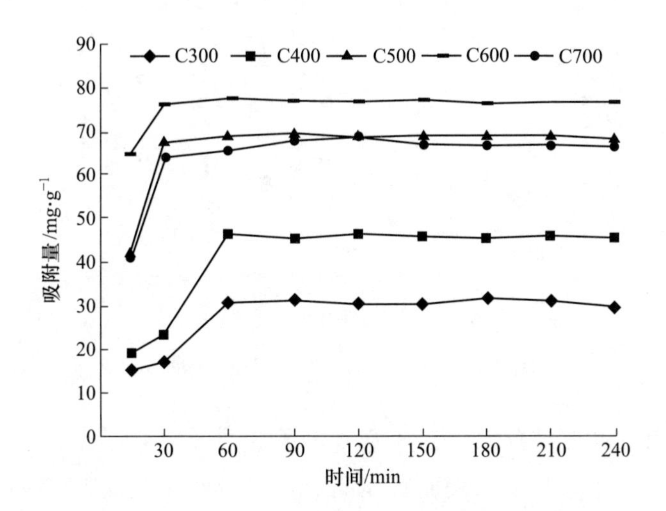

图 2-9　酒糟炭吸附动力学曲线

表 2-4　Lagergren 准一级和准二级动力学模型参数

酒糟炭	Lagergren 准一级动力学模型参数			准二级动力学模型参数		
	Q_e/mg·g^{-1}	k_1/min^{-1}	相关系数 R^2	Q_e/mg·g^{-1}	k_2 /g·(mg·min)$^{-1}$	相关系数 R^2
C300	32.61	-0.0037	0.154	30.82	0.0299	0.988
C400	47.44	-0.006	0.2139	43.92	0.0195	0.9862
C500	71.52	-0.0057	0.4962	68.15	0.0141	0.9988
C600	79.12	-0.0038	0.351	76.40	0.0129	0.9999
C700	70.11	-0.0094	0.8581	66.16	0.0143	0.998

根据动力学拟合结果可知，准二级动力学方程比 Lagergren 准一级动力学方程能更好地反应酒糟炭对 Pb^{2+} 的吸附过程，准二级动力学方程拟合曲线如图 2-10 所示。

研究结果显示，热解温度对酒糟炭产率、灰分含量、pH 值、微孔数量、表面官能团以及元素组成等关系密切，不同温度下制备的酒糟炭对重金属

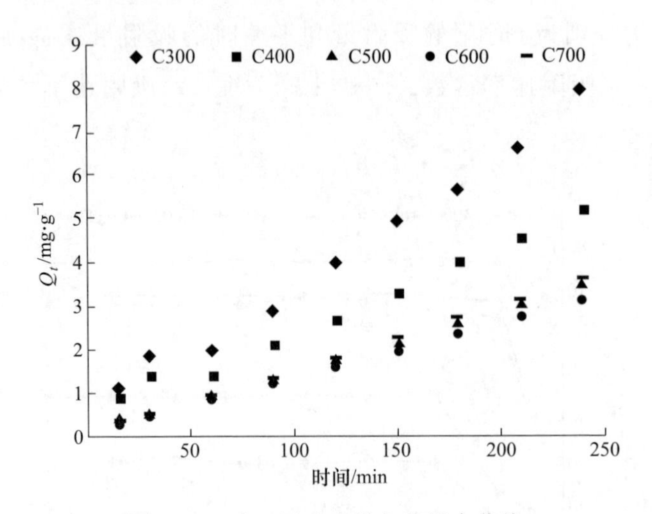

图 2-10　准二级动力学方程拟合曲线

Pb^{2+}的吸附能力也差异较大。在300~600℃条件下，随着热解温度升高，酒糟炭比表面积、孔隙数量、表面官能团数量以及对重金属Pb^{2+}的平衡吸附量逐渐增大，这与王子莹[291]、孔露露[292]等的研究结果一致。王子莹等[291]研究表明，随着热解温度增加，松树木屑生物炭表面极性官能团数量不断减少，芳香度不断升高，生物炭比表面积明显增加。孔露露等[292]研究发现，随着热解温度升高，木屑和小麦秸秆生物炭芳香化程度不断增加，生物炭微孔结构不断发育，表面积不断增大。但是，当热解温度进一步上升，本研究制备的酒糟炭表面形貌、孔隙结构受到破坏[122]，对Pb^{2+}的平衡吸附量也降低，这与何云勇等[313]的研究结果一致。武丽君等[293]研究发现，随着热解温度升高，玉米秸秆生物炭裂解程度增大[294]，生物炭孔隙结构增多，比表面积逐渐增大；但当热解温度达到600℃时，生物炭结构变化受到破坏，生物炭微孔数量减少、比表面积有所降低[295]。

本实验结果还显示，酒糟炭对重金属Pb^{2+}的吸附为多层吸附，Freundlich模型比Langmuir模型能更好地拟合实验结果；还可以通过提高调节溶液的pH值和提高Pb^{2+}浓度来提高酒糟炭对Pb^{2+}的平衡吸附量，这与武丽君等[293]研究结果一致。张越等[296]认为，在pH值较低时，溶液中存在大量H^+，影响了生物炭与重金属离子的结合，降低了生物炭对重金属离子的吸附；随着pH值升高，溶液中H^+浓度不断降低，溶液中与Pb^{2+}产生竞争的H^+逐渐减少，从而使暴露于金属离子面前的生物炭可吸附点位不断增多，进而提高了生物炭对重金属离子的吸附。此外，随着溶液 pH 值不断增大，金属离子逐渐转化成易被生物炭吸附的水合离子结构[297]，进一步加大了生物炭对金属离子的平衡吸附量。提高溶液 Pb^{2+} 浓度来提高酒糟炭对 Pb^{2+} 的平衡吸附量也是类似原理。

第三章　酒糟炭潜在植物毒性研究

生物炭以其对土壤理化性质的综合改变及高度稳定性，在低产地改良以及污染土壤修复中展示了巨大的优势和潜力[298-299]，已成为近年来环境和农业科学领域的研究热点之一[300]。但也有学者对生物炭农用安全存在质疑。他们认为，生物质原料在热解过程中产生的有机酸、焦油等有机液体若不能完全分解，将会在生物炭固体中残留，从而使生物炭含有一定量的焦油、多环芳烃等潜在有机毒物[301]；制备生物炭原料的秸秆、沼渣、畜禽粪便等生物质中均含有一定浓度的重金属，这些重金属在生物炭制备过程中不断浓缩，并最终残留在生物炭中[302]。

这些有毒物质会随着生物炭农用而进入土壤环境，对土壤生态环境产生潜在威胁[303]，或被植物吸收而进入农产品，从而危及人类健康。此外，生物炭农用是不可逆过程，一旦施用将不可逆转，这就决定了在大规模利用生物炭改良低产地、修复污染土壤前必须明确生物炭农用对土壤生态环境和农产品品质方面的影响，以有效评估生物炭农用的安全性，从而科学、合理地利用生物炭。因此，生物炭农用安全性研究迫在眉睫。

第一节　材料与方法

一、生物炭植物毒性及其致毒机制研究

（一）实验材料

供试生物炭：酒糟生物炭。

供试种子：选取金沙赤叶 03 小白菜种子为供试种子。

（二）实验方法

1. 生物炭及生物炭浸提液的制备

生物炭制备：酒糟炭采用限氧热解法在 600℃条件下制备[125]，具体制

备方法参见第二章。

生物炭浸提液制备：分别将酒糟生物炭（A）、梨木生物炭（B）与去离子水按质量比1∶3的比例置于锥形瓶，在25℃、180r/min的条件下恒温振荡2h，抽滤制成生物炭浸提液。将生物炭浸提液分别稀释0倍、10倍和50倍，共A1、A2、A3、B1、B2、B3六个处理；以不加生物炭浸提液（添加等量去离子水）处理为对照，记为CK。

2. 种子萌发实验

参照原国家环境保护总局编制的《化学品测试方法》(第2版）中所述方法“种子萌发和根生长毒性实验（第299页）”进行种子萌发实验。具体操作如下：

选取30颗籽粒饱满、大小均一的小白菜种子，播种于装有30g石英砂的培养皿中。向培养皿中加入10mL不同浓度的生物炭浸提液，置于恒温光照培养箱中进行培养。培养条件设置为25℃、光照强度3000lx、光照时间12h/d。培养期间定期补充5mL生物炭浸提液，自第3天起观察记录种子发芽情况，第14天后开始测定植株株高、根面积、根长、根系活力等指标。以添加去离子水为对照，每个处理重复3次。

3. 幼苗培养实验

将“2. 种子萌发实验”结束后的培养体系继续进行培养，以进行幼苗培养实验。幼苗培养实验时，首先将培养箱光照参数调整为光照12h、黑暗12h，每24h调换各培养皿位置，以减少光照条件差异对幼苗生长的影响。培养期间每天补充去离子水（或生物炭浸提液）至原刻度。于第10天开始测定幼苗生物量、根长、根面积、根系活力、抗氧化酶活性、丙二醛、叶面光合参数、叶面荧光参数等相关参数，研究酒糟生物炭（或生物炭浸提液）对供试幼苗生长的影响。

二、生物炭植物毒性缓解机制研究

（一）实验材料

供试材料：酒糟取自四川省某酒业有限公司，为“五粮液”原酒酒糟（酿制前原料中高粱、大米、糯米、小麦、玉米质量比为23∶37∶19∶17∶5)。

（二）实验方法

1. Ce-酒糟生物炭的制备

将收集到的酒糟风干，经 80℃烘干后粉碎过 100 目筛。取一定量粉碎后的酒糟于 250mL 烧杯中，分别加入一定量的 CeO_2溶液，充分混匀后密封静置 24h，于 80℃条件下烘干备用。同时，以去离子水代替 CeO_2溶液，其他步骤不变，得到酒糟。

将上述两种生物质于样品舟中压实，密闭马弗炉，通入氮气以排除管式马弗炉中的空气，升温热解 2h。热解温度设置为 500℃，升温速度为 5℃/min。待热解结束后，关闭马弗炉，取出样品舟冷却至室温即获得 Ce-酒糟生物炭、酒糟生物炭。

2. 生物炭浸提液制备

以酒糟生物炭、Ce-酒糟生物炭为原料，按照“生物炭植物毒性及其致毒机制研究”中所述浸提液制备方法依次制备酒糟生物炭浸提液、Ce-酒糟生物炭浸提液。

3. 种子萌发实验

酒糟生物炭、Ce-酒糟生物炭及其浸提液对种子萌发的影响实验同“生物炭植物毒性及其致毒机制研究中 2. 种子萌发实验”进行，比较研究酒糟生物炭、Ce-酒糟生物炭对种子萌发率、根长抑制率以及芽长抑制率的影响。

4. 幼苗培养实验

酒糟生物炭、Ce-酒糟生物炭对供试植物幼苗生长的影响实验同“生物炭植物毒性及其致毒机制研究中 3. 幼苗培养实验”进行，比较研究酒糟生物炭、Ce-酒糟生物炭对供试幼苗生长的影响。

5. 生物炭理化性质研究

以酒糟生物炭、Ce-酒糟生物炭为供试材料，对酒糟生物炭、Ce-酒糟生物炭进行结构表征，并分析生物炭 pH 值、电导率、灰分、焦油、多环芳烃、持久性自由基、重金属以及 N、P 等物质含量，进一步明确稀土催化剂（CeO_2）对生物炭中有毒物质的缓解作用。

三、测定项目与分析方法

（一）相关测定项目

相关测定项目如下：

（1）种子萌发实验：于种子萌发实验结束时，测定萌发种子根长、根面积、根系活力、根细胞损伤以及芽长等，计算种子萌发率、根长抑制率、芽长抑制率等；

（2）幼苗培养实验：于播种10天时测定幼苗生物量、株高、根长、根直径、根面积、根体积、根尖记数、根系活力、根细胞损伤、叶面积、叶面光合作用、叶面荧光作用、叶面抗氧化酶活性、叶面丙二醛以及重金属含量等；

（3）酒糟生物炭、Ce-酒糟生物炭结构表征：测试酒糟生物炭、Ce-酒糟生物炭的比表面积、孔径、红外图谱、微观形貌结构等；

（4）酒糟生物炭、Ce-酒糟生物炭化学性质：分析酒糟生物炭、Ce-酒糟生物炭pH值、灰分、焦油、多环芳烃、持久性自由基、重金属含量以及N、P等物质含量。

（二）分析方法

相关分析方法如下：

（1）根系长度、直径、面积、体积、根尖记数等：采用WinRHIZO根系分析系统进行测定；

（2）根系活力：采用TTC法进行测定；

（3）根细胞损伤：利用戊二醛保存，显微镜观察；

（4）叶面积：采用CI-203手持式激光叶面积仪进行测定；

（5）叶面光合作用测定：采用便携式光合仪（Li-6400XT）原位测定；

（6）叶面叶绿素荧光作用：采用便携式调制叶绿素荧光仪（MINI-PAM-Ⅱ）原位测定；

（7）叶面抗氧化酶活性：采用试剂盒法进行测定；

（8）叶面丙二醛：采用试剂盒法进行测定；

（9）多环芳烃：采用气相色谱-质谱连用分析法测定；

(10) 焦油含量：参照烟草中焦油含量测定法进行测定；

(11) 重金属含量：将生物炭、生物炭浸提液或植株幼苗消解后，用0.45μm滤膜过滤后，用电感耦合等离子体质谱仪（ICP-MS，美国Agilent公司，型号7700x）测定待测液中的铬、镍、铜、锌、镉、铅和砷含量，利用原子荧光光谱法测定待测液中的汞含量；

(12) 生物炭比表面积、孔径：采用SA3100型比表面积及孔径分析仪（Beckman Coulter，Inc公司）测定；

(13) 生物炭红外图谱：采用FTIR-8400型傅里叶变换红外光谱仪（Bruker公司）测试；

(14) 生物炭主要元素组成：采用Vario MACRO cube型元素分析仪（Lementar公司）测定；

(15) 生物炭微观形貌结构：采用美国FEI Quanta250扫描式电子显微镜测定；

(16) 数据处理：实验数据用SPSS统计软件进行统计分析，所有指标测定时均重复3次，取其平均值用于统计分析。

第二节　酒糟炭潜在植物毒性研究

为准确度量酒糟生物炭潜在的植物毒性大小，实验过程中以梨木生物炭为对照，通过比较研究酒糟生物炭潜在的植物毒性大小。

一、酒糟生物炭潜在植物毒性研究

（一）生物炭浸提液对种子萌发率的影响

生物炭浸提液对小白菜种子萌发率影响如图3-1所示。由图3-1可知，酒糟炭、梨木炭浸提液原液处理小白菜种子的萌发率均低于对照处理，尤其是酒糟生物炭浸提液原液处理较对照低16.67%，与对照相比差异显著（$P<0.05$）（P值即概率，是反映某一事件发生的可能性大小。在统计学中根据显著性检验得到的P值，一般以$P<0.05$为有统计学差异，$P<0.01$为有显著统计学差异），这说明生物炭浸提液原液对小白菜种子发芽率有抑制作用，这与王晋等[304]研究结果一致。Hille[305]认为，这主要是因为生物质

在厌氧裂解过程中通常会伴随生物油生成，生物油成分中的含氮化合物、酚类、烷烃、烯烃、甾类、酯类、酮类、苯衍生物、醇类、多环芳烃等物质均存在一定的生物毒性，从而抑制了种子的萌发。

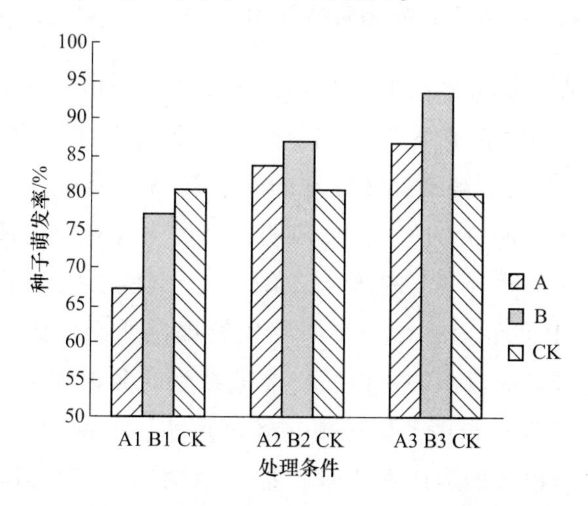

图 3-1　生物炭浸提液对种子萌发率的影响

实验结果还显示，经稀释后生物炭浸提液促进了小白菜种子的萌发。其中，稀释 10 倍后的酒糟炭和梨木炭浸提液处理，种子萌发率分别较对照提高了 4.17%和 8.33%，但与对照相比差异均不显著（$P>0.05$）；而稀释 50 倍后梨木炭浸提液处理，种子发芽率较对照增长 16.67%，与对照相比差异显著（$P<0.05$），这说明稀释后的生物炭浸提液促进了小白菜种子的萌发。Bargmann 等[306]认为，这是因为生物炭浸提液中的毒性物质有可能是水溶性的，经稀释后其毒性物质浓度降低，并且溶液中正效应因子的作用掩盖了负效应因子，从而在一定程度上促进了小白菜种子的萌发。王晋等[304]认为，生物炭浸提液中的丁烯酸内酯可促进种子萌发，并为作物生长发育提供良好的养分供应。此外，生物炭浸提液丰富的孔隙结构，也可以改善植物根际生长环境，在一定程度上促进了植物根系的生长发育，从而提高了种子的发芽率。

实验结果显示，不同生物炭浸提液处理间也存在较大差异。酒糟生物炭浸提液处理的种子萌发率均低于梨木生物炭浸提液处理，尤其是酒糟生物炭浸提液原液处理的种子萌发率比梨木生物炭浸提液原液处理低 13.04%，差异显著（$P<0.05$）。这说明酒糟浸提液中含有较多的潜在毒素，影响了小白

菜种子的萌发；稀释作用对酒糟生物炭浸提液中毒性物质的缓解作用弱于梨木生物炭浸提液。

(二) 生物炭浸提液对幼苗株高的影响

生物炭浸提液对幼苗株高的影响如图 3-2 所示。由图 3-2 可见，施用生物炭浸提液处理的幼苗株高均高于对照处理，且与对照相比差异显著 ($P<0.05$)；尤其是梨木炭浸提液处理的幼苗株高均超过对照 30%，与对照相比差异极其显著 ($P<0.01$)。由此表明，施用生物炭浸提液可提高小白菜幼苗株高，这与朱优矫等[307]的研究结果一致。这是因为生物炭浸提液中含有大量的 N、K、P 等元素，可为小白菜生长提供所必需的营养元素。当氮素充足时，植物可合成较多的蛋白质，促进细胞的分裂和增长；钾能明显地提高植物对氮的吸收和利用，促进植物经济用水，并减少水分的蒸腾作用；磷能促进植物早期根系的形成和生长，提高植物适应外界环境条件的能力。此外，生物炭浸提液中的微量元素以及部分有机物质还可改善小白菜幼苗根际环境，促进了幼苗根系生长。

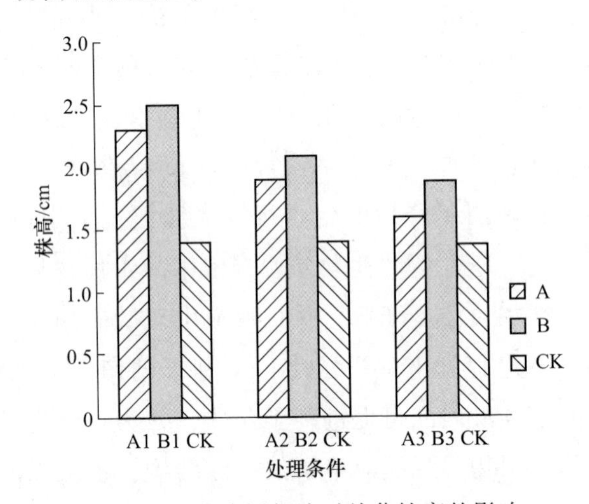

图 3-2 生物炭浸提液对幼苗株高的影响

本实验结果还显示，酒糟生物炭浸提液虽然也提高了小白菜幼苗株高，但其促进作用明显低于梨木生物炭浸提液处理。这说明梨木炭对株高的促进效果更为显著，这可能与两种生物炭浸提液中的 N、K、P、微量元素以及部分有利于小白菜幼苗生长的有机物质含量有关，对这方面的影响机制有待后续深入研究。

（三）生物炭浸提液对幼苗根系活力的影响

生物炭浸提液对幼苗根系活力的影响如图3-3所示。由图3-3可知，酒糟炭和梨木炭浸提液处理的幼苗根系活力均高于对照，且与对照相比差异显著（$P<0.05$）。尤其是稀释10倍梨木浸提液处理其根系活力达1.6μg/(g·h)，较对照增长100%，与对照相比差异极其显著（$P<0.01$）。由此说明，生物炭浸提液可提高小白菜幼苗根系活力，这与蒋健等[308]的研究结果一致。

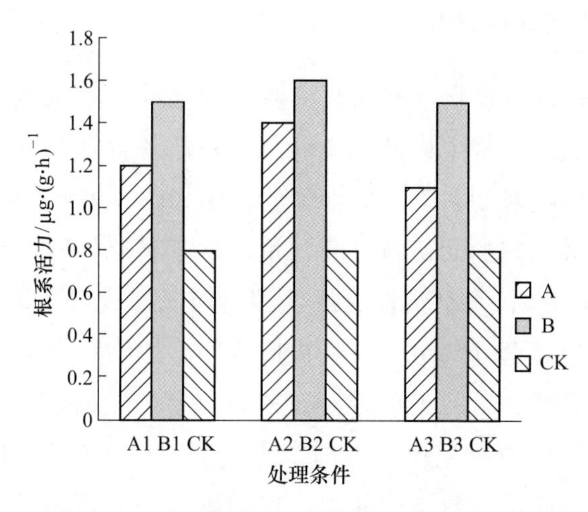

图3-3 生物炭浸提液对幼苗根系活力的影响

程效义等[309]也得出相似结果，他认为这主要是由于生物炭含有丰富的N、P、K、S、Ca、Mg、Fe等营养元素，这为根系组织发育和形态建成提供了重要的物质基础，从而使作物根系能保持较高的活力和较强的生理功能。生物炭本身具有较强的吸附性能，可增加土壤的吸水保肥能力，并在一定条件下将其释放，以供作物吸收利用，实现养分的缓释作用，这为根系提供了长期的养分供给，促进了植株根系生长。此外，施用到土壤中的生物炭促进了土壤生物化学与物理化学的交互作用，促进了与N等矿质元素利用相关的微生物和酶的活性，改善了根际生长环境，从而提高了根系周围养分供应水平，使作物根系保持较高的活力和较强的生理功能。张伟明等[310]研究也发现，施用生物炭可使水稻根系形态特征得到优化，增大幼苗的根系活力。他认为这可能是因为施用生物炭浸提液增加了土壤孔隙度：一方面为水稻根系发育提供了疏松的环境，从而提高根系通气能力，增强呼吸作用和ATP供应，促进根系对水和矿物质元素的吸收，为根系生长创造了条件；另一方面也增大了土壤水分入渗率，为水稻根系提供了充足水分，进而促进了根系的生长。

实验结果还显示，酒糟生物炭浸提液处理的幼苗根系活力均低于梨木生物炭浸提液处理植株，且差异显著（$P<0.05$）；尤其是浸提液原液处理以及稀释50倍处理植株幼苗根系活力分别比梨木生物炭浸提液处理低20.0%和26.7%，差异极其显著（$P<0.01$）。

（四）生物炭浸提液对幼苗丙二醛（MDA）含量的影响

丙二醛是植株细胞膜脂过氧化的重要产物之一，不但可以反映植物细胞膜脂化程度和超氧自由基生成量，还可以反映超氧自由基对组织损伤的严重程度。生物炭浸提液对幼苗丙二醛含量的影响如图3-4所示。由图3-4可知，施用生物炭浸提液处理的幼苗丙二醛含量均低于对照。其中梨木炭浸提液处理较对照下降34.1%，酒糟炭浸提液处理其丙二醛含量较对照降低15.1%，与对照相比均差异显著（$P<0.05$）。由此表明，生物炭浸提液可抑制小白菜幼苗叶片丙二醛含量，这与王艳芳等人的研究结果一致。王艳芳等[311]认为这主要是因为施用生物炭浸提液提高了平邑甜茶幼苗叶片的抗氧化酶活性，提高了甜茶幼苗清除活性氧类的能力，在细胞水平上减轻了对植物造成氧化损伤，从而增强了植株对逆境的抗性，对植株起到有效的保护作用。王晓维等[312]研究发现，随着生物炭浸提液添加量增加，油菜叶片丙二醛含量同样

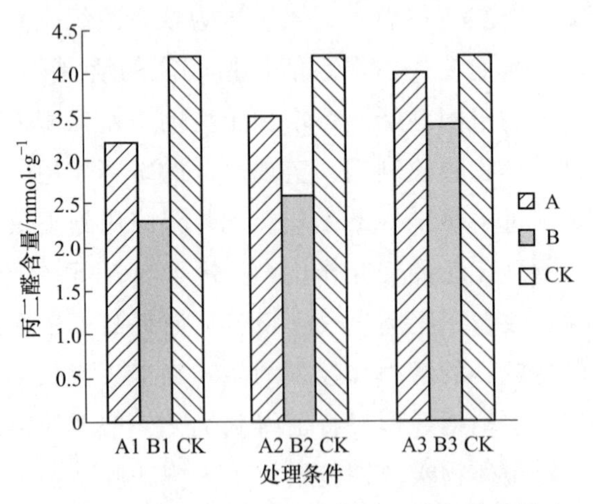

图3-4 生物炭浸提液对幼苗丙二醛含量的影响

呈下降趋势。他认为这是因为生物炭浸提液自身是强碱性，添加后可以通过水土交融作用交换土壤的 H^+，降低其在土壤中的浓度，进而提高了土壤 pH 值，且大幅增加了土壤中氮、磷、钾等营养元素含量，促进了油菜生长，从而提高了油菜的抗逆能力。

实验结果还显示，施用酒糟生物炭浸提液处理的幼苗丙二醛含量均高于施用梨木生物炭浸提液处理，且差异显著（$P<0.05$）。这可能是酒糟生物炭浸提液中营养元素含量低于梨木生物炭浸提液，也可能是酒糟生物炭浸提液中有毒物质含量高于梨木生物炭浸提液。

（五）生物炭浸提液对幼苗叶绿素含量（CCI）的影响

生物炭浸提液对幼苗叶绿素含量的影响如图 3-5 所示。由图 3-5 可知，施用生物炭浸提液各处理的幼苗叶片叶绿素含量均高于对照，其中梨木炭浸提液原液处理的幼苗叶绿素含量较对照增长 25%，与对照相比差异显著（$P<0.05$）。由此表明，施用生物炭浸提液可提高小白菜幼苗叶绿素含量，这与王晓维等[312]的研究结果一致。

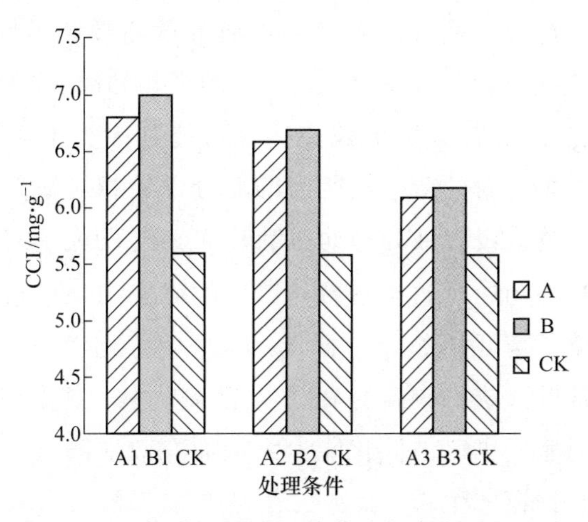

图 3-5 生物炭浸提液对幼苗叶绿素含量的影响

王晓维等[312]研究发现，油菜叶绿素含量随着生物炭施用量增加而增加，他认为这可能是因为生物炭中含有大量的营养元素，添加后能够为油菜生长提供大量氮、磷、钾等营养元素和钙、镁等微量元素，促进了幼苗的生长，提高了油菜的叶绿素含量（其中镁元素是合成叶绿素的重要组分，可促进叶绿素 a 的合成）。张娜[231]也获得类似结果，张娜研究发现，在玉米幼苗时期，玉米叶片叶绿素含量随生物炭施用量增加而增加，但在玉米生长后期则无显著变化。她认为这可能是因为施用生物炭显著提高了土壤有机质含量，进而提高了土壤肥力。但是，当生物炭对土壤肥力的提升达到或超过了作物养分吸收的最高限值时，生物炭对作物生长发育的促进作用将会显著降低，甚至可能会因为作物前期生长过旺，不利于高产群体的形成。另外，过量施用生物炭易造成玉米前期生长过旺、群体过大，使得上部叶片间彼此遮阴严重，造成玉米植株早衰、光合产物反而积累少，最终导致了玉米籽粒灌浆差、粒重低。由此表明，适宜用量范围的生物炭的添加能增加叶片叶绿素含量。

（六）生物炭浸提液对幼苗叶绿素荧光参数的影响

1. 生物炭浸提液对幼苗叶片光化学效率（F_v/F_m）的影响

光化学效率可反映植株叶片PSⅡ反应中心（光系统Ⅱ）光能的转化效率。正常生理状态下，F_v/F_m 值极少发生变化，常维持在0.83左右；但当植物受到光抑制和逆境胁迫时，其值明显下降。F_v/F_m 值下降越多，说明PSⅡ损伤越大。因此，F_v/F_m 是植物逆境生理研究的重要指示性参数。生物炭浸提液对幼苗PSⅡ最大光化学效率（F_v/F_m）的影响如图3-6所示。由图3-6可知，对照组 F_v/F_m 为0.78，数值偏小，这可能是因为本实验采用的是石英砂培植而非土壤培植，对幼苗生长所需的养分供给相对缺乏，导致植株生长受到限制。施用生物炭浸提液处理幼苗叶片 F_v/F_m 均大于对照，但与对照相比差异不显著（$P>0.05$），这与黄韡等[314]的研究结果一致。施用生物炭浸提液增加了小白菜幼苗叶片 F_v/F_m 含量，这说明生物炭浸提液可延缓小白菜叶片衰老，使植株叶片维持较高的PSⅡ光化学效率。这是因为生物炭浸提液提升了植株叶片对胞间CO_2的同化能力，从而有效地改善小白菜叶片的光合性能，进而增强小白菜的生长。此外，生物炭浸提液可有效改善植株根系微环境，促进植株生长，促使光合作用产生的大量电子被分配到光呼吸上，即通过光呼吸来保护和壮大光合机构，但该改善作用是一个渐进过程，在短时间内无法显著提高叶片的 F_v/F_m 值。

2. 生物炭浸提液对幼苗实际光化学效率（ΦPSⅡ）的影响

实际光化学效率可反应光下光合机构所吸收的光能用于光化学反应的比例，较高的ΦPSⅡ值表示植株拥有较高的光能转化效率，可促进碳同化的高

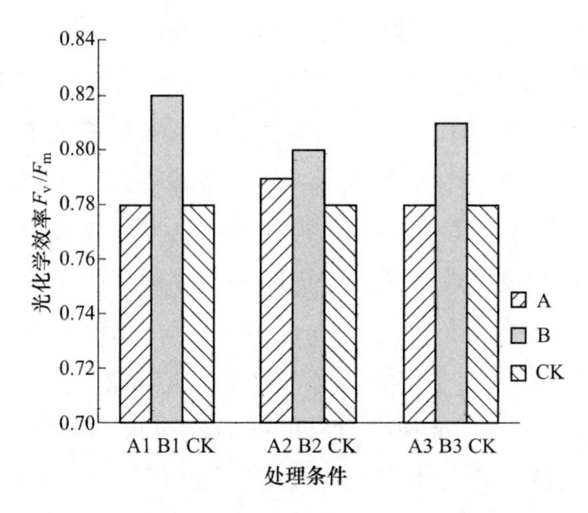

图 3-6 生物炭浸提液对幼苗叶片 F_v/F_m 的影响

效运转和有机物的积累。生物炭浸提液对实验植株叶片实际光化学效率的影响如图 3-7 所示。由图 3-7 可知，施用生物炭浸提液处理小白菜的幼苗实际光化学效率均高于对照，这与王艳芳等[311]的研究结果相似。她认为这可能是因为施用生物炭浸提液增强了植株叶片 PSⅡ 反应中心的光化学活性，使 PSII 的实际电子传递效率得到提高，增强了电子传递链的稳定性，使叶片用于光合电子传递的能量占所吸收光能的比例增加，从而提高了植物的光能转化效率，增大了 ΦPSⅡ值。

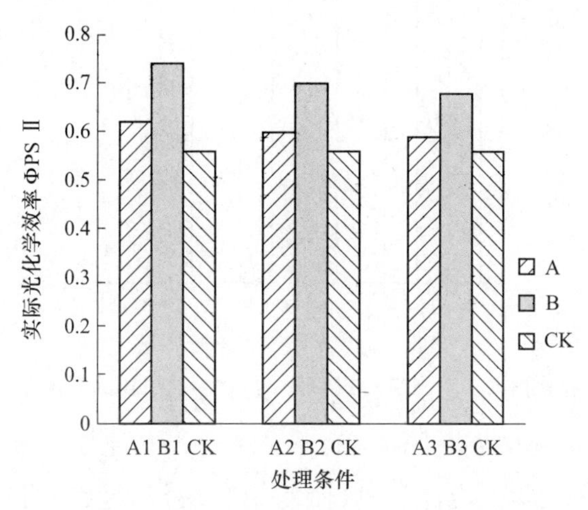

图 3-7 生物炭浸提液对幼苗叶片 ΦPSⅡ的影响

实验结果还显示，不同生物炭浸提液对小白菜叶片 ΦPSⅡ值影响差异较大。如酒糟炭浸提液处理中，原液处理的植株 ΦPSⅡ值最大，较对照增长了 10.71%，与对照相比差异显著（$P<0.05$）；稀释液处理的植株 ΦPSⅡ值与对照相比差异不显著（$P>0.05$）。但是，施用梨木炭浸提液原液处理植株叶片的 ΦPSⅡ值达 0.74，较对照增长 32.14%，与对照相比差异极其显著（$P<0.01$）；各稀释液处理 ΦPSⅡ值与对照相比也差异显著（$P<0.05$）。由此表明，梨木生物炭浸提液能更好地提高小白菜幼苗叶片的 ΦPSⅡ值。

3. 生物炭浸提液对幼苗表观光电子传递速率（ETR）的影响

叶片表观光电子传递速率即表观光合电子传递速率，可以定量反映从 PSⅡ到 PSⅠ的电子传递[315]，这种能力与植株的生理状况和环境因素密切相关。生物炭浸提液对幼苗叶片 ETR 的影响如图 3-8 所示。由图 3-8 可知，施用生物炭浸提液处理的植株叶片 ETR 值均高于对照组，且随生物炭浸提液浓度增大而增加。其中梨木炭原液处理下的 ETR 值最大，达 26.2，较对照增长 59.8%，与对照相比差异极其显著（$P<0.01$）。酒糟炭处理的 ETR 较对照平均增长 36.0%，与对照相比差异显著（$P<0.05$），但低于梨木生物炭浸提液处理。由此可看出，施用生物炭浸提液可提高小白菜幼苗叶片表观光电子传递速率，且梨木炭对小白菜幼苗 ETR 值的促进效果更明显。

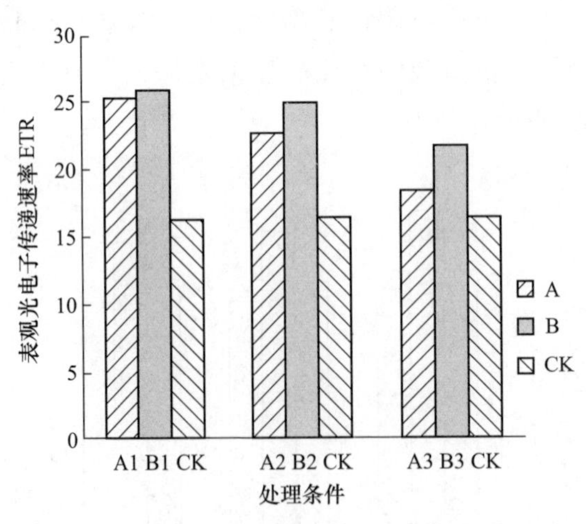

图 3-8　生物炭浸提液对幼苗叶片 ETR 的影响

施用生物炭浸提液提高小白菜幼苗 ETR 值，这是因为生物质在热解过程中某些养分物质被浓缩和富集，从而使生物炭浸提液中含有大量的 P、K、Ca、Mg 等营养物质，这些营养物质促进了供试植株生长，从而提高了叶片

ETR 值。王艳芳等[311]通过实验研究发现，施用生物炭后平邑甜茶幼苗的 ETR 值较对照有显著提高，她认为这可能是由于生物炭的输入，提高了平邑甜茶幼苗叶片叶绿素含量，使 ETR 值增大，叶片光系统Ⅱ的光学活性随之增强，提高了其光合速率及中心的电子捕获效率，从而维持了较高的电子传递速率，增强了光呼吸作用，进而改善了植株的光合作用，但其作用机制还有待进一步研究。

（七）生物炭对小白菜幼苗抗氧化酶的影响

1. 生物炭对小白菜幼苗超氧化物歧化酶（SOD）活性的影响

不同类型生物炭对小白菜幼苗 SOD 活性的影响如图 3-9 所示。由图 3-9 可知，生物炭浸提液对小白菜 SOD 活性有一定的促进作用，但差异不显著。酒糟生物炭各浓度浸提液处理的小白菜幼苗 SOD 活性相差不大，与对照相比 SOD 活性分别增加了 1. 89%、1. 30%、1. 01%，差异不显著（P>0. 05）。梨木生物炭也出现相似的结果，各浓度浸提液处理的小白菜幼苗 SOD 活性均高于对照实验，其中 SOD 活性提高最多的是原液处理，但也仅高出 2. 23%，差异不显著（P>0. 05）。本实验结果还表明，稀释 10 倍的酒糟生物炭和稀释 10 倍的梨木生物炭浸提液处理的小白菜 SOD 活性相差不大。

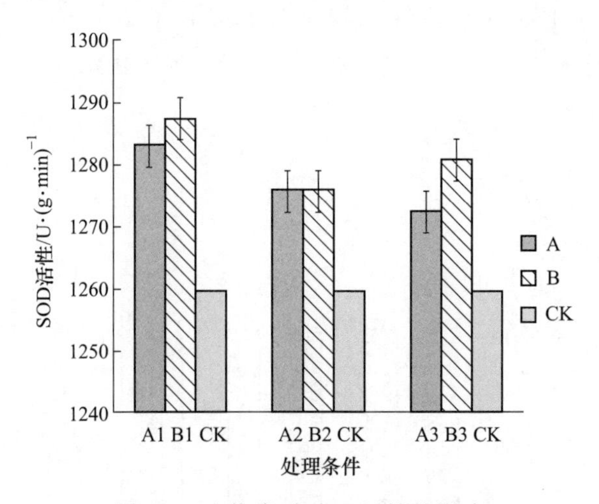

图 3-9　生物炭对 SOD 活性的影响

随着酒糟生物炭浸提液浓度的减小，小白菜幼苗 SOD 活性降低，这与金睿[316]、许仁智[317]等的观点一致。这是由于酒糟生物炭原液浓度较高，单位体积内所含的营养元素的量比稀释 50 倍得多，稀释后的浸提液中小白菜幼苗不能摄入足量的营养物质开始慢慢地衰老，导致超氧化物歧化酶减少。植物衰老生理的大量研究已表明，SOD 活性会在植物衰老期间逐渐下降，因为氧吸收量增加，有利于形成更多的活性氧，衰老早期 SOD 能有效清除 $O_2\cdot^-$，而衰老后期 SOD 不能有效地清除 $O_2\cdot^-$，因而很容易引发氧化性破坏作用。对于梨木生物炭中 SOD 活性的不断变化，可能是因为梨木生物炭原液中生物炭含量较高，对于保护酶系统来说，造成了小白菜幼苗的一种逆境胁迫，从而使酶活性强弱出现了反复。

2. 生物炭对小白菜幼苗过氧化物酶（POD）活性的影响

不同类型生物炭对小白菜幼苗 POD 活性的影响如图 3-10 所示。由图 3-10 可知，酒糟生物炭和梨木生物炭对小白菜过氧化物酶活性的影响差异较大。酒糟生物炭原液处理的小白菜幼苗过氧化物酶活性仅为 4742.5U/(g·min)，比对照处理低 43.04%，差异显著（$P<0.05$）。稀释 10 倍、50 倍的酒糟生物炭浸提液处理分别较对照处理降低了 1.80%、4.88%，但差异不显著（$P>0.05$）。梨木生物炭处理下，POD 活性有较大不同，原液和稀释 10 倍的浸提液处理的小白菜幼苗 POD 活性均低于对照处理，分别比对照处理低 17.58%、29.24%，差异显著（$P<0.05$）。但是稀释 50 倍的梨木生物炭浸提液处理的小白菜 POD 活性相较于对照提高了 24.76%，差异显著（$P<0.05$），说明低浓度的梨木生物炭对小白菜幼苗 POD 活性有一定的促进作用。

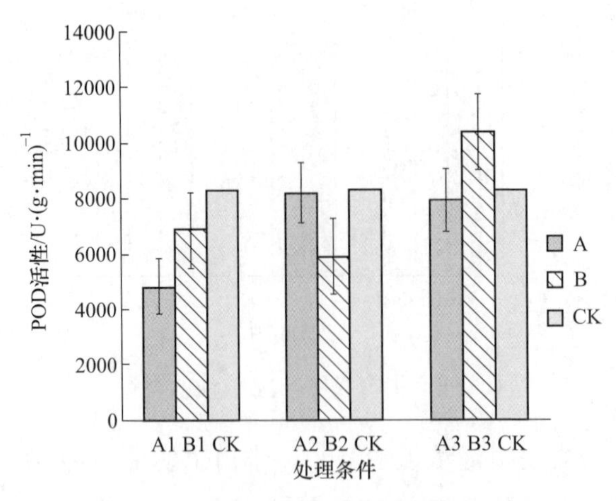

图 3-10 生物炭对 POD 活性的影响

本实验结果显示，酒糟生物炭原液浓度最高，POD 活性反而低，这可能是因为酒糟生物炭用量过高导致培养液 C/N 增加，根系有机酸分泌增多，从而影响地上部分生长，导致细胞膜质过氧化程度较高，细胞内过氧化产物积累最终导致细胞膜受到损伤。这与金睿等[316]研究结果相似，他认为生物炭处理的小白菜 POD 活性与过氧化氢酶活性变化规律相似，均随生物炭复配土壤调理剂用量的增加呈下降趋势。稀释 10 倍和稀释 50 倍的酒糟生物炭浸提液中小白菜 POD 活性变化不大，这可能是由于超氧化物歧化酶和 $O_2\cdot^-$反应产生的 H_2O_2主要被过氧化氢酶利用，而过氧化物酶较少参加到 H_2O_2的清除反应中，故过氧化物酶活性变化不大。稀释 50 倍的梨木生物炭对小白菜的 POD 活性有一定的促进作用，可能是梨木生物炭周围有很多自由基，抗坏血酸过氧化物酶（APX）可利用抗坏血酸作为电子供体来清理过氧化酶，维持细胞内自由基在较低水平上，防止自由基损害正常细胞。因为抗坏血酸过氧化物酶活性升高，则可使超氧阴离子自由基的产生速率显著下降，脂质过氧化作用减弱。

3. 生物炭对小白菜幼苗过氧化氢酶（CAT）活性的影响

不同类型生物炭对小白菜幼苗 CAT 活性的影响如图 3-11 所示。由图 3-11 可知，两种生物炭都对小白菜幼苗过氧化氢酶有促进作用，并且差异较大。酒糟生物炭浸提液处理的小白菜幼苗的过氧化氢酶活性均高于对照处理，原液和稀释 10 倍的处理分别比对照处理高出 102.64%、67.47%，差异极显著（$P<0.01$），而稀释 50 倍的生物炭浸提液处理的小白菜幼苗 CAT 活性仅比对照处理高出 9.36%，差异不显著（$P>0.05$）。由此说明，中高浓度的酒糟生物炭浸提液对提高小白菜 CAT 活性作用更大，而低浓度对促进 CAT 活性效果不太明显。梨木生物炭也得出相似的结论，梨木生物炭原液、稀释 10 倍的浸提液处理的小白菜 CAT 活性高达 150.88U/(g · min)、204.73U/(g · min)，分别比对照处理提高了 64.16%、122.75%，差异极显著（$P<0.01$），稀释 50 倍的仅比对照高出 2.70%，差异不显著（$P>0.05$）。

由此可见，添加生物炭对小白菜 CAT 活性有显著的促进作用。这与王晓维等[312]、周震峰等[318]的研究结果一致。王晓维等人[312]研究表明，随着生物炭施用量的增加，油菜叶片 CAT 活性均呈现上升趋势，播种一个月后，添加 2%和 5%生物炭处理与不加生物炭处理相比，CAT 活性显著分别提高了 20.7%、32.5%，播种两个月后，仅添加 5%生物炭处理与不加生物炭处理

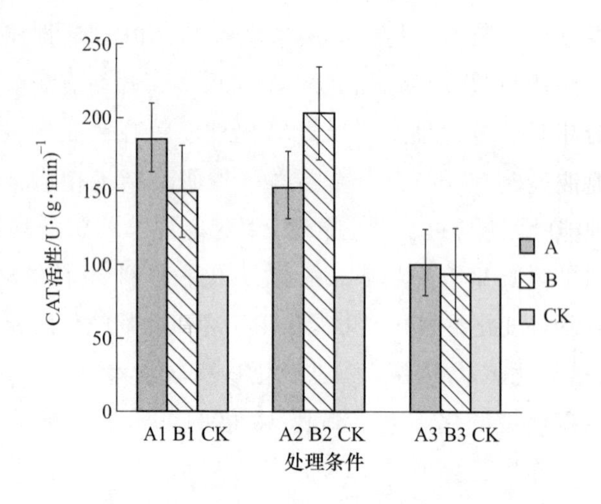

图 3-11 生物炭对 CAT 活性的影响

相比，叶片 CAT 活性显著提高了 39.9%，说明随着播种时间的增长，作物添加生物炭量越高，过氧化氢酶活性越大。周震峰等[318]在研究中发现，不同的生物炭添加量对 CAT 活性的促进作用存在差异，中高水平的生物炭添加量对 CAT 活性的促进作用显著高于高水平添加量。在本实验中，稀释 10 倍的梨木生物炭浸提液处理的小白菜幼苗过氧化氢酶活性最高，其原因可能是生物炭本身具有较强的吸附能力，生物炭可以吸附酶分子对酶促反应结合位点形成保护，从而阻止酶促反应的进行。另外，由于生物炭结构以及幼苗酶活性与酶本身分子结构的复杂性，导致生物炭对 CAT 活性的影响与 SOD 活性和 POD 活性不尽相同。

（八）生物炭对小白菜幼苗光合作用参数的影响

1. 生物炭对幼苗净光合速率（Pn）的影响

生物炭浸提液对小白菜幼苗净光合速率影响结果如图 3-12 所示。由图 3-12 所示，与对照相比，生物炭浸提液处理小白菜其幼苗净光合速率均高于对照，但不同稀释倍数各生物炭浸提液处理与对照差异较大。其中，酒糟生物炭浸提液原液处理幼苗净光合速率为 7.2μmol/(m^2·s)，比对照高了 10.77%，差异显著（$P<0.05$）；梨木生物炭浸提液原液处理幼苗净光合速率达 7.5μmol/(m^2·s)，比对照高 15.38%，差异显著（$P<0.05$）。而施用稀释 10 倍酒糟生物炭浸提液处理幼苗净光合速率比对照高 9.23%，与对照

相比差异不显著（P>0.05）；稀释10倍梨木生物炭浸提液处理净光合速率比对照高12.31%，与对照相比差异显著（P<0.05）。稀释50倍后浸提液的处理与原液、稀释10倍效果相似，均提高了小白菜幼苗的净光合速率，但酒糟生物炭浸提液处理幼苗净光合速率低于梨木生物炭浸提液处理。由此表明，生物炭处理能提高小白菜幼苗的净光合速率，以提高对光能的利用率。本研究结果与韩光明等[319]研究结果相似。韩光明等研究发现，施用玉米芯生物炭可提高棉花叶片的Pn。吴志庄等[320]研究也发现，生物炭可提高黄连木叶片的Pn。

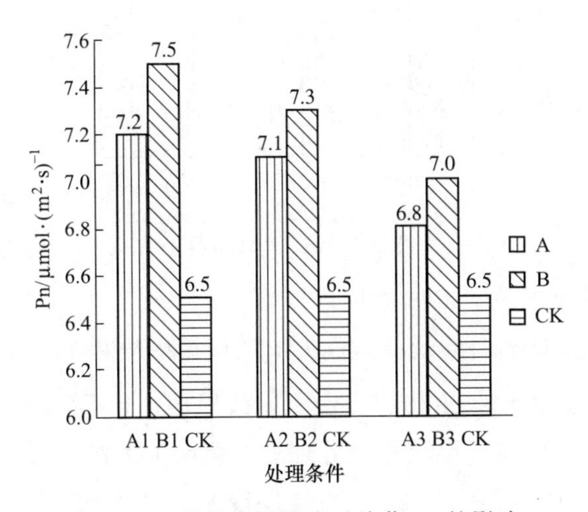

图3-12　生物炭浸提液对幼苗Pn的影响

2. 生物炭对幼苗蒸腾速率（Tr）的影响

生物炭浸提液对小白菜幼苗蒸腾速率影响结果如图3-13所示。由图3-13所示，生物炭浸提液对小白菜蒸腾速率具有明显作用，但结果差异较大。与对照相比，生物炭浸提液处理小白菜其幼苗蒸腾速率均高于对照，但不同稀释倍数各生物炭浸提液处理与对照间差异较大。其中，酒糟生物炭浸提液原液处理幼苗蒸腾速率为3.2μmol/(m^2·s)，比对照高了39.13%，差异显著（P<0.05）；梨木生物炭浸提液原液处理幼苗蒸腾速率达3.5μmol/(m^2·s)，比对照高52.17%，差异极其显著（P<0.01）。而施用稀释10倍酒糟生物炭、梨木生物炭浸提液处理幼苗蒸腾速率均高于对照，与对照相比差异显著（P<0.05）。稀释50倍后浸提液的处理与原液、稀释10倍效果相似，均提高了小白菜幼苗的蒸腾速率，但酒糟生物炭浸提液处理幼苗蒸腾速率低于

梨木生物炭浸提液处理。由此表明，生物炭处理能提高小白菜幼苗的蒸腾速率，这与吴志庄等研究结果相似。吴志庄等[320]研究发现，施用生物炭可提高黄连木叶片的Tr，且黄连木叶片Tr随生物炭施用量增加而增加。

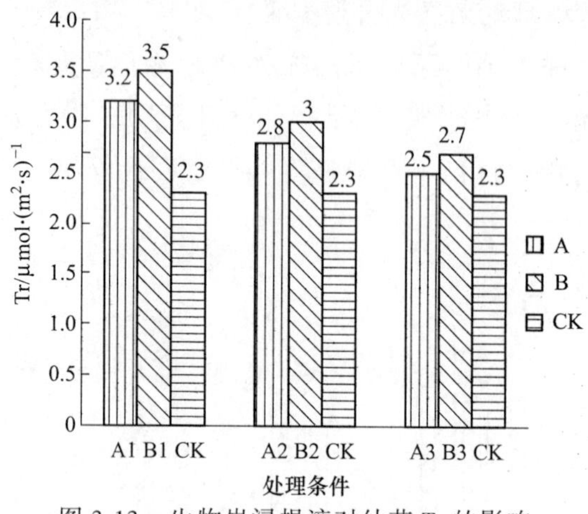

图 3-13 生物炭浸提液对幼苗 Tr 的影响

3. 生物炭对幼苗胞间 CO_2 浓度的影响

生物炭浸提液对小白菜幼苗胞间 CO_2浓度影响结果如图 3-14 所示。由图 3-14 所示，与对照相比，生物炭浸提液原液处理幼苗胞间 CO_2浓度均高于对照。其中，酒糟生物炭浸提液原液处理幼苗胞间 CO_2浓度较对照高 0. 035%，差异不显著（P>0. 05）；梨木生物炭浸提液原液处理幼苗胞间 CO_2浓度较对照高 0. 045%，差异不显著（P>0. 05）。生物炭浸提液经过稀释后再处理幼苗胞间 CO_2浓度得出相似的结果。研究结果显示，稀释 10 倍酒糟生物炭、梨木生物炭浸提液处理幼苗胞间 CO_2浓度均为 200. 10μmol/mol，仅比对照高 0. 01%，与对照相比差异不显著（P>0. 05）。稀释 50 倍酒糟生物炭浸提液处理幼苗胞间 CO_2浓度为 200. 08μmol/mol，与对照相同；稀释 50 倍梨木生物炭浸提液处理仅比对照高 0. 004%，与对照相比差异不显著（P>0. 05）。由此表明，生物炭浸提液原液略微提高了小白菜幼苗胞间 CO_2浓度，而生物炭浸提液稀释液几乎不能影响小白菜幼苗胞间 CO_2浓度，这与王艳芳等[311]的研究结果相似。付春娜等[321]也发现生物炭的施用对马铃薯叶片的胞间 CO_2影响并不显著。

4. 生物炭对幼苗气孔导度（Gs）的影响

生物炭浸提液对小白菜幼苗气孔导度影响结果如图 3-15 所示。由图 3-15

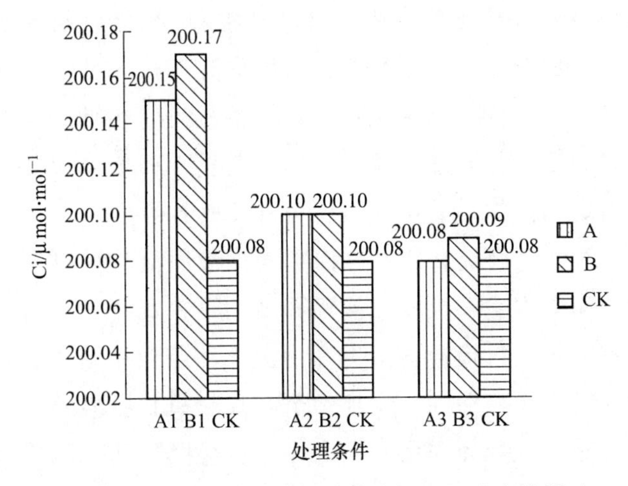

图 3-14 生物炭浸提液对幼苗胞间 CO_2 浓度的影响

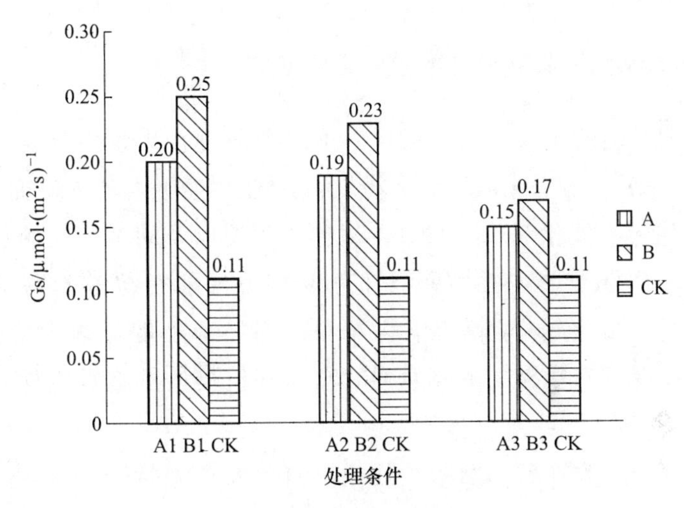

图 3-15 生物炭浸提液对幼苗 Gs 的影响

可见，生物炭浸提液对小白菜幼苗气孔导度具有明显作用，但结果差异较大。与对照相比，生物炭浸提液处理小白菜，其幼苗气孔导度均高于对照，但不同稀释倍数各生物炭浸提液处理与对照差异较大。其中，酒糟生物炭浸提液原液处理，幼苗的气孔导度达 0.20μmol/(m^2 · s)，比对照高了 81.81%，差异极其显著（$P<0.01$）；梨木生物炭浸提液原液处理幼苗气孔导度达 0.25μmol/(m^2 · s)，比对照高 127.27%，差异极其显著（$P<0.01$）。而施用稀释 10 倍酒糟生物炭、梨木生物炭浸提液处理幼苗气孔导度均高于对

照，与对照相比差异极其显著（$P<0.01$）；稀释 50 倍后浸提液的处理与原液、稀释 10 倍效果相似，均提高了小白菜幼苗气孔导度，但酒糟生物炭浸提液处理幼苗气孔导度低于梨木生物炭浸提液处理。由此表明，生物炭浸提液提高了小白菜幼苗气孔导度，这与吴志庄等[320]研究结果相似。付春娜等研究也发现生物炭的添加显著增加马铃薯叶片气孔导度。

由此表明，酒糟生物炭和梨木生物炭浸提液原液均可抑制小白菜种子萌发，酒糟生物炭和梨木生物炭浸提液稀释液均可提高小白菜种子萌发率。酒糟生物炭和梨木生物炭浸提液均可提高小白菜幼苗根系活力，降低幼苗叶片丙二醛含量和过氧化物酶活性，增加幼苗叶片超氧化物歧化酶、过氧化氢酶活性，增强幼苗叶片的荧光作用和光合作用，说明生物炭浸提液原液对小白菜萌发具有潜在植物毒性，该毒性经稀释可减少，在幼苗生长方面其毒性的影响作用不显著。

二、CeO_2改性生物炭潜在的植物毒性研究

针对上述明确的生物炭植物毒性，项目组通过在生物质热解过程中添加稀土催化剂 CeO_2，制备 Ce-酒糟生物炭；并通过对比实验，研究 Ce-酒糟生物炭和未添加稀土催化剂生物炭对供试种子萌发以及幼苗生长的影响，判断稀土催化剂（CeO_2）参与热解制备生物炭的方法能否缓解生物炭的植物毒性。此外，进一步比较 Ce-酒糟生物炭和未添加稀土催化剂生物炭中焦油、多环芳烃、持久性自由基等有毒物质含量，探析上述措施对生物炭植物毒性的缓解作用。

研究发现，经改性后的酒糟炭处理小白菜种子的萌发率、株高、幼苗根系活力、幼苗叶片叶绿素含量、光化学效率（F_v/F_m）、实际光化学效率（ΦPSⅡ）和表观光电子传递速率（ETR）均高于对照，经改性后的酒糟炭处理小白菜幼苗叶片丙二醛含量低于对照，但与对照相比差异均不显著（$P>0.05$），对幼苗叶片 SOD、CAT、POD 活性的影响不明显。

三、生物炭有毒物质含量分析

项目组以普通酒糟生物炭为供试生物炭，添加稀土催化剂 CeO_2，制备 Ce-酒糟生物炭对其进行改性，并测试上述生物炭浸提液的 pH、焦油、多环芳烃、重金属含量等。

分析发现，普通酒糟生物炭 pH 值为 10.2，多环芳烃主要以 NAP、CHR、ACE、FLU、PHE 为主，但 16 种 PAHs 的总量（$\sum$16PAHs）仅为 2.21mg/kg，生物炭中 Cd、Cu、Pb 含量分别为 21.57mg/kg、2.1mg/kg、152.3mg/kg，焦油含量为 9.27mg/kg。经稀土催化剂改性后，酒糟生物炭中的多环芳烃、重金属含量略有下降，但与对照相比差异不显著（$P>0.05$）。

鉴于稀土催化剂改性生物炭对生物炭潜在的植物毒性和有毒物质含量影响不明显，项目组在其他项目的研究基础上探寻新的方法开展生物炭减毒研究。

第四章　酒糟炭对重度复合重金属污染土壤理化性质的影响研究

生物炭具有巨大的比表面积和内部孔隙[11]，具有负电荷多、离子交换能力强[12]、吸附性能优异等特点[13]，不仅能直接吸附污染物质[14]，施用土壤后还可以改善土壤理化性质[57]、减少养分流失[15]、促进作物生长[16]、吸附固持土壤污染物质[12,17-18]，并能增加土壤碳库，减少温室气体排放[19-20]，被认为是解决“气候危机，能源危机，粮食危机”的“黑色希望”[145]。目前，生物炭的应用主要集中于农业、环境领域[146]，而在农业领域中的应用主要集中于低产地改良[110,147]以及轻中度重金属污染土壤修复，而缺少利用生物炭对重度重金属污染土壤修复方面的研究。

成都平原素以“天府之国”著称，一直以来都是四川乃至全国重要的粮油基地[148]。相关资料显示，成都平原农田土壤重金属污染形势严峻[113-114]，亟待改善[115]。近 20 年来广汉、新都、邛崃等地土壤重金属镉含量增加了1~2 倍，新津、德阳、广汉、新都等地土壤重金属 Pb 含量增加了 1~3 倍[149]。成都平原崇州地区农田土壤重金属镉含量已超过国家土壤环境质量标准（GB 15618—2018）中的二级标准，样点超标率达 30.43%[116]。另据资料显示，在成都平原局部地区尤其是在一些工厂附近土壤重金属污染已非常严重[117]，土壤中重金属含量远远超过《土壤环境质量标准》（GB 15618—2018），也高于《农用地土壤环境质量标准》（GB 36600—2018）的相关要求。有专家提出，在重度污染地区应实行弃耕休耕；但也有人提出反对意见，认为在人多地少的我国实行弃耕休耕并不可行。在现实生产中，因缺乏适耕地，人们也不得不在重度重金属污染耕地上继续从事农业生产[114,118]，这对我国粮食安全和社会稳定带来极大威胁。因此，开展重度重金属复合污染土壤修复方面的研究意义重大。

本章在明确酒糟炭结构、吸附特性等基础上，通过盆栽实验研究施用酒糟炭对重度重金属复合污染土壤理化性质的影响。

第一节 材料与方法

一、实验材料与实验方法

（一）实验材料

供试土壤：供试土壤采自成都平原某工业集中区周边重金属污染的土壤，土壤类型为水稻土，采样深度为0~20cm。经分析，供试土壤基本理化性质如下：pH值为5.9、容重1.08g/cm^3、有机质含量为33.92g/kg、碱解氮含量为118.12mg/kg、速效磷含量为36.27mg/kg、速效钾含量为28.61mg/kg；供试土壤重金属铬、镍、铜、锌、砷、镉、汞及铅含量分别为114.28mg/kg、25.95mg/kg、38.54mg/kg、1578.67mg/kg、32.31mg/kg、13.15mg/kg、1.13mg/kg以及87.28mg/kg。

供试水稻品种：金优182。

供试酒糟炭：将取自四川省某酒业有限公司的酒糟按照限氧热解法[125]在600℃条件下进行制备，具体制备方法参见第二章。

（二）实验方法

本实验采用盆栽实验。取土壤样品15kg于塑料桶中，分别按酒糟炭/土壤质量比0.5%（A）、1%（B）、2%（C）添加酒糟炭，充分混匀后补充土壤水分至田间持水量的75%，陈化4周后进行盆栽试验，试验中以不添加酒糟炭处理为对照（CK）。以金优182水稻为实验品种，于2014年4月8日播种，5月10日移栽，秧苗移栽后全生育期保持3~5cm水层。施肥3次（移栽前1周、移栽后3周以及抽穗前1周），每次每盆施入1.0g复合肥（四川美丰化工股份有限公司）。每一处理均重复15次。

分别于水稻移栽、分蘖期、拔节期、齐穗期以及成熟期采集土壤样品进行分析测试。土壤样品采集后经自然风干、粉碎过100目筛后待测。土壤样品采集时每一处理均随机抽取3盆。

二、测定项目与方法

土壤pH值采用HQ411d台式pH计测定；电导率采用HQ14d数字化电

导率分析仪进行测定；土壤含水量采用烘干法进行测定；土壤阳离子交换量（CEC 值）采用 EDTA—铵盐法进行测定；土壤碱解氮采用碱解扩散法进行测定；土壤速效磷采用碳酸氢钠法进行测定；土壤速效钾采用醋酸铵—火焰光度计法进行测定；实验数据用 SPSS 和 Excel 进行统计分析。所有指标测定时均重复 3 次，取其平均值用于统计分析。

第二节 酒糟炭对重度复合重金属污染土壤理化性质的影响研究

一、酒糟炭对土壤水分含量的影响

水分是土壤的重要成分之一，它对土壤的形成与发育、土壤物质的迁移转化以及作物生长都有十分重要的影响[151]。酒糟炭对供试土壤水分含量影响如图 4-1 所示。由图 4-1 可知，在水稻各生育期中，施用酒糟炭处理各土壤水分含量均高于对照，且在整体上随酒糟炭施用量增加而增加；但在水稻不同生育期，不同施用量酒糟炭处理土壤水分含量差异较大。与对照相比，在水稻移栽时施用 0.5%酒糟炭、1%酒糟炭和 2%酒糟炭可分别提高土壤含水量 4.4%、6.8%和 9.7%，与对照相比差异不显著（$P>0.05$）；而在水稻分蘖期、拔节期、齐穗期以及成熟期内，酒糟炭对提高土壤水分含量的作用更为明显。在水稻分蘖期和成熟期，施用 2%酒糟炭可提高土壤含水量达 19.7%和 17.1%，与对照相比差异显著（$P<0.05$）。由此表明，施用酒糟炭可提高水稻土含水量，这与陈延华等[154]、Bailey 等[155]的研究结果一致。Baronti 等[156]也发现，土壤持水量随生物炭施用量增加而增加。这主要是因为生物炭是一种多孔性高吸附性能材料，具有较强的吸水能力，可增加土壤吸水量[157]；同时，施用生物炭降低了土壤容重，增加了土壤孔隙度，增大了土壤持水量[151]。此外，生物炭具有的盐分，亦会增大土壤对水分的吸持[158]。

二、酒糟炭对土壤 pH 值的影响

pH 值是土壤重要的化学属性之一，直接影响土壤养分的有效性[15]。酒糟炭施用对供试土壤 pH 值影响结果如图 4-2 所示。由图 4-2 可见，在水稻各

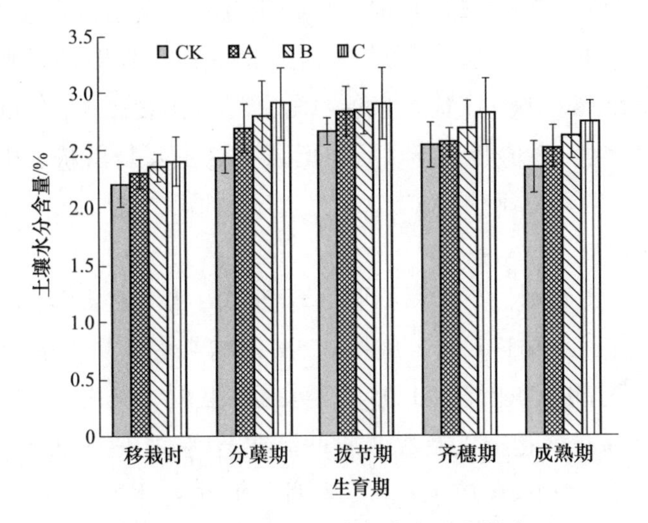

图 4-1 酒糟炭对土壤水分含量的影响

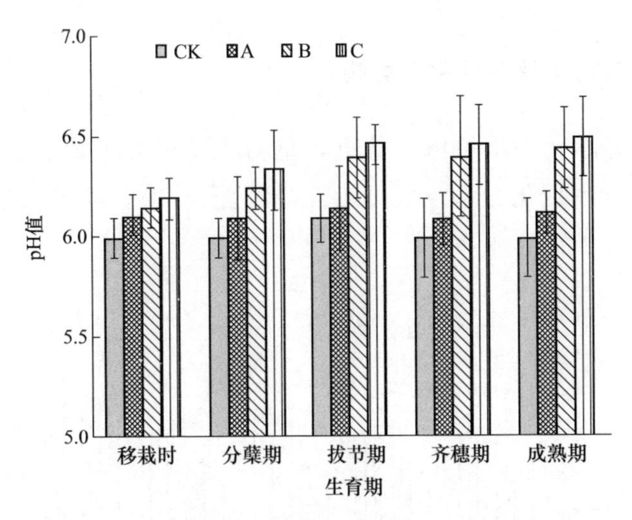

图 4-2 酒糟炭对土壤 pH 值的影响

生育期中，施用酒糟炭处理土壤 pH 值均高于对照处理，且供试土壤 pH 值随酒糟炭用量增加而增加。由此表明，施用酒糟炭可有效提高土壤 pH 值，这与高译丹等[98]的研究结果一致。刘旻慧等[159]研究也发现，向土壤添加 5% 的花生壳和中药渣生物炭，可提高土壤 pH 值 0.93。施用生物炭之所以能提高土壤 pH 值，这主要是因为生物炭中含有较多的 K^+、Na^+、Ga^{2+}、Mg^{2+} 等离子[153]，施用到土壤后可以通过吸附作用降低土壤中交换性 H^+ 和 Al^{3+} 含量[96]，从而提高土壤 pH 值；同时，生物炭自身的碱性物质也可以中和土壤中的部分酸性物质[142]。但刘祥宏[59]研究发现，在黄土高原典型土壤中添加生物炭却降低了土壤 pH 值。惠锦卓等[160]、张爱平等[161]研究也发现，添加生物炭对土壤 pH 值影响不大，他们认为这主要是供试土壤呈碱性，土壤中含有较多的可溶性 K^+、Na^+、Ga^{2+}、Mg^{2+}等离子，因此添加生物炭对土壤 pH 值影响不大。

本实验结果还显示，在水稻不同生育期，酒糟炭对土壤 pH 值的影响作用差异较大。如在水稻移栽时，施用 0.5%酒糟炭可提高土壤 pH 值 0.10 个单位；在水稻拔节期仅能提高 0.05。在水稻移栽时，施用 2%可提高土壤 pH 值 0.20，而在水稻齐穗期以及成熟期可提高土壤 pH 值达 0.47 和 0.51，与对照相比差异显著（$P<0.05$）。由此表明，生物炭对土壤 pH 值的影响与生物炭用量、施用时间等密切相关外，还可能与生物炭自身特性、土壤类型、植物种类及其生长情况等有关。

三、酒糟炭对土壤电导率的影响

相关资料显示，土壤可溶性盐分含量与土壤电导率成正比[162]。因此，可根据土壤电导率变化显示土壤可溶性盐的变化[61]。酒糟炭施用对土壤电导率影响如图 4-3 所示。

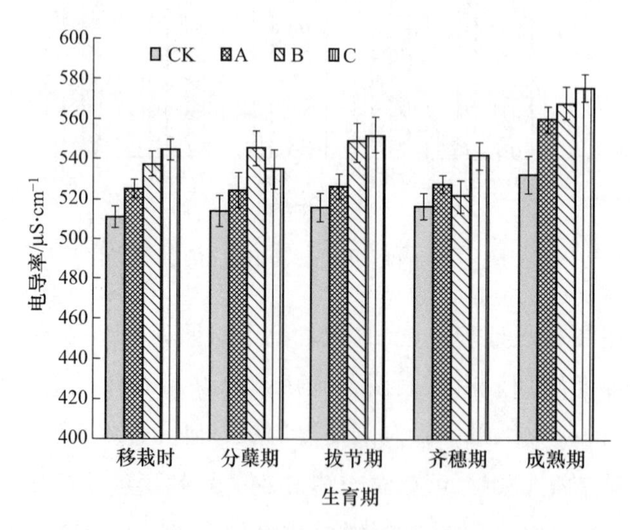

图 4-3 酒糟炭对土壤电导率的影响

由图 4-3 可知，在水稻全生育期中，施用酒糟炭处理土壤电导率均高于对照，这与张翔等[163]的研究结果一致。邢英等[164]通过淋洗实验研究发现，土壤淋洗液中电导率随生物炭添加量增加而增加。施用生物炭提高土壤电导率，这可能与生物炭富含 K、Ca、Mg 等矿质元素有关[161]。生物炭中含有较多的盐基离子，施用到土壤后可显著提高土壤 K^+、Na^+、Ga^{2+}、Mg^{2+} 等金属离子含量，从而提高土壤 pH 值和 CEC 值[150]。同时，生物炭的碱性特点也会提高土壤 pH 值，降低酸性土中铝的饱和度[62]，进一步提高土壤电导率。本实验结果还显示，在水稻不同生育期，供试土壤电导率并不随酒糟炭施用量增加而增加，而是呈不规则波动，但均高于对照处理。如在水稻移栽、拔节期和成熟期，施用酒糟炭处理土壤电导率随酒糟炭施用量增加而增加；但在水稻分蘖期，处理 C 土壤电导率低于处理 B；在水稻齐穗期，处理 B 土壤电导率低于处理 A，这可能与土壤微环境变化以及水稻生长有关。

四、酒糟炭对土壤阳离子交换量的影响

CEC 值是用来估算土壤吸收、保留和交换阳离子的能力，可用于判断土壤保肥、供肥性能和缓冲能力[163]。酒糟炭对土壤 CEC 值的影响如图 4-4 所示。由图 4-4 可知，在水稻全生育期中，施用酒糟炭处理土壤 CEC 值均高于对照。由此表明，施用酒糟炭可提高土壤 CEC 值，这与战秀梅等[165]研究结果一致。战秀梅等研究发现，连续施用 4 年生物炭后，土壤 CEC 值较试验前显著增加。这主要是因为生物炭可与土壤颗粒物质形成有机-无机复合胶体[48]，促进土壤形成团聚体[76]，从而使得土壤 CEC 值显著提高[96]。此外，随着植物生长发育，土壤中的生物炭可被氧化，在生物炭表面产生的芳环结构和羟羧基等基团[166]可吸附固定土壤溶液中的交换性 H^+ 和 Al^{3+}[96]，增强对阳离子的吸附能力[20]，增加阳离子交换量[62]。因此施用生物炭可显著提高土壤 pH 值、电导率以及 CEC 值，尤其对低 CEC 值、酸性土壤的作用更为明显。但刘祥宏[59]研究发现，施用生物炭对黄土高原的塿土和黑垆土无明显作用，甚至会引起土壤 CEC 值降低，这主要与土壤性质以及生物炭特性有关。

本实验结果还显示，施用酒糟炭处理土壤 CEC 值虽然均高于对照处理，但在水稻不同生育期，供试土壤 CEC 值与酒糟炭施用量并无相关性。如在水稻移栽时，施用 B 处理土壤 CEC 值低于处理 A；而在水稻分蘖期、拔节期、齐穗期以及成熟期均高于处理 A。

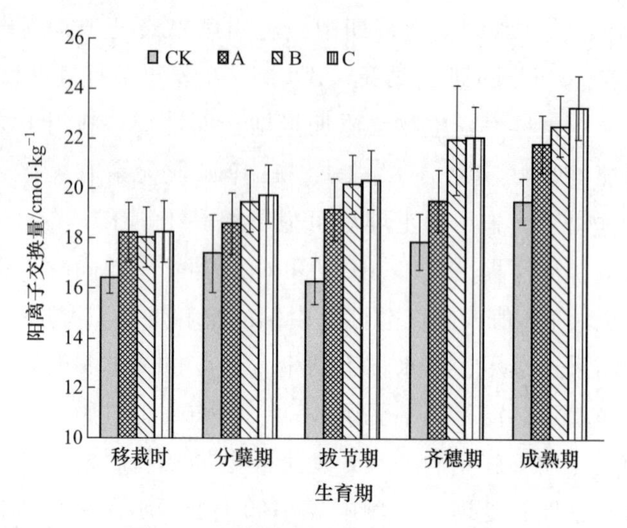

图 4-4　酒糟炭对土壤 CEC 的影响

五、酒糟炭对土壤速效养分的影响

(一) 酒糟炭对土壤铵态氮的影响

酒糟炭对供试土壤铵态氮含量影响如图 4-5 所示。由图 4-5 可见，水稻全生育期中，施用酒糟炭处理土壤铵态氮含量均高于对照处理。由此表明，施用酒糟炭可提高土壤铵态氮含量，这与蔺海红等[25]研究结果一致。蔺海红等研究发现，向土壤中施用花生壳生物炭可提高土壤铵态氮 27. 3% ~ 30. 2%，显著高于对照（$P<0.05$）。周桂玉等[167]研究也发现，添加 2%玉米秸秆生物炭可提高中性壤质黏土铵态氮含量。这主要是因为生物炭多孔特性和巨大的比表面积可吸附固持土壤溶液中 NH_4^+-N、NO_3^--N 以及气态 NH_3[168]，从而提高土壤有效氮含量[63]。同时，生物炭通过阳离子交换作用，增强土壤对铵态氮的吸附，可有效提高土壤铵态氮浓度[169]。但王艳红等[170]研究发现，向土壤中添加 25g/kg 稻壳基生物炭时，显著降低了土壤铵态氮含量。Gueerena[68]也发现，施用生物炭未能促进肥沃土壤氮矿质化。这是因为，大量施用生物炭易使土壤 C/N 过高[171]，抑制了土壤有机质矿质化，从而降低土壤有效氮含量[172]。

(二) 酒糟炭对土壤速效磷的影响

酒糟炭对土壤速效磷含量影响如图 4-6 所示。如图 4-6 可见，在水稻移

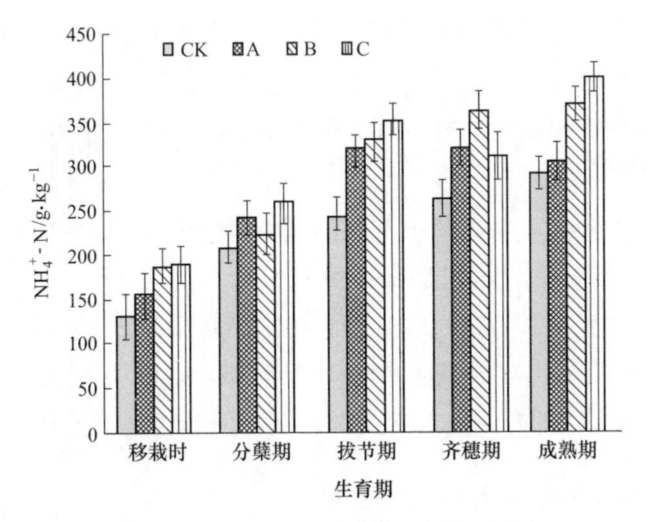

图 4-5　酒糟炭对土壤铵态氮含量的影响

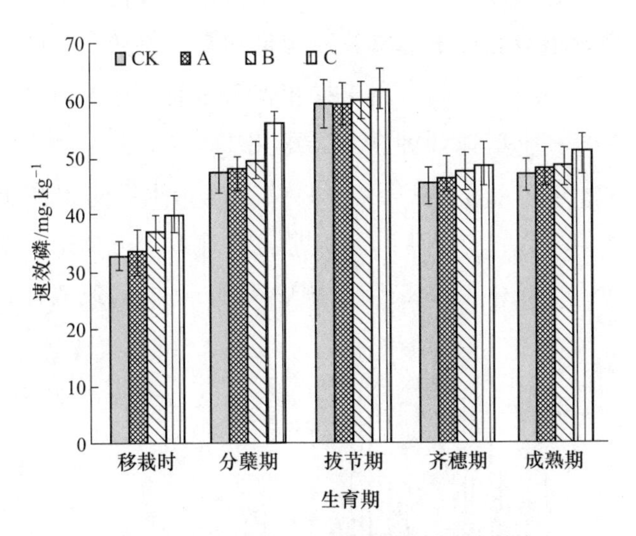

图 4-6　酒糟炭对土壤速效磷含量的影响

栽时各施用酒糟炭处理土壤的速效磷含量均高于对照处理，其中处理 A 速效磷较对照增加 10.71%、处理 B 较对照增加 15.32%、处理 C 较对照增加 21.70%，与对照相比均差异显著（$P<0.05$）。在水稻其他生育期，施用酒糟炭处理，土壤速效磷含量也均高于对照处理。由此表明，施用酒糟炭可提高土壤速效磷含量，这与王艳红等[170]的研究结果一致。王艳红等通过盆栽实验研究发现，稻壳基生物炭可显著提高土壤有效磷含量。这主要是因为生物炭具有较强的离子交换能力，可通过交换作用或电荷吸引等方式吸附土壤

溶液中的铁、铝，提高土壤速效磷含量[75]。但 Van[166]发现施用生物炭降低了土壤速效磷含量。Chintala[63]也发现，向石灰性土壤施用生物炭，不但未能提高土壤磷的固定，反而降低了磷的有效磷，这可能与土壤性质以及生物炭用量有关[173-174]。

实验结果还显示，在水稻不同生育期，不同施炭处理与对照间差异较大。如在水稻分蘖期，处理 A 速效磷较对照高 1.83%、处理 B 较对照高 4.90%、处理 C 较对照高 18.52%；而在水稻拔节期、齐穗期以及成熟期，处理 A 速效磷含量比对照高 0.05%~2.57%、处理 B 较对照高 1.41%~5.11%、处理 C 较对照高 4.67%~8.25%，与对照相比均差异不显著（$P>0.05$）。

（三）酒糟炭对土壤速效钾的影响

酒糟炭对土壤速效钾含量影响如图 4-7 所示。如图 4-7 可见，在水稻全生育期中，施用酒糟炭处理土壤速效钾含量均高于对照，且随酒糟炭施用量增加而增加，这与 Ding[175]的研究结果相似。朱盼等[172]研究也发现，花生壳生物炭可显著提高土壤速效钾含量，施用 1%花生壳生物炭时，红壤中速效钾含量提高 94.80%。郑瑞伦等[152]认为，施用生物炭提高土壤速效钾主要是以下几方面的原因：一是生物炭自身含有速效钾，如玉米秸秆生物炭中速效钾含量达 26112mg/kg，远高于土壤中 120mg/kg 的速效钾含量。二是施

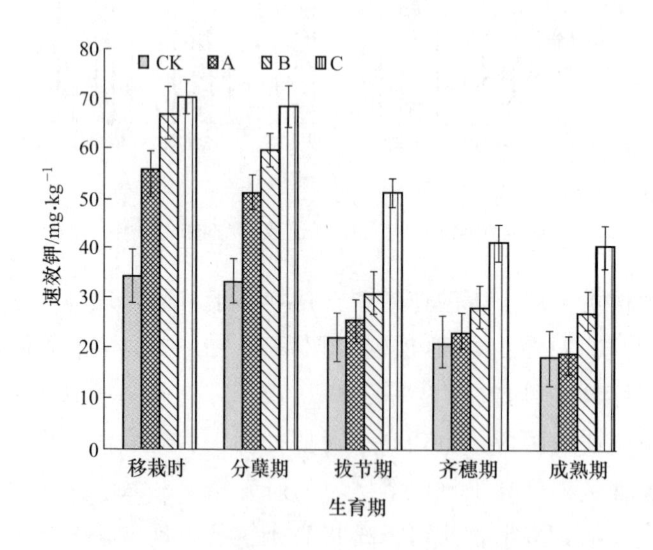

图 4-7 酒糟炭对土壤速效钾含量的影响

用生物炭改善了土壤微环境，可为土壤微生物尤其是细菌提供一个良好的环境[76]，利于细菌的生长与繁殖，从而提高了土壤微生物多样性、丰度及活性[176-177]，增强了土壤矿质化反应，进而提高了土壤中钾的生物有效性[18,178]。此外，施用生物炭提高了土壤有机质[179-180]、CEC 值和 pH 值，它们也会影响土壤有效养分含量[181]。

本实验结果还显示，在水稻不同生育期，不同用量生物炭处理与对照间差异较大。如在水稻齐穗期、成熟期，处理 A 土壤速效钾含量仅比对照土壤高 4.9%~6.9%，差异不显著（$P>0.05$）。但在水稻分蘖期与拔节期，施用酒糟炭处理土壤速效钾含量显著高于对照处理，且与对照相比差异显著（$P<0.05$），这可能与生物炭施用量以及水稻生长对速效钾的吸收有关。

相关研究表明，生物炭具有较小的密度、较大的比表面积，并含有大量含氧官能团等特点[154]，向土壤中施用生物炭可有效改善土壤通气状况，促进土壤团聚体形成[36]，提高土壤 pH 值、CEC 值以及养分含量[152]，这与本研究结果一致。这主要是因为生物炭是一种多孔性、低密度、高吸附性能材料[157]，施用到土壤后可以通过生物炭的“稀释作用”降低土壤容重[152]。此外，生物炭是一种具有巨大比表面积和内部孔隙的颗粒状有机物质，可为土壤微生物生长提供着生点和营养物质[154]，促进土壤细菌、真菌、放线菌等的生长繁殖[119]，这些菌丝与生物炭交织形成的根系系统可进一步促进土壤团聚体的形成[42]，提高土壤团聚体的稳定性[52]，进而降低土壤容重，提高土壤含水量。

生物炭中含有丰富的 K^+、Na^+、Ga^{2+}、Mg^{2+} 等盐基离子[150]，施用到土壤中可直接提高土壤 pH 值和 CEC 值[346]。同时，生物炭自身的碱性物质也可以中和土壤部分酸性物质[166]。此外，随着生物炭施用时间延长，土壤中的生物炭可被氧化[166]，在生物炭表面形成的芳环结构和羟羧基等基团[157,299]可吸附土壤溶液中的交换性 H^+ 和 Al^{3+}[99]，从而增强对土壤阳离子的吸附[20]，提高土壤 pH 值和 CEC 值[154,290]。但孙军娜[61]研究却发现，向盐渍化土壤中施用糠醛渣生物炭，不仅未能增加土壤 pH 值，反而使土壤 pH 值进一步降低，这主要是由于糠醛渣生物炭 pH 值远低于盐渍化土壤 pH 值所致。朱盼等[172]研究也表明，施用生物炭可明显增加红壤 pH 值，且对施肥红壤改良效果更明显，这是因为施肥土壤 pH 值更低。

本研究结果表明，施用酒糟炭还可以提高供试土壤速效养分含量，这与Xu G等[17]研究结果一致。张祥等[58]研究也发现，花生壳生物炭能显著提高南方典型土壤（红壤和黄棕壤）速效养分含量。郑瑞伦[152]认为，施用生物炭提高土壤中速效养分含量，可能是因为施用生物炭促进了土壤有机氮的矿化[123]，在短期内加快了土壤氮的转化[322-324]。生物炭巨大的吸附能力和离子交换能力[325]，对土壤速效养分含量也影响巨大[176]。生物炭可通过自身的吸附能力和离子交换作用减少 Ca^{2+}、Al^{3+} 等离子或金属氧化物表面对磷、钾的吸附[63]，从而提高土壤速效磷、速效钾含量[326]，延缓养分流失[214]。生物炭自身较高的氮、磷、钾含量也是增加土壤速效养分含量的重要原因之一[10]。生物炭中含有大量的氮、磷和钾等矿质元素[32]以及丰富的有机碳[212]，施用到土壤后能够快速提高土壤矿质养分和有机碳含量[327]。此外，施用生物炭提高了土壤有机质含量、CEC 值和 pH 值，它们也会影响土壤有效养分含量[177,180]。但也有研究表明，向土壤中添加生物炭并没有增加土壤碱解氮和速效磷含量[63,65]，这可能是由于生物炭促进了土壤微生物对氮的固定[328]，并使磷以钙磷化合物形式沉降[63]，降低了土壤磷的有效性。

Steinbeiss[76]研究表明，施用生物炭可改善土壤通气环境，促进土壤团聚体形成[176]，从而为土壤微生物提供适宜的生长环境，提高土壤细菌多样性和土壤酶活性[177]，增强土壤矿质化反应[18]，提高土壤中速效养分含量[178-179]。相关研究表明，土壤酶是土壤中最活跃的有机组分之一[192]，它驱动了土壤几乎所有的生物化学反应[84]，参与了土壤中各种土壤化学反应和生物化学过程[194]，并与物质转化与能量流动等密切相关[85,164]。其中，土壤脲酶、蔗糖酶、蛋白酶活性与土壤氮素营养转化关系密切[196-197]，其活性大小可直接反应土壤氮素含量[91]。本实验研究结果显示，施用酒糟炭可提高供试土壤脲酶、蔗糖酶、蛋白酶活性，且土壤细菌多样性和丰富度也高于对照处理，这与邹春娇等[329]、姚玲丹等[182]研究结果一致。邹春娇等[329]研究发现，适量施用生物炭可增加设施连作黄瓜根际土壤脲酶、蔗糖酶活性，提高土壤细菌、放线菌数量。这主要是生物炭巨大的比表面积和多孔性特点为微生物附着生长提供了众多着生点[56]，生物炭多孔结构中吸附的可溶性有机物、气体、土壤养分和水分为微生物生长提供良好的环境[8]；同时，生物炭富含的碳、能量和矿质养分为微生物生长提供了所需的营养物质[330]，进而促进了特定微生物的生长繁殖。而且，进入土壤的生物炭与土壤结合，改变了土壤的通气结构，促进了土壤团聚体的形成[214]，施用的生物炭还可以加深土壤颜色，提高土壤温度，增强了微生物的代谢功能[77]。

本实验结果还显示，施用2%酒糟炭处理土壤蔗糖酶活性以及土壤细菌多样性不及施用1%酒糟炭处理，赵秋芳等[331]也有类似发现。赵秋芳[331]研究发现，施用生物炭可增加香草兰根际土壤细菌和放线菌数量，其中以30g/kg生物炭施用量处理土壤细菌、放线菌数量最多，分别为对照处理的1.49倍和1.75倍；过量施用（50g/kg、100g/kg）反而会降低土壤细菌、放线菌数量。胡雲飞等[332]研究发现，生物炭可增加茶园土壤PLFA（磷脂脂肪酸）总含量，但土壤PLFA总含量并未随生物炭施用量增加而增加。这主要是因为过量施用生物炭会造成土壤pH值偏高，影响微生物生长；而且生物炭对土壤质地结构[103]、水分含量、酸碱性、养分含量、重金属赋存形态[92]等产生影响，这些也会影响土壤微生物生长以及酶活性[333]。

第五章　酒糟炭对重度复合重金属污染土壤细菌多样性及土壤酶活性的影响研究

微生物是土壤碳库中最为活跃的组分[182]，对环境变化的响应比其他有机质更快，尤其对土壤重金属的响应最为敏感[3,183]，这主要是因为Cu、Zn、Ni等重金属是土壤微生物生长的必需元素，它们参与了微生物的生化反应[184]。当存在重金属污染时，适应新环境的微生物数会快速生长和繁殖，不适应的微生物会减少或灭绝[185]。相关研究表明，向重金属污染土壤施用生物炭后，会直接或间接影响土壤微生物的新陈代谢。Fernández等[186]研究也发现，施用生物炭可提高土壤pH值和有机质含量，降低土壤重金属有效性，减少对土壤微生物的毒害作用[187]，进而有利于土壤微生物多样性恢复[188]。韩光明等[189]研究也发现，施用生物炭可增加菠菜根际微生物数量，尤其可显著增加菠菜根际好氧自生固氮菌以及反硝化细菌数量。但Kolton等[81]研究却发现，施用生物炭促进了某些细菌生长，但抑制了溶杆菌属（*Lysobacte*）、变形菌门（*Proteobacteria*）等细菌生长。陈心想等[72]研究发现，施用生物炭可显著提高玉米地土壤细菌、放线菌、真菌三类微生物数量；但显著降低了玉米成熟期、返青期和拔节期的土壤微生物量碳氮比。由此可见，向重金属污染土壤施用生物炭会影响土壤微生物群落变化，但影响效果差异巨大。因此，研究不同原料制备的生物炭对土壤微生物群落的影响具有十分重要的意义[190]。

本章在明确酒糟炭对重度重金属复合污染土壤理化性质、速效养分影响的基础之上，分析酒糟炭对重度重金属污染土壤细菌多样性变化以及土壤酶活性的影响，为解析酒糟炭对土壤重金属活性影响机制提供依据。

第一节　材料与方法

一、实验材料与实验方法

（一）实验材料

供试土壤：同第四章。

供试水稻品种：金优182。

供试酒糟炭：同第四章。

（二）实验方法

本实验采用盆栽实验，具体实验方法同第四章第一节。分别于水稻移栽、分蘖期、拔节期、齐穗期以及成熟期采集两份土壤样品。一份用于测定土壤酶活性，另一份土壤样品用塑料袋密封后保存于超低温冰箱中（-80℃）[206]待测，用于土壤细菌多样性分析。

二、测定项目与方法

土壤脲酶活性采用靛酚比色法进行测定。

土壤蔗糖酶活性采用3,5-二硝基水杨酸比色法进行测定。

土壤蛋白酶活性采用茚三酮比色法进行测定。

土壤过氧化氢酶活性采用高锰酸钾滴定法进行测定。

土壤细菌多样性分析委托深圳市千年盛世基因科技有限公司采用16S测序技术进行测试。

数据处理：实验数据用Excel进行处理，采用SPSS统计软件进行统计分析。采用土壤细菌多样性指数（Shannon-Wiener指数、Simpson指数）和丰富度指数（Chao1指数、ACE指数）来表征土壤细菌群落多样性变化。

第二节　土壤细菌多样性分析

微生物是土壤碳库中最为活跃的组分之一，不仅参与土壤有机质分解与腐殖质形成，为土壤物质转化和能量流动提供动力[182,185]，而且也对维持土壤生态平衡发挥着重要的作用。土壤微生物是对环境变化最为敏感的群体[2]，其对生物炭施用的响应比其他有机质更快[201]。Domene等[191]研究发现，施用生物炭处理土壤微生物数量以及群落结构与对照土壤差异巨大。因此，从土壤细菌多样性变化角度研究生物炭对土壤质量的影响是不可缺少的重要一环。

一、土壤细菌高通量序列生物学信息分析

采用高通量测序技术对4个处理、5个时期共计60个样品（含3个平行样品）进行了分析检测，共产生214MB干净数据，经过拼接和过滤处理，

获得 16SrDNA 标签序列。根据 97%的序列相似性划为不同的微生物物种（OTU），并将平行样品数据平均处理后共获得 162900 个 OTU。其中，施用 1%酒糟炭处理土壤细菌群落数最高，在水稻整个生育期共含有 42547 个 OTU；施用 0.5%酒糟炭处理土壤次之，含有 41949 个 OTU；施用 2%酒糟炭处理土壤细菌群落数最低，仅 37555 个 OTU。

酒糟炭对土壤细菌 OTU 个数的影响如图 5-1 所示。由图 5-1 可知，在水稻不同生育期土壤细菌群落数也差异较大。对照土壤在水稻成熟期土壤细菌群落数最高，含有 9182 个 OTU；水稻移栽时最低，仅 7324 个 OTU。施用 0.5%酒糟炭处理土壤在水稻分蘖期细菌群落数最高，含有 12330 个 OTU；在水稻移栽时最低，仅 6470 个 OTU。施用 1%酒糟炭处理土壤在水稻成熟期最高，含有 9419 个 OTU；在水稻拔节期最低，仅 7048 个 OTU。施用 2%酒糟炭处理，土壤在水稻拔节期细菌群落数最高，含 8251 个 OTU，在水稻齐穗期，最低仅 6097 个 OTU。

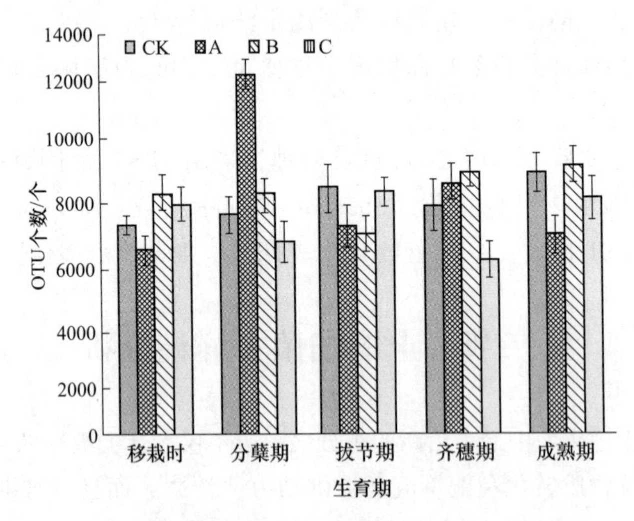

图 5-1 酒糟炭对土壤细菌 OTU 个数的影响

实验结果还显示，不同处理土壤在水稻同一生育期 OTU 也差异巨大。在水稻移栽时，土壤 OTU 个数大小顺序为 B>C>CK>A，其中处理 B 比对照土壤多 1086 个 OTU，处理 C 比对照土壤多 706 个 OTU，处理 A 比对照少 854 个 OTU，与对照相比均差异显著（$P<0.05$）。在水稻分蘖期，施用 0.5%酒糟炭处理土壤细菌 OTU 个数显著增加，达 12330 个 OTU，显著高于对照处理的 7690 个 OTU（$P<0.05$）；而施用 2%酒糟炭处理土壤 OTU 个数快速下

降，仅有 6744 个 OTU，显著低于对照处理（$P<0.05$）；施用 1%酒糟炭处理土壤 OTU 个数维持不变。在水稻拔节期，对照和处理 C 土壤 OTU 个数显著增加，显著高于处理 A、B 土壤的 OTU 个数（$P<0.05$）。此后，随着水稻生长，施用 1%酒糟炭处理土壤 OTU 个数显著增加，其余处理土壤 OTU 个数呈波浪状变化，但均低于对应生育期处理 B 土壤的 OTU 个数。

综上所述，施用酒糟炭在整体上可提高土壤细菌 OTU 个数，但不同用量生物炭以及在水稻不同生育期土壤 OTU 个数影响差异较大。

二、土壤细菌多样性分析

供试土壤细菌多样性统计结果如表 5-1 所示。统计结果显示，在细菌门、纲、目、科及属分类水平下，不同施碳量处理土壤的细菌多样性与对照处理间差异较大。在水稻移栽时，施用 1%酒糟炭处理土壤细菌类群数最高、对照处理次之、施用 0.5%酒糟炭处理最低，其中施用 1%酒糟炭处理土壤含有 37 个门类群、95 个纲类群、153 个目类群、253 个科类群、444 个属类群；对照土壤中含有 34 个门类群、90 个纲类群、141 个目类群、234 个科类群、401 个属类群。随着水稻生长，各处理的细菌门类群数发生明显变化。在水稻分蘖期，施用 1%酒糟炭处理土壤的细菌门类群数最高、施用 0.5%酒糟炭处理次之、施用 2%酒糟炭处理最低，但细菌纲、目、科、属类群数均是施用 0.5%酒糟炭处理最高，施用 1%酒糟炭处理土壤次之，施用 2%酒糟炭处理土壤最低。在水稻拔节期，施用 1%酒糟炭处理土壤的细菌门类群数进一步降低，土壤细菌纲、目、科、属类群数均最低，施用 2%酒糟炭处理最高。但随着水稻进一步生长发育，施用 1%酒糟炭处理土壤细菌门类群数有所增加，在齐穗期，施用 1%酒糟炭处理土壤细菌目类群数低于施用 0.5%酒糟炭处理，但细菌门、纲、科、属类群数均最高。在水稻成熟期时，施用 1%酒糟炭处理土壤门、纲、目、科、属类群数均最高，施用 2%酒糟炭处理土壤细菌门、纲类群数最低，施用 0.5%酒糟炭处理土壤细菌目、科、属类群数最低。

由此表明，施用酒糟炭可以改变土壤细菌类群，但不同酒糟炭用量对土壤细菌多样性影响差异较大。适量生物炭可在水稻移栽时、水稻生育后期（齐穗期、成熟期）增加土壤细菌门、纲、目、科及属类群数，而少量或大量施用生物炭主要在水稻生育中期（分蘖期、拔节期）提高细菌类群数。

表 5-1 不同分类水平下细菌类群数

细菌分类	处理	移栽时/个	分蘖期/个	拔节期/个	齐穗期/个	成熟期/个
门	CK	34	31	32	32	32
	A	31	36	33	33	32
	B	37	37	33	33	34
	C	33	29	33	30	31
纲	CK	90	147	86	32	32
	A	88	157	89	33	32
	B	95	151	88	33	34
	C	88	146	90	30	31
目	CK	141	142	139	90	89
	A	134	162	138	93	87
	B	153	153	88	92	94
	C	141	139	90	85	89
科	CK	234	236	245	147	147
	A	229	274	233	146	144
	B	253	253	228	152	154
	C	242	236	265	138	147
属	CK	401	424	457	244	259
	A	387	519	413	244	245
	B	444	444	412	256	269
	C	428	412	496	230	254

三、土壤细菌群落组成分析

实验结果显示，测试土壤中均含有丰富的物种，其中施用1%酒糟炭处理土壤细菌门类数最高，五个生育期平均有34.8个门类；施用0.5%酒糟炭处理土壤次之，施用2%酒糟炭处理土壤最低，仅31.2个门类。实验结果还显示，在水稻不同生育期细菌群落组成及其丰度差异明显。

经分析得知，对照土壤在水稻移栽时的主要细菌门类（丰度>1.0%）分别是 *Proteobacteria*（41.96%）、*Acidobacteria*（14.02%）、*Actinobacteria*（6.27%）、*Chloroflexi*（4.98%）、*Bacteroidetes*（2.57%）、*Verrucomicrobia*（2.53%）、*Firmicutes*（1.96%）、*Planctomycetes*（1.48%）、*Chlamydiae*（1.18%）和其他门类（19.03%）。施用0.5%酒糟炭处理土壤在水稻移栽时的主要细菌门类（丰度>1.0%）分别是 *Proteobacteria*（43.49%）、*Acidobacteria*（14.68%）、*Actinobacteria*（6.17%）、*Chloroflexi*（4.74%）、*Bacteroidetes*（2.59%）、*Firmicutes*（2.48%）、*Verrucomicrobia*（2.44%）、*Planctomycetes*（1.56%）和其他门类（17.97%）。施用1%酒糟炭处理土壤在水稻移栽时的主要细菌门类（丰度>1.0%）分别是 *Proteobacteria*（43.67%）、*Acidobacteria*（15.10%）、*Actinobacteria*（6.91%）、*Chloroflexi*（4.08%）、*Bacteroidetes*（3.24%）、*Verrucomicrobia*（2.37%）、*Firmicutes*（2.14%）、*Planctomycetes*（1.63%）和其他门类（16.98%）。施用2%酒糟炭处理土壤在水稻移栽时的主要细菌门类（丰度>1.0%）分别是 *Proteobacteria*（42.41%）、*Acidobacteria*（15.39%）、*Actinobacteria*（6.73%）、*Chloroflexi*（4.88%）、*Bacteroidetes*（2.73%）、*Verrucomicrobia*（2.42%）、*Firmicutes*（2.37%）、*Planctomycetes*（1.81%）和其他门类（17.40%）。由上可知，四个处理土壤中具有相同的 *Proteobacteria*、*Acidobacteria*、*Actinobacteria*、*Chloroflexi*、*Bacteroidetes*、*Verrucomicrobia*、*Firmicutes*、*Planctomycetes* 等细菌门类，但在不同处理土壤中，它们的丰度不同。如移栽期对照处理中 *Proteobacteria* 丰度为41.96%，而施用酒糟炭处理土壤 *Proteobacteria* 丰度分别为43.49%、43.67%和42.41%。此外，对照土壤中含有 *Chlamydiae*，而施用酒糟炭各处理中其丰度均低于1.0%。实验结果还显示，对照处理土壤中有24个门类群丰度小于1.0%，其中有6个门类群细菌的丰度均低于0.01%；施用0.5%酒糟炭处理土壤中有22个门类群丰度小于1.0%，其中有5个门类群细菌的丰度均低于0.01%；施用1%酒糟炭处理土壤中有28个门类群丰度小于1.0%，其中后5门类群细菌的丰度均低于0.01%；施用2%酒糟炭处理土壤中有24个门类群丰度小于1.0%，其中后6个门类群细菌的丰度均低于0.01%。在余下的 *Bacteria Chlamydiae*、*Archaea Other*、*Bacteria Gemmatimonadetes*、*Bacteria Nitrospirae*、*Bacteria Armatimonadetes*、*Bacteria Cyanobacteria/Chloroplast*、*Archaea Thaumarchaeota*、*Bacteria Ignavibacteriae*、*Archaea*

Euryarchaeota、*Bacteria candidate division WPS-2*、*Unclassified Other*、*Bacteria candidate division WPS-1*、*Bacteria Latescibacteria*、*Bacteria BRC1*、*Bacteria Microgenomates*、*Bacteria Spirochaetes*、*Bacteria Candidatus Saccharibacteria*、*Bacteria Hydrogenedentes*、*Archaea Crenarchaeota*、*Bacteria Cloacimonetes*、*Bacteria ParcubacteriaBacteria Deinococcus-Thermus*、*Bacteria Aminicenantes*、*Bacteria Elusimicrobia*、*Bacteria Nitrospinae*、*Bacteria Deferribacteres*、*Bacteria SR1*、*Bacteria Fusobacteria* 等细菌门类群中，不同处理间丰度也存在差异。

实验结果还显示，随着水稻不断发育，土壤细菌多样性也在不断变化。在水稻分蘖期，施用0.5%酒糟炭处理土壤的细菌门类数快速提高到36个门类，施用2%酒糟炭和对照处理土壤细菌分别快速降低到29、31个门类，施用1%酒糟炭处理土壤细菌门类数维持不变。此时，对照处理土壤中丰度大于1.0%的细菌门类群分别是 *Proteobacteria*（39.81%）、*Unassigned Other*（15.75%）、*Acidobacteria*（12.31%）、*Actinobacteria*（6.81%）、*Chloroflexi*（5.42%）、*Firmicutes*（3.55%）、*Nitrospirae*（2.77%）、*Verrucomicrobia*（2.69%）、*Bacteroidetes*（2.69%）、*Gemmatimonadetes*（1.95%）、*Planctomycetes*（1.51%）、*Cyanobacteria*（1.493%）。施用0.5%酒糟炭处理中丰度大于1.0%的细菌门类群分别是 *Proteobacteria*（38.39%）、*Unassigned Other*（15.59%）、*Acidobacteria*（13.77%）、*Actinobacteria*（7.26%）、*Chloroflexi*（5.602%）、*Bacteroidetes*（3.43%）、*Verrucomicrobia*（3.42%）、*Firmicutes*（2.91%）、*Nitrospirae*（2.32%）、*Gemmatimonadetes*（1.99%）、*Planctomycetes*（1.67%）。施用1%酒糟炭处理中丰度大于1.0%的细菌门类群分别是 *Proteobacteria*（41.54%）、*Unassigned Other*（15.32%）、*Acidobacteria*（13.41%）、*Actinobacteria*（7.11%）、*Chloroflexi*（5.69%）、*Nitrospirae*（3.04%）、*Bacteroidetes*（2.66%）、*Verrucomicrobia*（2.04%）、*Firmicutes*（2.01%）、*Gemmatimonadetes*（1.75%）、*Planctomycetes*（1.55%）。施用2%酒糟炭处理中丰度大于1.0%的细菌门类群分别是 *Proteobacteria*（37.80%）、*Unassigned Other*（16.90%）、*Acidobacteria*（12.90%）、*Chloroflexi*（6.26%）、*Actinobacteria*（6.248%）、*Firmicutes*（2.99%）、*Nitrospirae*（2.77%）、*Bacteroidetes*（2.73%）、*Verrucomicrobia*（2.51%）、*Gemmatimonadetes*（2.23%）、*Cyanobacteria*（1.62%）和 *Planctomycetes*（1.48%）。其他生育期土壤细菌类群及其丰度差异详见附图（附图3-1~附图3-5）。由此可见，施用酒糟炭可改变供试土壤细菌类群及其丰富度，影响土壤细菌多样性变化，尤其是

施用0.5%以及1%酒糟炭与对照处理间在细菌门、纲、目、科、属类群数及其丰度方面均存在较大差异。

为更直观比较样本间物种丰度的差异，将各样本中主要细菌类群（丰度>1.0%）的丰度信息进行了聚类作图。水稻移栽时、分蘖期、拔节期、齐穗期以及成熟期土壤细菌聚类热图如附图1-1～附图1-5所示。附图1-1～附图1-5中左边是进化发育树，右边是细菌名称，左上角是相对丰度图标，上边是聚类关系图，中间是四个处理土壤主要细菌相对丰度分布。

四、细菌多样性指数分析

供试土壤细菌α多样性分析如图5-2所示（水稻全生育期土壤多样性指数见附图2-1～附图2-5）。由图5-2可知，在水稻全生育期中，施用1%酒糟炭处理土壤的ACE指数平均值最高，达7571.259；对照土壤次之，土壤ACE指数平均值为7342.675；施用0.5%酒糟炭处理再次之，土壤ACE指数平均值为7277.609；施用2%酒糟炭处理土壤的ACE指数平均值最低，仅为6619.25。供试土壤细菌多样性Chao1指数分别为7098.869（对照土壤）、6881.836（施用0.5%酒糟炭）、7098.869（施用1%酒糟炭）和6252.168（施用2%酒糟炭）。由ACE指数、Chao1指数平均值可知，施用1%酒糟炭处理土壤细菌丰富度大于等于对照处理，而施用0.5%以及2%酒糟炭处理土壤，细菌丰富度均小于对照土壤，尤其是施用2%酒糟炭处理土壤细菌丰富度与对照处理差异显著。

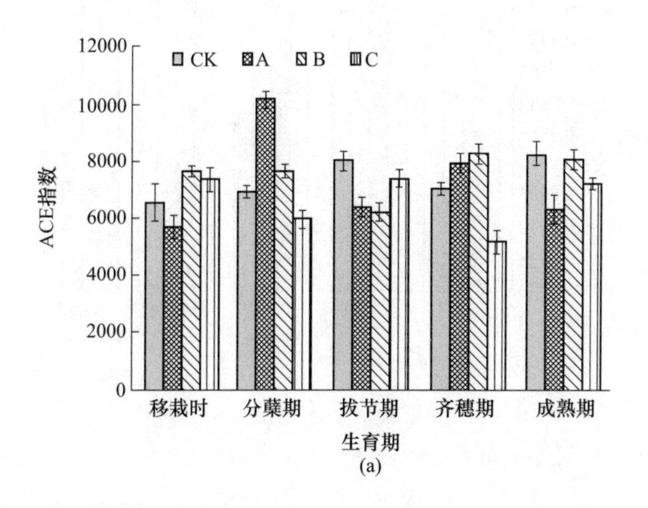

(a)

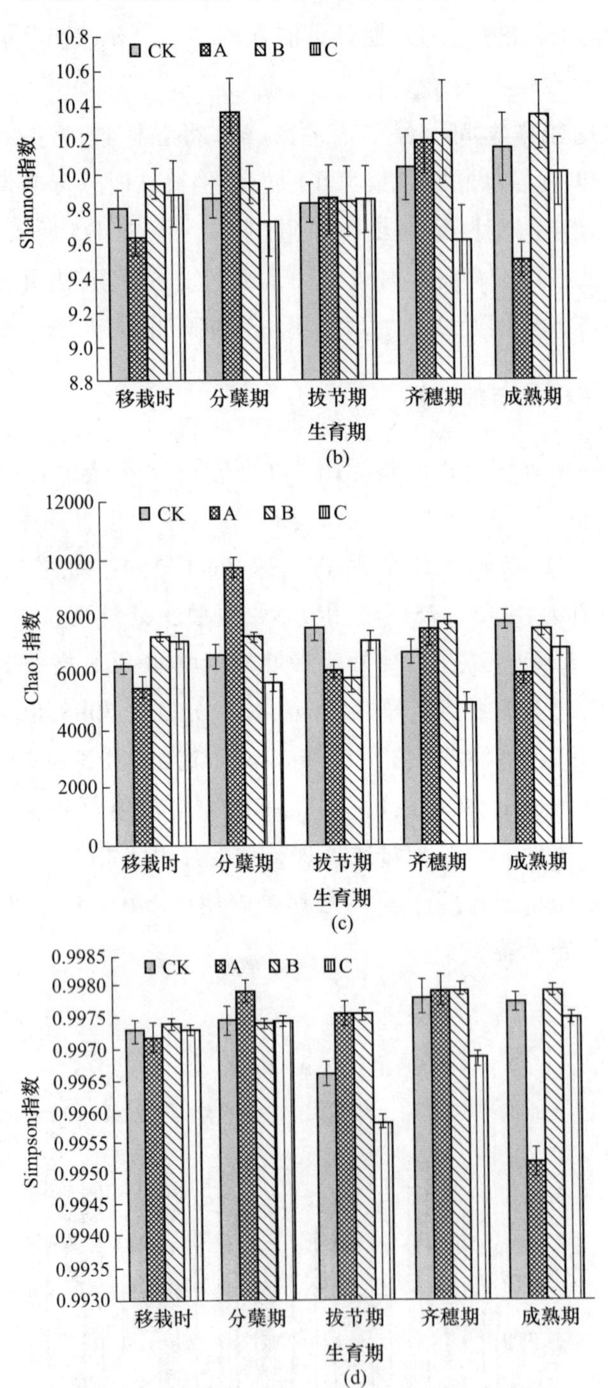

图 5-2　酒糟炭对土壤细菌 α 多样性影响

（a）酒糟生物炭对土壤细菌 ACE 指数的影响；（b）酒糟生物炭对土壤细菌 Chao1 指数的影响；（c）酒糟生物炭对土壤细菌 Shannon 指数的影响；（d）酒糟生物炭对土壤细菌 Simpson 指数的影响

实验结果显示，同一处理土壤在水稻不同生育期细菌丰富度也差异较大。如对照处理，在水稻移栽时土壤细菌丰富度最低（ACE 指数为 6477.953、Chao1 指数为 6126.7）、在水稻成熟期细菌丰富度最高（ACE 指数为 8305.936、Chao1 指数为 7757.646）。施用 0.5%酒糟炭土壤的细菌丰富度则是在水稻分蘖期最高（ACE 指数为 10165.02、Chao1 指数为 9587.728），并高于对照处理和施用 1%以及 2%酒糟炭处理；在水稻移栽时最低（ACE 指数为 5652.039、Chao1 指数为 5339.929），并低于对照处理、施用 1%以及 2%酒糟炭处理。施用 1%酒糟炭处理土壤的细菌丰富度则是在水稻齐穗期最高，并高于其他三个处理；在水稻拔节期最低，并低于其他三个处理。施用 2%酒糟炭处理土壤的细菌丰富度是在水稻拔节期最高，但低于对照处理；水稻齐穗期最低，并低于其他三个处理。由此表明，施用适量酒糟炭可提高土壤细菌丰富度，但在水稻不同生育期其提高效果差异较大，并可能会低于对照处理；而少量或过量施用酒糟炭均会降低细菌丰富度。

Shannon 指数常用于表征各个样本中物种组成的丰富度和均匀性。由图 5-2 可知，在水稻全生育期中，施用 1%酒糟炭处理 Shannon 指数平均值最高，为 10.05805；对照处理土壤次之，Shannon 指数平均值为 9.935781；施用 2%酒糟炭处理土壤最低，Shannon 指数平均值为 9.811331。表征样本多样性的另一个指标 Simpson 指数中，施用 1%酒糟炭处理最高，Simpson 指数平均值为 0.997647；施用 0.5%酒糟炭处理次之，Simpson 指数平均值为 0.997147；施用 2%酒糟炭处理最低，Simpson 指数平均值为 0.996978。由此表明，施用 1%酒糟炭处理土壤细菌多样性最高，对照土壤次之，施用 2%酒糟炭处理土壤细菌多样性最低。

实验结果还显示，在同一处理水稻不同生育期中，Shannon 指数也差异较大。如对照处理中，土壤细菌 Shannon 指数在水稻成熟期最高，在水稻移栽时最低；施用 0.5%酒糟炭处理中，Shannon 指数在水稻分蘖期最高，在水稻成熟期最低；在施用 1%酒糟炭处理中，Shannon 指数在水稻成熟期最高，在水稻拔节期最低；而施用 2%酒糟炭处理土壤，Shannon 指数在水稻成熟期最高，在水稻齐穗期最低，并低于其他处理的水稻任何生育期的 Shannon 指数。在供试土壤 Simpson 指数也出现类似结果。实验结果显示，在对照土壤中，水稻拔节期土壤 Simpson 指数最低，仅为 0.996579，水稻齐穗期土壤 Simpson 指数最高；施用 0.5%酒糟炭处理中，土壤 Simpson 指数在水稻成熟期最低，在水稻分蘖期最高；施用1%酒糟炭处理中，土壤Simpson指数在齐穗期最高，在水稻移栽时最低；而施用2%酒糟炭处理中，土壤Simpson指数在水稻拔节期最低，在水稻分蘖期最高。

第三节　酒糟炭对土壤酶活性的影响

土壤酶是土壤重要的有机组分之一[165,192]，它驱动了几乎所有的生化反应[84]，参与了土壤中各种土壤化学反应和生物化学过程[193]，并与物质转化、能量流动等密切相关[85,164]。Tiffany等[194]认为，土壤酶活性大小可直接反映某一状况下土壤的生物化学反应活跃程度[86]、微生物活性以及土壤养分循环强度等[87]。因此，土壤酶活性常用于衡量土壤质量和污染状况[195]，并被作为评价污染土壤修复效果的重要依据[88]。

一、酒糟炭对土壤脲酶活性的影响

脲酶是土壤重要的酶之一，其活性可反映土壤氮素状况[196]。酒糟炭对土壤脲酶活性影响如图5-3所示。由图5-3可知，施用酒糟炭处理土壤脲酶活性均高于对照处理，但土壤脲酶活性与酒糟炭施用量不成正相关关系。如在水稻移栽时，施用酒糟炭处理土壤脲酶活性分别较对照提高33.04%、66.78%、44.62%，与对照相比呈极显著差异（$P<0.01$），但处理C的脲酶活性比处理B的脲酶活性低13.28%。此后，随着水稻生长发育，在水稻分蘖期和拔节期，对照处理与施用酒糟炭处理土壤脲酶活性均逐渐增强，施用酒糟炭处理土壤脲酶活性与对照间的差异有所降低，但仍高于对照，且与对照相比差异显著（$P<0.05$）；而处理A、B、C间差异逐渐降低，且在分蘖期处理B、C间，拔节期处理A、B间差异已不显著（$P>0.05$）。在水稻齐穗期和成熟期，施用酒糟炭处理土壤脲酶活性均明显下降，但仍旧高于对照处理。由此表明，施用酒糟炭可提高土壤脲酶活性，但在水稻不同生育期酒糟炭对土壤脲酶活性影响程度差异较大，这与李静静等[196]的研究结果相似。李静静等通过田间实验研究了烟叶生长过程中土壤脲酶活性变化，研究发现在烟株移栽30天时，土壤脲酶活性表现为$C_2>C_1>C_0$；移栽60d后表现为$C_1>C_0>C_2$（C_0为对照、C_1为施用2.4t/hm^{2}生物炭、C_2为施用4.8t/hm^{2}生物炭）。

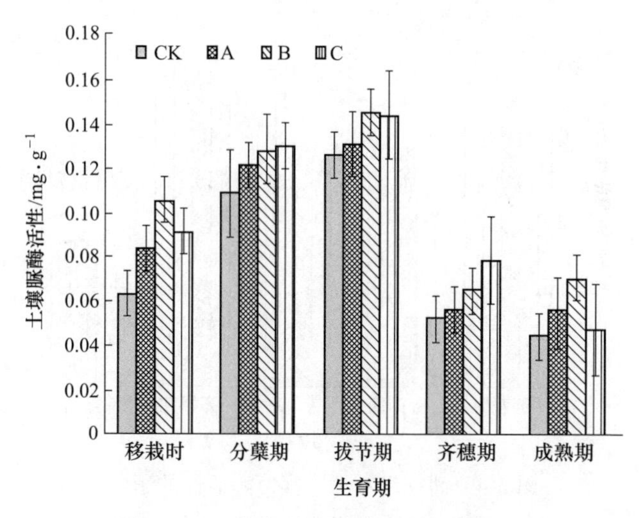

图 5-3　酒糟炭对土壤脲酶活性的影响

二、酒糟炭对土壤蔗糖酶活性的影响

蔗糖酶又称为转化酶，可参与土壤有机质矿质化过程[197]，加速土壤氮素循环[2]，其活性与土壤有机质、氮、磷含量以及微生物数量等密切相关[198]。酒糟炭对土壤蔗糖酶活性影响如图 5-4 所示。由图 5-4 可知，在水稻移栽时，施用 0.5%、1%、2% 酒糟炭可分别提高土壤蔗糖酶活性 47.62%、68.38%和 50.00%；在水稻分蘖期可分别提高 36.10%、45.34%、48.47%；在水稻拔节期可分别提高 10.10%、35.90%、12.90%；在水稻齐穗期可分别提高 12.10%、14.66%、6.24%；在水稻成熟期可分别提高 19.40%、47.42%、28.90%。由此表明，施用酒糟炭可提高土壤蔗糖酶活性，这与周震峰等[193]的研究结果一致。周震峰等[193]研究也发现，添加生物炭对土壤蔗糖酶活性有显著的促进作用。

本实验结果还显示，在相同生育期，不同施用量酒糟炭处理间差异较大。如在水稻移栽时，施用 2%酒糟炭处理土壤蔗糖酶活性显著低于施用酒糟炭处理 A 和处理 B；在水稻分蘖期施用 2%酒糟炭处理土壤蔗糖酶活性则显著高于处理 A 和处理 B，而在水稻拔节期、齐穗期以及成熟期又低于处理 B。

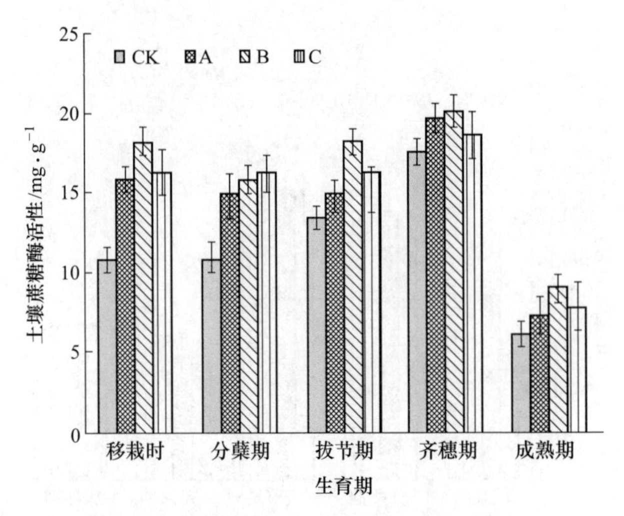

图 5-4　酒糟炭对土壤蔗糖酶活性的影响

三、酒糟炭对土壤蛋白酶活性的影响

蛋白酶能将土壤中各种蛋白质以及肽类化合物水解为氨基酸[199]，从而增加土壤有效态氮素含量，故土壤蛋白酶活性与土壤中氮素含量有着密切关系[200]。酒糟炭对供试土壤蛋白酶活性影响如图 5-5 所示。由图 5-5 可知，施用酒糟炭可提高土壤蛋白酶活性，但在水稻不同生育期各处理间差异较大。如在水稻移栽时，施用 0.5%、1%和 2%酒糟炭可提高水稻土蛋白酶活性分别为 12.77%、30.35%和 33.70%，与对照相比均差异显著($P<0.05$)；但在分蘖期、拔节期、齐穗期以及成熟期，施用 0.5%酒糟炭并不能显著提高土壤蛋白酶活性。施用 1%酒糟炭在水稻移栽时、拔节期以及成熟期可极显著提高土壤蛋白酶活性（$P<0.01$），但在水稻分蘖期对提高土壤蛋白酶作用不明显；而施用 2%酒糟炭，在整个水稻生长期间均显著提高土壤蛋白酶活性。

四、酒糟炭对土壤过氧化氢酶活性的影响

过氧化氢酶可通过酶促反应将土壤中的过氧化氢分解为水和氧[201]，从而降低或解除过氧化氢对生物的毒害[202]。酒糟炭对供试土壤过氧化氢酶活性影响如图 5-6 所示。由图 5-6 可知，施用酒糟炭处理，土壤过氧化氢酶活性均高于对照处理，这与赵军等[197]的研究结果相似。李静静等[196]研究也

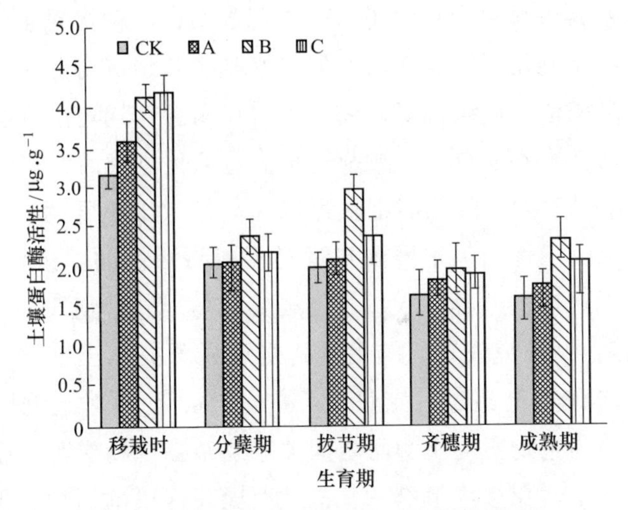

图 5-5 酒糟炭对土壤蛋白酶活性的影响

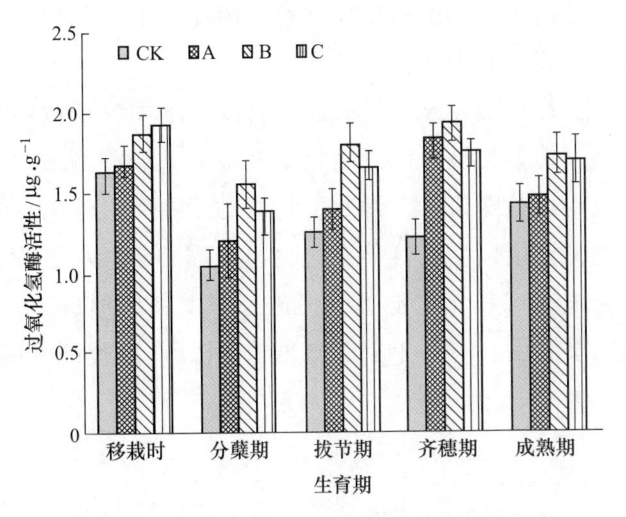

图 5-6 酒糟炭对土壤过氧化氢酶活性的影响

发现，除移栽 45d 外，其余各时期施用生物炭处理，土壤过氧化氢酶活性均显著高于对照，且整体随生物炭用量增加而增加。

本实验结果还显示，在水稻不同生育期，不同酒糟炭施用量处理间差异较大。如在水稻移栽时，施用 0.5%酒糟炭处理土壤的过氧化氢酶活性略高于对照；施用 1.0%和 2.0%酒糟炭处理则显著高于对照，且与对照相比差异显著（$P<0.05$）。在水稻各生育期，施用酒糟炭处理土壤均高于对照；尤其是在分蘖期，施用酒糟炭处理土壤的过氧化氢酶活性均显著高于对照处理，

且与对照相比差异极显著（$P<0.01$）。由此表明，酒糟炭对土壤过氧化氢酶活性影响与生物炭施用量、施用时间以及水稻生长情况等相关，这与周震峰等[193]研究结果相似。周震峰等研究显示，在实验初期花生壳生物炭抑制土壤过氧化氢酶活性，在实验后期则显著提高过氧化氢酶活性。

上述实验结果表明，施用酒糟炭可以提高供试土壤脲酶、蔗糖酶、过氧化氢酶以及蛋白酶活性，但不同施炭量对不同酶活性的促进作用差异较大，且在水稻不同生育期也差异较大，这与侯艳伟等[203]、何飞飞等[200]等研究结果一致。黄剑[91]研究发现，施用生物炭可显著提高土壤转化酶、过氧化氢酶活性，但当施用量超过一定量（4500kg/hm^2）时对土壤脲酶有抑制作用。这主要是因为生物炭与土壤酶之间关系复杂：生物炭可将土壤酶反应底物吸附进其微孔中避免被降解[89,164]，进而提高土壤酶活性；但是，被吸附进生物炭孔隙中的酶因酶促反应结合位点被保护，从而降低了酶促反应发生的几率[89,204]，进而不利于酶促反应进行。因此，上述作用会导致生物炭对不同酶活性的影响差异较大[205]。

本实验中，随着酒糟炭施用量增加，供试土壤中酶反应底物被酒糟炭吸附保护的几率极大提高，被吸附进生物炭孔隙的酶会降低或提高其活性，何种酶被生物炭吸附也是随机的，因此生物炭对不同酶活性的促进作用可能会差异较大。同时，土壤微生物群落变化也与土壤酶活性密切相关[193]。施用生物炭可改良土壤通气和保水能力，促进土壤团聚体形成[76]，导致土壤颜色变深并提高土壤温度，有利于土壤微生物代谢[77]和提高土壤酶活性[76]。

第六章　酒糟炭对重度复合重金属污染土壤重金属赋存形态的影响研究

重金属进入土壤后会以多种形态存在[96]，不同形态间生物毒性差异巨大[14]。BCR（the community bureau of reference）分级提取法将土壤重金属分为可交换态、可还原态、可氧化态和残渣态[92]。可交换态重金属因其迁移性强，易被生物直接吸收，被认为是有效态；可氧化态和可还原态重金属在一定条件下可转化为酸溶态而被生物利用[7]，被认为是缓效态；残渣态被固定于土壤晶格中，几乎不被生物利用，被认为是无效态。可交换态重金属所占比例越大，重金属活性越强，其毒性也就越强[95]。相反，可还原态、可氧化态以及残渣态所占比例越高，其生物有效性越低[96]，毒性越低。因此，土壤重金属的化学形态可作为判断土壤重金属毒性及其生态风险的重要指标[167]。

利用生物炭修复重金属污染土壤，已获得学术界的广泛认可[12,123]，对这方面的研究也越来越多[206-207]，但现有研究多集中于单一的重金属形态变化研究，且仅限于轻中度污染土壤，尚未见到利用生物炭修复重度重金属复合污染土壤方面的研究报道。为此，本研究在明确酒糟炭基本理化性质、吸附特性，以及酒糟炭对污染土壤理化性质、土壤酶活性、细菌多样性影响的基础之上，研究酒糟炭对重度复合污染土壤重金属赋存形态的影响，为利用酒糟炭修复重度重金属复合污染土壤提供理论依据。

第一节　材料与方法

一、实验材料与实验方法

（一）实验材料

供试土壤：同第四章。

供试水稻品种：金优 182。

供试酒糟炭：同第四章。

（二）实验方法

本实验采用盆栽实验，具体实验方法同第四章，分别于水稻移栽、分蘖期、拔节期、齐穗期以及成熟期采集土壤样品测定土壤重金属形态和糙米重金属含量。

二、测定项目与方法

（一）土壤重金属形态测定

参照柏建坤等[208-209]对河流（湖泊）沉积物重金属形态的分级方法，采用 BCR 分级连续提取法提取土壤不同形态重金属，将土壤重金属形态分为可交换态、可还原态、可氧化态以及残渣态[210-211]，将各形态重金属提取液经 0.45μm 滤膜过滤后，用电感耦合等离子体质谱仪（ICP-MS，美国 Agilent 公司，型号 7700x）测定待测液中的铬、镍、铜、锌、镉、铅和砷含量[208]，利用原子荧光光谱法测定待测液中的汞含量[212]。

（二）糙米重金属分析

在水稻成熟期采集谷粒制成糙米，在 70℃烘干至恒重，粉碎过筛。参照食品安全国家标准中铬、镍、铜、锌、砷、镉、汞、铅的测定方法制备样品，将制备的样液经 0.45μm 滤膜过滤后，用电感耦合等离子体质谱仪（ICP-MS，美国 Agilent 公司，型号 7700x）测定待测液中的铬、镍、铜、锌、镉、铅和砷含量[208]，利用原子荧光光谱法测定待测液中的汞含量[212]。样液具体制备方法参照以下文献资料：《食品中铬的测定》（GB/T 5009.123—2014）、《食品中镍的测定》（GB/T 5009.138—2017）、《食品中铜的测定》（GB/T 5009.13—2017）、《食品中锌的测定》（GB/T 5009.14—2017）、《食品中总砷及无机砷的测定》（GB/T 5009.11—2014）、《食品中总汞及有机汞的测定》（GB/T 5009.17—2021）、《食品中铅的测》（GB/T 5009.12—2017）。

（三）质量保证

为保证样品测试结果的准确性，在测试样品之前先进行待测元素加标回收实验。土壤重金属以“土壤重金属顺序提取形态标准物质（BCR 法）——GBW 07437”为质量控制标准物质进行加标回收质量控制；植物样品以“生物成分分析标准物质——辽宁大米 GBW 10043（GSB-21）”为质量控制标准物质进行加标回收质量控制。

数据处理：实验数据用 SPSS 统计软件进行统计分析，所有指标测定时均重复 3 次，取其平均值用于统计分析。

第二节　酒糟炭对土壤重金属赋存形态的影响

一、酒糟炭对土壤重金属形态的影响研究

（一）酒糟炭对土壤重金属铬形态的影响

酒糟炭对土壤重金属铬形态的影响如图 6-1 所示。由图 6-1 可知，对照土壤重金属铬在水稻移栽时主要以可还原态和残渣态存在，可还原态铬和残渣态铬分别占总量的 66.91%和 25.92%；可交换态铬含量很低，仅占总量 0.62%。与之相比，施用酒糟炭处理土壤可交换态、可氧化态以及可还原态重金属铬占总量的比例明显下降，残渣态铬明显上升。在水稻全生育期中，施用 0.5%酒糟炭处理土壤可交换态铬含量较对照下降 20.95%～34.72%、可氧化态铬含量下降 21.70%～50.09%、残渣态较对照增加 40.18%～90.15%，与对照相比均差异显著（$P<0.05$）。当酒糟炭施用量为 1%时，供试土壤可交换态、可还原态、可氧化态铬持续降低，残渣态铬持续增加；当酒糟炭用量提高到 2%时，供试土壤可交换态、可还原态、可氧化态铬进一步降低，残渣态铬进一步增加，与对照土壤间的差异进一步增大。由此表明，施用酒糟炭可降低土壤可交换态铬含量，促进有效态以及缓效态重金属铬向残渣态铬转化，从而降低重金属铬活性。但是，随着酒糟炭用量增加，酒糟炭对土壤重金属铬形态的影响逐渐减弱。施用 1%酒糟炭处理土壤在水稻移栽时，土壤可交换态铬较对照下降 34.82%，在拔节期较对照降低

47.31%，而在水稻成熟期仅较对照降低 30.32%；施用 2%酒糟炭时，供试土壤可交换态铬含量仅比施用 1%酒糟炭处理低 0.48%~3.88%。

实验结果还显示，同一形态重金属铬在水稻不同生育期也差异较大。如对照处理中可交换态铬在水稻移栽时最高，达 0.62mg/kg；齐穗期次之，分蘖期最低，仅 0.47mg/kg。施用酒糟炭后，供试土壤中可交换态铬仍然是在水稻移栽时最高、齐穗期次之、分蘖期最低。

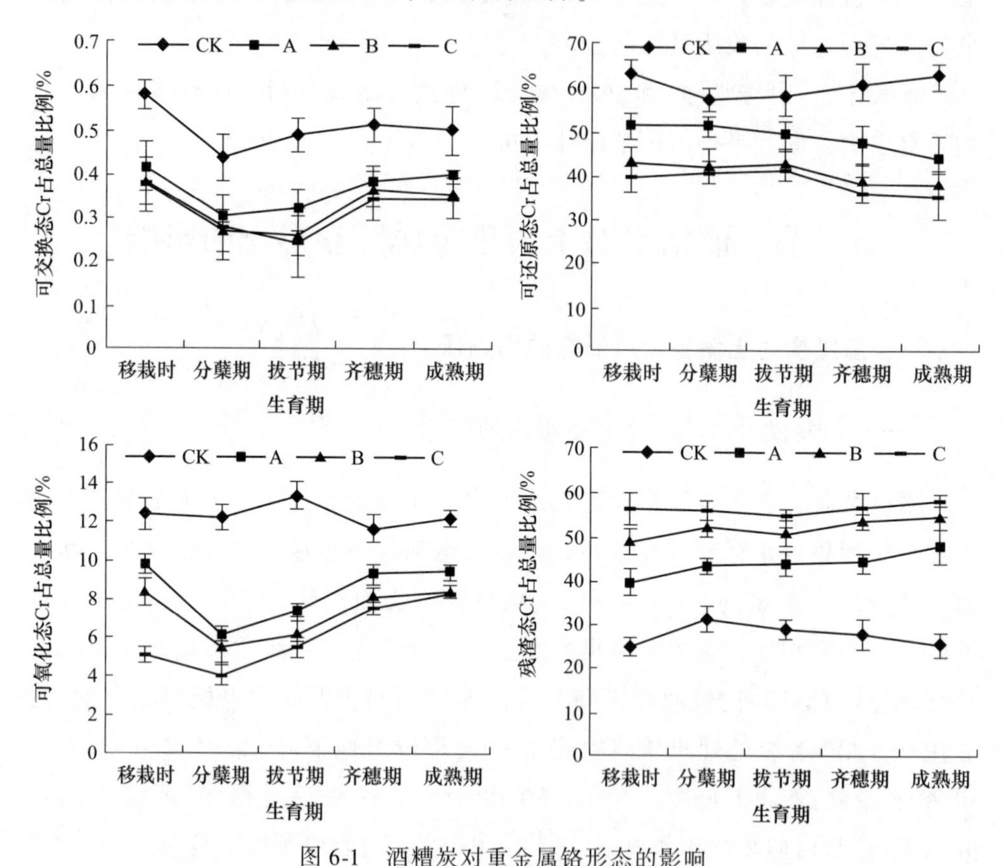

图 6-1 酒糟炭对重金属铬形态的影响

（二）酒糟炭对土壤重金属镍形态的影响

酒糟炭对土壤重金属镍形态的影响如图 6-2 所示。由图 6-2 可知，对照土壤中重金属镍主要以残渣态存在，可交换态、可还原态以及可氧化态镍含量均较低。对照土壤中残渣态镍占镍总量的 57.89%~69.82%、可交换态仅占总量的 5.54%~9.28%。与对照土壤相比，施用酒糟炭处理土壤重金属镍形态发生明显变化。施用0.5%酒糟炭时，供试土壤可交换态镍含量较对照降低2.34%~9.94%、可还原态降低20.54%~38.45%、可氧化态降低1.63%~18.75%，而残渣态镍增加8.07%~34.29%。此时，土壤可交换态、可还原态、可氧化态分别占总量的5.25%~9.08%、10.16%~17.83%、6.26%~9.23%，均低于对照处理水稻相应生育期镍所占比例；而残渣态镍占总量66.08%~77.36%，高于对照处理相应生育期残渣态镍所占比例。当进一步增加酒糟炭用量时，供试土壤可交换态、可还原态以及可氧化态镍含量进一步降低，残渣态进一步增加，且与对照相比差异极其显著（P<0.01）。由此可见，施用酒糟炭可降低供试土壤可交换态、可还原态和可氧化态镍含量，提高残渣态镍含量。

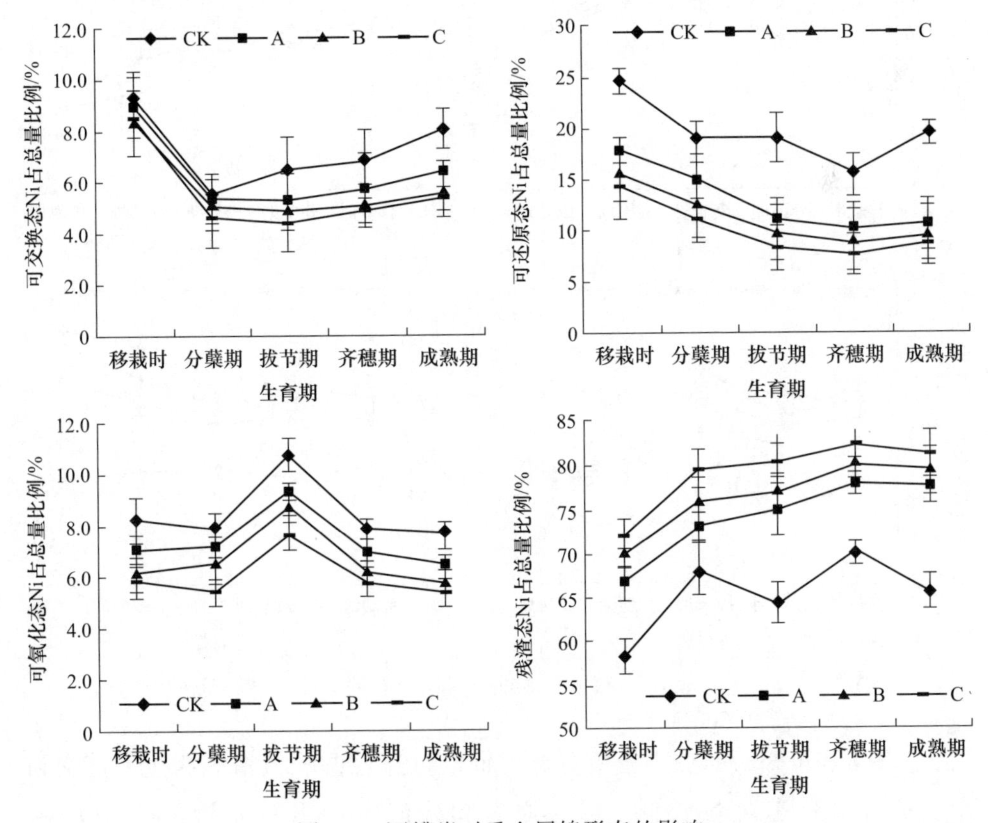

图6-2　酒糟炭对重金属镍形态的影响

实验结果还显示，对照土壤可交换态镍在水稻分蘖期最低、水稻移栽时最高，残渣态在水稻齐穗期最高，移栽时最低。施用0.5%酒糟炭后，供试土壤可交换态镍在水稻分蘖期最低、在水稻移栽时最高，残渣态在水稻移栽时最低、齐穗期最高。当进一步增加酒糟炭施用量时，水稻生育期中可交换态镍仍旧是在水稻分蘖期最低、在水稻移栽时最高，残渣态在水稻移栽时最低、齐穗期最高。

（三）酒糟炭对土壤重金属铜形态的影响

酒糟炭对土壤重金属铜形态的影响如图 6-3 所示。

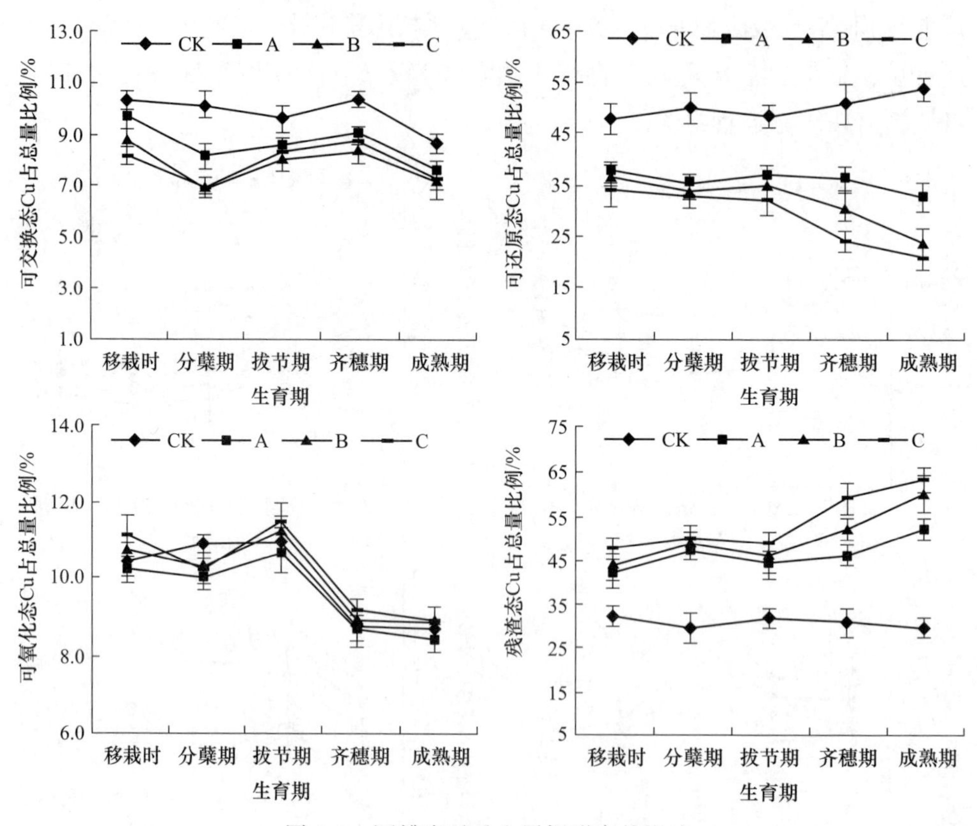

图 6-3　酒糟炭对重金属铜形态的影响

由图 6-3 可知，对照土壤中重金属铜以可还原态和残渣态为主，可交换态以及可氧化态含量较低。可还原态和残渣态铜占铜总量的 79. 14%～82. 61%，可交换态铜仅占总量的 8. 67%～10. 36%。施用酒糟炭后，供试土壤可交换态、可还原态铜含量均有一定幅度降低，残渣态铜有一定幅度增加，但不同施用量酒糟炭处理间差异较大。当施用 0. 5%酒糟炭时，供试土壤可交换态较对照下降2.13%~9.22%，与对照相比差异不显著（P>0.05）；可还原态铜较对照下降17.64%~35.91%，与对照相比差异显著（P<0.05）；可氧化态较对照下降1.38%~6.80%，与对照相比差异不显著（P>0.05）；残渣态铜较对照增加41.47%~88.00%，与对照相比差异极其显著（P<0.01）。当酒糟炭施用量增加到1%或2%时，供试土壤可交换态、可还原态铜进一步降低，残渣态铜进一步增加，且与对照相比均差异显著（P<0.05）。由此表明，施用酒糟炭可降低供试土壤可交换态铜含量，促进可还原态铜向残渣态铜转化，降低土壤重金属铜的迁移能力。

实验结果还显示，对照土壤可交换态、可还原态、可氧化态以及残渣态重金属铜含量在水稻生育周期中均发生变化，但变化幅度均较小。施用酒糟炭后，土壤重金属铜形态含量变化明显。施用0.5%酒糟炭处理土壤可交换态铜，在水稻移栽时仅比对照土壤低2.13%，但在水稻齐穗期则比对照土壤低9.22%；施用1%酒糟炭处理土壤可交换态铜，在水稻移栽时仅比对照土壤低10.89%，但在水稻分蘖期则比对照土壤低11.55%。施用酒糟炭处理土壤可还原态、可氧化态以及残渣态也出现类似变化。由此表明，在重金属复合污染水稻土中，施用酒糟炭可改变土壤重金属铜形态，促进可交换态铜和可还原态铜向残渣态铜转化，但其影响效果还与水稻生育期有关。

（四）酒糟炭对土壤重金属锌形态的影响

酒糟炭对土壤重金属锌形态的影响如图6-4所示。由图6-4可知，在移栽水稻时，对照土壤中重金属铜以可还原态和残渣态为主，还原态、残渣态锌含量分别达672.06mg/kg、398.36mg/kg；可交换态和可氧化态锌含量相对较低，可氧化态锌仅为90.33mg/kg。施用酒糟炭后，土壤可交换态、可还原态锌含量均下降，可氧化态和残渣态锌含量均增加，并表现出土壤可交换态、可还原态锌含量随酒糟炭施用量增加而降低，可氧化态和残渣态锌含量随酒糟炭施用量增加而增加的变化趋势。与对照相比，在水稻全生育期中，施用0.5%酒糟炭土壤可交换态锌含量降低3.02%~22.76%，土壤残渣态锌增加50.53%~70.88%；当酒糟炭施用量为1%时，土壤可交换态锌较对照降低9.13%~32.31%；残渣态锌较对照增加53.40%~88.52%。当进一步增加酒糟炭施用量至2%时，土壤可交换态、可还原态锌进一步降低，可氧化态和残渣态锌进一步增加，但变化幅度已较小。由此表明，施用酒糟炭可降低水稻土可交换态、可还原态锌含量，增加残渣态锌含量。

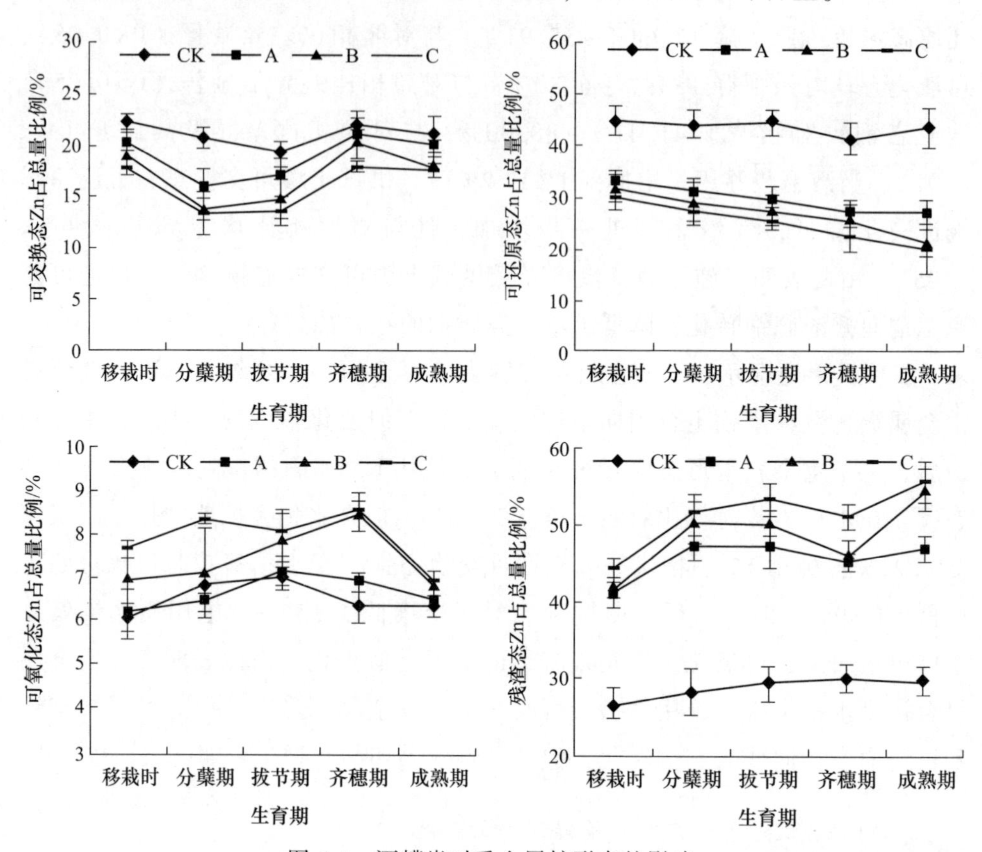

图 6-4 酒糟炭对重金属锌形态的影响

实验结果还显示，对照处理土壤可交换态锌在水稻拔节期时最低，在水稻齐穗期时最高；残渣态锌在水稻移栽时最低，在水稻齐穗期最高。施用酒糟炭后，供试土壤可交换态锌在水稻分蘖期时最低，在水稻齐穗期时最高；残渣态锌在水稻移栽时最低，在水稻成熟期最高。

（五）酒糟炭对土壤重金属砷形态的影响

酒糟炭对土壤重金属砷形态影响如图 6-5 所示。由图 6-5 可知，对照处理土壤中重金属砷主要以残渣态为主，可交换态砷含量极少；可交换态砷仅有 0.06~0.08mg/kg，仅占土壤砷总量的 0.29%~0.39%。施用酒糟炭后，供试土壤可交换态砷含量进一步降低，残渣态砷进一步增加。由图 6-5 可知，施用 0.5%酒糟炭时，供试土壤可交换态砷含量较对照降低 25.77%~

72.68%、可还原态砷降低18.39%~77.78%、可氧化态砷降低53.10%~94.44%，而残渣态砷增加12.37%~58.82%，均显著高于对照处理（P<0.05）。此时，施用0.5%酒糟炭土壤中可交换态砷仅占总量的0.07%~0.22%，而残渣态砷占总量达94.15%~99.08%。当进一步增加酒糟炭施用量时，供试土壤可交换态、可还原态、可氧化态砷进一步降低，残渣态砷进一步增加；尤其是施用2%酒糟炭时，供试土壤可交换态砷下降41.12%~100%，残渣态砷增加18.09%~68.80%，与对照相比差异极其显著（P<0.01）。在水稻成熟期，供试土壤中已检测不出可交换态砷。由此表明，施用酒糟炭可降低土壤可交换态重金属砷含量，促进可交换态、可还原态以及可氧化态重金属砷向残渣态砷转化。

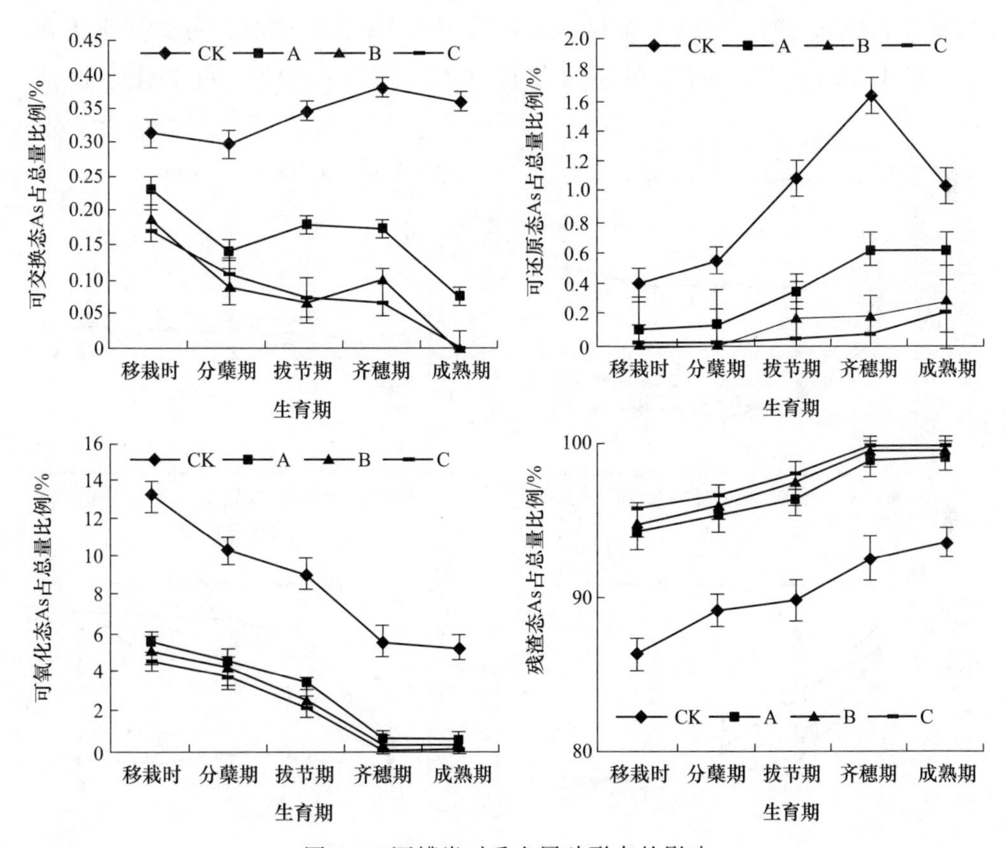

图6-5 酒糟炭对重金属砷形态的影响

实验结果还显示，在水稻不同生育期，各处理间土壤砷形态差异较大。对照土壤中，可交换态砷在水稻分蘖期最低、在水稻齐穗期最高，残渣态砷在水稻成熟期最高、在水稻移栽时最低。施用 0.5%酒糟炭后，供试土壤可交换态砷在水稻成熟期最低、在水稻移栽时最高，残渣态砷在水稻移栽时最低、在水稻齐穗期时最高。

（六）酒糟炭对土壤重金属镉形态的影响

酒糟炭对土壤重金属镉形态影响如图 6-6 所示。由图 6-6 可知，对照处理土壤中重金属镉以可交换态为主、可还原态次之、然后为残渣态、可氧化态含量最低。在移栽水稻时，对照土壤中可交换态、可还原态、可氧化态以及残渣态分别占镉总量的 70.26%、15.40%、5.57%和 8.77%。施用酒糟炭后，供试土壤可交换态镉均下降，可氧化态镉和残渣态镉均增加；而可还原态镉高于对照处理。实验结果显示，在施用 0.5%酒糟炭时，可交换态镉含量下降 4.42%～13.53%、可还原态增加 0.92%～7.52%、可氧化态增加

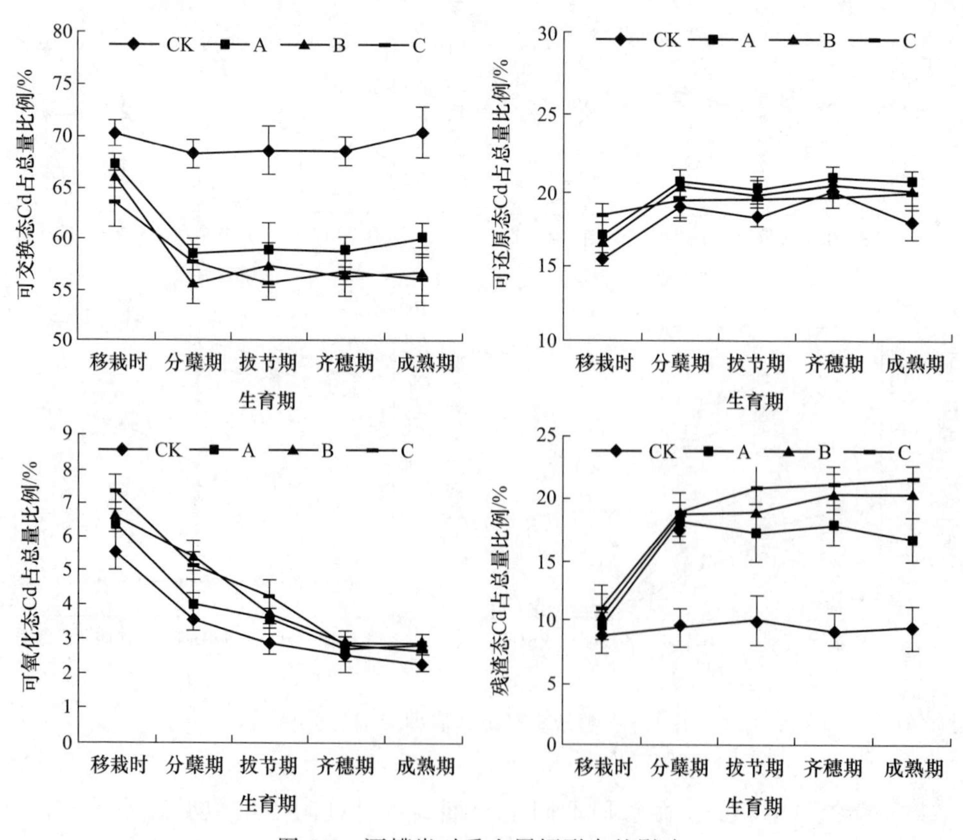

图 6-6　酒糟炭对重金属镉形态的影响

3.03%~23.57%、残渣态增加1.59%~86.03%。当酒糟炭施用量增加到1%时，土壤可交换态、可氧化态镉进一步降低，残渣态镉进一步增加，尤其是在水稻齐穗期和成熟期，可交换态镉降低达13%以上，残渣态增加60%以上，与对照相比均差异显著（P<0.05）；而可还原态镉与对照间的差异逐渐增大，比对照高3.68%~11.86%。当酒糟炭施用量进一步增加至2%时，可交换态、可氧化态以及残渣态与对照处理间的差异进一步提高，且与对照相比差异均显著（P<0.05），而可还原态镉在水稻移栽时、分蘖期、拔节期以及成熟期也与对照间差异显著（P<0.05）。由此表明，施用酒糟炭可促使土壤可交换态向可还原态、可氧化态和残渣态转化，进而降低土壤镉的迁移能力。

实验结果还显示，在水稻生育期中，对照处理中可交换态镉含量在水稻移栽时最高、水稻齐穗期次之、分蘖期最低；残渣态在水稻拔节期最高、齐穗期最低。施用0.5%酒糟炭后，供试土壤可交换态镉含量水稻移栽时最高、水稻分蘖期最低，残渣态镉在水稻移栽时最低、水稻齐穗期最高；进一步增加酒糟炭时，供试土壤可交换态镉在水稻分蘖期最低、移栽时最高，而残渣态在齐穗期最高。

（七）酒糟炭对土壤重金属汞形态的影响

酒糟炭对土壤重金属汞形态的影响如图6-7所示。由图6-7可知，对照处理土壤中汞以可还原态和残渣态为主，可交换态以及可氧化态汞含量均很低。在移栽水稻时，对照土壤中可还原态汞含量达0.37mg/kg，占汞总量的50.91%；残渣态汞含量达0.26mg/kg，占汞总量的35.84%；而可交换态汞浓度最高仅有0.06mg/kg，占汞总量的7.62%。施用酒糟炭后，供试土壤重金属汞形态发生明显变化。施用0.5%酒糟炭时，可交换态汞含量较对照土壤降低了5.89%~12.94%，可还原态汞含量比对照降低3.93%~13.31%；而可氧化态汞较对照增加7.42%~27.83%，残渣态汞较对照增加27.82%~7.93%。当进一步增加酒糟炭施用量时，土壤可交换态、可还原态汞含量进一步降低，与对照差异显著（P<0.05）；可氧化态、残渣态汞含量进一步增加，与对照间的差异越来越显著（P<0.05）。由此表明，施用酒糟炭可促使土壤可交换态、可还原态汞向可氧化态和残渣态转化，进而降低土壤汞的迁移能力。

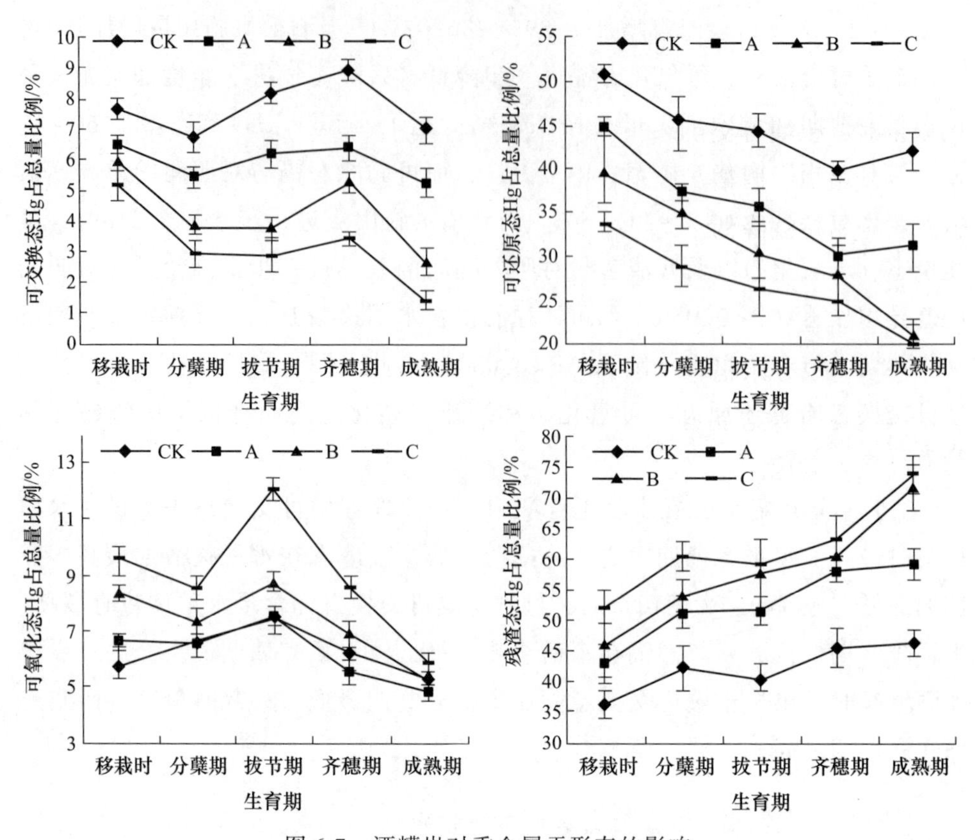

图 6-7 酒糟炭对重金属汞形态的影响

实验结果还显示，对照土壤中可交换态汞在水稻分蘖期含量最低，在水稻齐穗期含量最高；残渣态汞在水稻移栽时最低，在水稻成熟期最高。施用酒糟炭后，水稻各生育期重金属汞形态均发生一定变化。施用酒糟炭后，可交换态汞在水稻成熟期时最低，在水稻齐穗期时含量最高；残渣态汞在水稻移栽时最低，在水稻成熟期最高。

（八）酒糟炭对土壤重金属铅形态的影响

酒糟炭对土壤重金属铅形态影响如图 6-8 所示。由图 6-8 可知，在水稻移栽时，对照处理土壤中重金属铅主要以可还原态和残渣态为主，可交换态和可氧化态铅含量较少，其中可交换态铅仅占总量的 6.56%。施用酒糟炭后，土壤可交换态、可还原态以及可氧化态铅含量明显下降，残渣态铅明显上升。实验结果显示，施用 0.5%酒糟炭时，土壤可交换态铅含量较对照下降13.94%~22.94%、可还原态铅下降6.27%~22.05%、可氧化态铅下降16.04%~39.44%、残渣态铅增加80.00%~116.04%。当进一步增加酒糟炭施用量时，土壤可交换态、可还原态、可氧化态铅含量进一步降低，残渣态铅进一步增加。酒糟炭施用量增加到2%时，供试土壤可交换态、可还原态、可氧化态铅持续降低，残渣态铅持续增加。由此表明，施用酒糟炭可降低土壤可交换态铅含量，促进可交换态、可还原态、可氧化态铅向残渣态转化。实验结果还显示，对照土壤可交换态铅在水稻分蘖期最高、在水稻成熟期最低；残渣态铅在水稻移栽时最高、水稻分蘖期最低。施用0.5%酒糟炭时，供试土壤可交换态铅在分蘖期最高、成熟期最低，而残渣态铅在移栽时最高、拔节期最低。

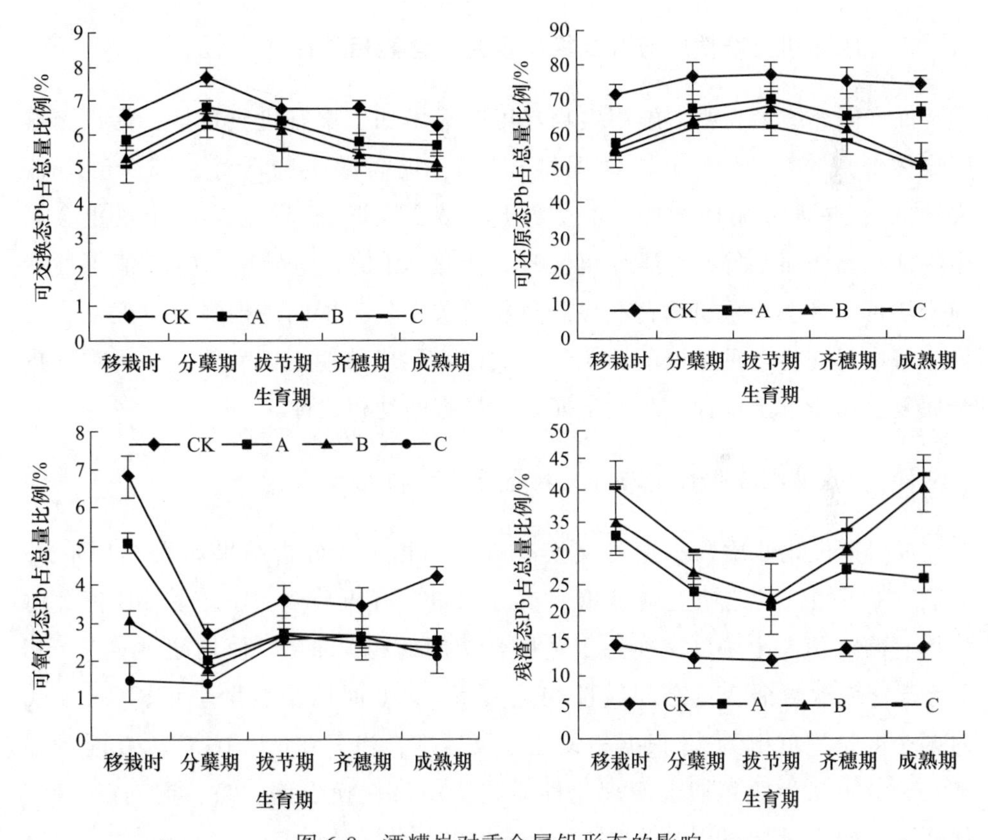

图6-8 酒糟炭对重金属铅形态的影响

综上所述，施用酒糟炭可降低土壤可交换态铬、镍、铜、锌、砷、镉、汞、铅的含量，促进可还原态铬、镍、铜、锌、砷、汞、铅以及氧化态铬、镍、汞、铅向残渣态转化，增加土壤中可还原态镉以及氧化态铜、锌、砷、镉含量。这与 Lehmann 等[179]的研究结果相一致。Lehmann 等研究发现，生物炭可显著降低热带土壤中可交换态钙、镁、锰、锌、铜含量，并增加土壤残渣态重金属含量。施用生物炭促进土壤可交换态重金属向残渣态转化，这主要与生物炭对土壤理化性质影响有关[209]。施用生物炭可改善土壤通气结构，促进土壤团聚体的形成，增强了微生物的代谢功能，并提高土壤 pH 值，增加土壤有机质含量等，促进可交换态重金属向残渣态转化，进而降低土壤重金属的迁移能力[97]。但在水稻不同生育期，酒糟炭对不同重金属形态转化的影响差异较大，这可能与生物炭性质、土壤特性、土壤微生物、重金属含量以及重金属离子间的作用有关。

二、成熟期土壤性质与可交换态重金属含量相关性

许多研究结果表明，施用生物炭可明显增加土壤有机质含量，促进土壤团聚体形成[36]，改善土壤物理结构[57]，提高微生物活性，减少养分流失[17]，促进养分循环[213]，并改变土壤重金属形态[207]，影响土壤重金属生物活性。张振宇等[140]研究也发现，土壤 pH 值、电导率、CEC 值等性状与土壤可交换态重金属间存在显著负相关关系。为探明酒糟炭对重度复合污染土壤中可交换态重金属的影响，本文以水稻成熟期土壤为例，分析重度重金属复合污染下土壤性状与重金属可交换态间的相关性。

（一）成熟期理化性质与可交换态重金属相关性

成熟期理化性质与土壤可交换态重金属相关性分析结果如表 6-1 所示。由表 6-1 可知，成熟期土壤容重、水分含量、有机质含量、土壤 pH 值、电导率、CEC 值与土壤可交换态重金属含量间的相关系数 r 值均超过 0.7（相关系数 r 表示两个变量之间线性相关关系，$r>0$ 时两个变量呈正相关，$r<0$ 时两个变量呈负相关）。根据相关性分级标准，当 r 值介于 0.5~1.0 时为强相关，故可认为成熟期土壤理化性质与土壤可交换态铬、镍、铜、锌、砷、镉、汞、铅含量呈强相关关系。

由相关性分析结果可知，成熟期土壤容重与土壤可交换态重金属铬、镍、铜、锌、砷、镉、汞、铅含量呈正相关关系，土壤水分含量、有机质含量、pH 值、电导率、CEC 值与土壤可交换态重金属含量呈负相关关系。由

此表明，土壤可交换态重金属含量与土壤容重、水分、pH 值、电导率、CEC 值等性质关系密切，施用酒糟炭可以通过改善水稻土理化性质，从而降低土壤可交换态铬、镍、铜、锌、砷、镉、汞和铅含量。

表 6-1 成熟期土壤理化性质与可交换态重金属相关系数

可交换态重金属	土壤理化性质					
	土壤容重	土壤水分含量	有机质含量	pH 值	电导率	CEC 值
Cr	0.79	0.92	0.87	0.80	0.99	0.98
Ni	0.85	0.99	0.98	0.94	0.98	0.99
Cu	0.85	0.98	0.96	0.91	0.99	1.00
Zn	0.93	0.93	0.97	0.94	0.89	0.90
As	0.85	0.92	0.88	0.80	0.98	0.98
Cd	0.86	0.96	0.93	0.86	0.99	0.99
Hg	0.84	0.96	0.99	0.99	0.88	0.89
Pb	0.77	0.90	0.84	0.75	0.98	0.97

（二）成熟期土壤酶活性与可交换态重金属相关性

成熟期供试土壤酶活性与可交换态重金属相关性分析结果如表 6-2 所示。由表 6-2 可知，土壤脲酶、蔗糖酶、蛋白酶与土壤可交换态铬、镍、铜、锌、砷、镉、汞、铅含量间相关性为强相关；过氧化氢酶与可交换态铬、砷、铅含量间为中等相关，可交换态镍、铜、锌、镉、汞与过氧化氢酶活性为弱相关。相关分析结果还显示，过氧化氢酶与可交换态锌、汞含量呈正相关关系，过氧化氢酶与可交换态铬、镍、铜、镉、砷、铅含量均呈负相关关系；土壤脲酶、蔗糖酶以及蛋白酶活性与可交换态铬、镍、铜、锌、砷、镉、汞、铅含量间均为负相关。

表 6-2 成熟期土壤酶活性与可交换态重金属相关系数

土 壤 酶	可交换态重金属							
	Cr	Ni	Cu	Zn	As	Cd	Hg	Pb
土壤脲酶	0.63	0.77	0.74	0.66	0.62	0.69	0.78	0.60
蔗糖酶	0.66	0.61	0.62	0.72	0.69	0.66	0.57	0.60
过氧化氢酶	0.36	0.17	0.23	0.14	0.32	0.27	0.10	0.45
蛋白酶	0.86	0.94	0.93	1.00	0.87	0.91	0.97	0.80

（三）成熟期土壤细菌多样性指数与可交换态重金属相关性

成熟期供试土壤细菌多样性与可交换态重金属含量相关性分析结果如表6-3所示。由表6-3可知，土壤细菌多样性指数ACE、Chao1、Shannon以及Simpson指数与土壤可交换态铬、镍、铜、锌、砷、镉、汞、铅含量有一定相关性，但仅有可交换态铬、铅与ACE、Chao1指数为强相关。可交换态铜、镉、砷与ACE、Chao1指数为中等相关，可交换态锌、汞与Shannon、Simpson指数为中等相关以外，其余均为弱相关或者无相关，具体相关系数参见表6-3。相关分析结果还显示，可交换态铬、镍、铜、镉、砷、铅含量与ACE指数、Chao1指数、Shannon以及Simpson指数成正相关；可交换态锌、汞含量与ACE指数、Chao1指数成正相关，但与Shannon以及Simpson指数呈负相关。

表6-3 成熟期土壤细菌多样性指数与可交换态重金属相关系数

细菌多样性指数	可交换态重金属							
	Cr	Ni	Cu	Zn	As	Cd	Hg	Pb
ACE指数	0.50	0.25	0.31	0.05	0.38	0.34	0.00	0.51
Chao1指数	0.50	0.28	0.33	0.03	0.41	0.37	0.01	0.54
Shannon指数	0.13	0.09	0.04	0.39	0.04	0.02	0.33	0.18
Simpson指数	0.15	0.12	0.05	0.40	0.07	0.00	0.39	0.21

本实验结果表明，施用酒糟炭可降低水稻土可交换态重金属含量，促进可交换态重金属向缓效态（可氧化态、可还原态）或无效态（残渣态）转化，从而降低重金属活性，这与Lehmann[179]、崔立强[334]等的研究结果相一致。Lehmann研究发现，生物炭可显著降低热带土壤中可交换态钙、镁、锰、锌、铜含量，增加土壤残渣态重金属含量。施用生物炭促进土壤可交换态重金属向残渣态转化，这主要与生物炭对土壤理化性质的影响有关[98]。Martincz[335]研究发现，土壤pH值大小决定了土壤矿物质的溶解—沉淀、吸附—解吸等反应过程，它对土壤矿物质的影响超过其他任何单一因素[98]。本实验结果（第三章）也显示，施用酒糟炭后，供试土壤pH值明显提高。这主要是因为施用生物炭后，生物炭中的碱性物质中和了土壤中部分酸性物质[166]，土壤溶液中的碱性基团如氢氧根离子、硅酸根离子、碳酸根离子逐

渐增多[99]，促进了难溶性氢氧化物、硅酸盐和碳酸盐重金属物质的形成，从而降低了可交换态重金属含量[101]。同时，随着土壤 pH 值增加，土壤胶体物质表面的负电荷数量逐渐增加[95]，增强了对土壤重金属离子的电性吸附能力[96]。侯艳伟[203]研究还发现，随着土壤 pH 值增加，土壤重金属阳离子也逐渐向羟基态转化，促进了重金属离子与土壤吸附点位的结合[101]，从而被土壤胶体吸持固定。此外，生物炭自身也直接参与了对土壤重金属离子的固定作用：生物炭表面的吸附基团如羧基、酚羟基等[32]，通过配合或螯合作用与重金属离子反应形成难溶性配合物[99]。相关研究还表明，施用生物炭还可以增加土壤有机质含量，提高土壤 CEC 值，从而提高了土壤重金属离子的配合反应[103]，进一步降低了可交换态重金属含量。

此外，生物炭输入对土壤细菌多样性的影响，也会影响到土壤重金属形态变化[336]。卜晓莉[56]认为生物炭巨大的比表面积和多孔性特点为微生物附着生长提供了众多着生点[337]，生物炭的多孔结构吸附了大量的可溶性有机物、气体、土壤养分和水分等，从而为微生物生长提供良好的环境[8]；同时，生物炭富含的碳、能量和矿质养分为微生物生长提供了所需的原料[338]，进而促进了特定微生物的生长繁殖。而且，进入土壤的生物炭与土壤结合，改变了土壤的通气结构，促进了土壤团聚体的形成，加深了土壤颜色[339]，提高了土壤温度，增强了微生物的代谢功能[77]，促进了微生物生长繁殖，提高了土壤酶活性[79]。Gaur[106]也发现，施用生物炭促进了土壤部分微生物的生长和繁殖，尤其是丛枝菌根真菌（*Arbuscular mycorrhizae*，AM）、外生菌根真菌（*Ectomycorrhizal*，EM）的活性，而 AM 和 EM 可与重金属相结合[107]，从而限制了重金属向菌根植物迁移，减少重金属对植物的毒害作用[106]。

土壤酶也被认为是影响重金属形态变化的主要因素之一[89,198]。郭文娟[143]研究发现，施用生物炭后污染土壤酶活性明显变化，土壤过氧化氢酶、脲酶、磷酸酶活性分别增加 10.2%~34.9%、18.0%~38.5%、0.7%~13.4%。徐楠楠[37]研究也发现，施用生物炭可显著提高供试土壤脲酶、过氧化氢酶活性。土壤脲酶活性增加，主要是因为脲酶蛋白心的巯基与重金属离子发生配合反应[167]，形成金属-巯基配合物，降低了重金属离子的活性[51]；同时，添加生物炭后，土壤微环境的变化有利于微生物生长代谢[50]，从而进一步提高了土壤脲酶活性。黄剑[91]研究也发现，添加生物炭可显著提高土壤转化酶、过氧化氢酶活性，但是过量施用则会抑制脲酶活性。Wu 等[340]研究也发现，施用秸秆生物炭可增加脲酶活性，但会降低脱氢酶以及 β-葡萄糖苷酶活性。生物炭对土壤酶活性影响差异巨大，这可能与生物炭特性[184]、土壤质地[155]等有关。由此表明，向重金属污染土壤施用生物炭可改善土壤通气结构，促进土壤团聚体的形成[147]，增强了微生物的代谢功能[109]，并提高土壤 pH 值、增加土壤有机质含量等[110]，促进可交换态重金属向残渣态转化，进而降低土壤重金属的迁移能力。

相关研究表明[341]，植物对土壤重金属的吸附与重金属赋存形态密切相关[342]，重金属形态是影响重金属迁移[343]和生物富集[344]的关键因素，而重金属总量与植物吸收重金属并无线性关系[345]。曹莹等[346]研究发现，土壤可交换态镉随着生物炭施用量增加而逐渐降低，花生对重金属镉的吸附量也随之减少。景琪等[347]研究还发现 EDTA-Na_2、柠檬酸、酒石酸可促进土壤中可还原态镉、铜向酸溶态转化，进而提高超富集植物商陆对重金属镉、铜的富集。本实验结果也显示，施用酒糟炭降低了土壤可交换态重金属铬、镍、铜、锌、砷、镉、汞、铅含量，促进可还原态铬、镍、铜、锌、砷、汞、铅以及氧化态铬、镍、汞、铅向残渣态转化，进而降低了水稻对重金属铬、镍、铜、锌、砷、镉、汞、铅的吸收。但在水稻不同生育期，土壤对不同重金属的吸附量差异较大，这可能与生物炭施用量、重金属形态以及植物生长等有关。曹莹等研究也发现，生物炭施用量一定时，花生不同生育期(苗期、花针期、结荚期)土壤可交换态镉含量也有一定差异；当施用不同用量生物炭时，土壤可交换态镉含量差异更大。刘春艳[348]研究了单一和复合污染下油菜对重金属 Cu、Cd 的富集，研究发现油菜在复合污染下对 Cu 富集量高于单一污染下 Cu 含量，对 Cd 含量则低于单一污染镉的含量。这说明，在重金属复合污染下，植物对某种元素的富集不仅受到元素自身含量、形态的影响，还受到土壤中其他共存元素的影响[6]。

第七章　酒糟炭对重度复合重金属污染土壤水稻生长发育和产量的影响研究

水稻是我国最主要的粮食作物，产量约占全国粮食总产量的40%以上[214]，其品质直接影响到人们的健康水平。相关研究表明，水稻植株对土壤重金属尤其是镉具有较强的富集能力[140,215]。孙亚芳等[216]研究显示，天津污灌区水稻稻米中镉、铜、铅、锌、铬等含量明显高于清灌区。钟倩云等[217]研究也发现，水稻植株对土壤 Pb、Cd、Zn 等具有较强的富集能力，且水稻植株中 Pb、Cd、Zn 含量与土壤 Pb、Cd、Zn 含量及其形态存在较高的相关性。

生物炭具有巨大的比表面积和孔隙结构，施用到土壤中不仅可以直接吸附土壤中的污染物质[7]，还可以改善土壤理化性质[57]、减少养分流失[17]、促进作物生长[16]，进而降低重金属对植物的毒害作用。但现有研究局限于对轻中度重金属污染土壤的修复[218]，尚未涉及重度污染土壤的修复研究，尤其缺少对重度重金属复合污染土壤修复方面的研究报道。本研究在理清酒糟炭对重度重金属复合污染土壤理化性质、土壤酶活性、细菌多样性以及土壤重金属赋存形态影响的基础之上，进一步深入研究酒糟炭对水稻在重度复合污染土壤上生长的影响。本章主要研究了酒糟炭对水稻生长特征、叶片光合作用/荧光作用、植株各部位重金属富集量等方面的影响，并分析了成熟期土壤可交换态重金属含量与糙米重金属含量间的相关性，以期为利用酒糟炭修复重度重金属复合污染，降低污染区水稻重金属含量提供理论依据。

第一节　材料与方法

一、实验材料与实验设计

（一）实验材料

供试土壤：同第四章。

供试水稻品种：金优182。

供试酒糟炭：同第四章。

（二）实验方法

本实验采用盆栽实验，具体实验方法同第四章，分别于分蘖期、拔节期、齐穗期以及成熟期原位测定水稻植株株高、叶片荧光作用、光合作用参数，并采集植株样品测试叶片丙二醛、谷氨酸、抗氧化系统酶活性以及植株各部位重金属含量。

二、测试项目与方法

叶绿素荧光作用和光合作用测定：分别于水稻分蘖期、拔节期、齐穗期以及成熟期，随机选取每一处理的3盆植株进行测试。测试时选取水稻植株顶部伸展叶片，用便携式调制叶绿素荧光仪（MINI-PAM-Ⅱ）原位测定植株叶片叶绿素荧光参数，用便携式光合仪（Li-6400XT）原位测定植株叶片光合参数。

水稻植株重金属含量测定：分别于水稻分蘖期、拔节期、齐穗期以及成熟期采集植物样品，洗净后用去离子水冲洗、风干；杀青后于70℃条件下烘干至恒重，粉碎过100目筛，经湿法消解[219]，用0.45μm滤膜过滤后，用电感耦合等离子体质谱仪（ICP-MS，美国Agilent公司，型号7700x）测定待测液中的铬、镍、铜、锌、镉、铅和砷含量[208]，利用原子荧光光谱法测定待测液中的汞含量[212]。

数据处理：实验数据用SPSS统计软件进行统计分析，所有指标测定时均重复3次，取其平均值用于统计分析。

三、质量保证

为保证样品重金属测试结果的准确性，在测试样品之前先进行待测元素加标回收实验。植物样品以“生物成分分析标准物质——辽宁大米GBW10043（GSB-21）”为质量控制标准物质进行加标回收质量控制。

第二节　酒糟炭对水稻生长的影响

一、酒糟炭对水稻株高的影响

酒糟炭对水稻植株株高影响结果如图 7-1 所示。由图 7-1 可知，施用酒糟炭处理植株株高在水稻全生育期中均高于对照，但不同生育期中施用不同酒糟炭处理与对照间差异较大。如在水稻分蘖期，施用 0.5%酒糟炭处理株高仅比对照高 1.38%，而施用 1%以及 2%处理株高均比对照高 10%以上，与对照相比差异显著（P<0.05）。但在水稻齐穗期和成熟期，施用酒糟炭处理与对照间仅相差 2.72%~5.44%、施用酒糟炭各处理间也仅相差 1.21%~2.72%，施用酒糟炭处理与对照之间、各施用酒糟炭处理之间均差异不显著（P>0.05）。在水稻拔节期、齐穗期和成熟期，施用 2%酒糟炭处理植株株高略低于施用 1%酒糟炭处理。

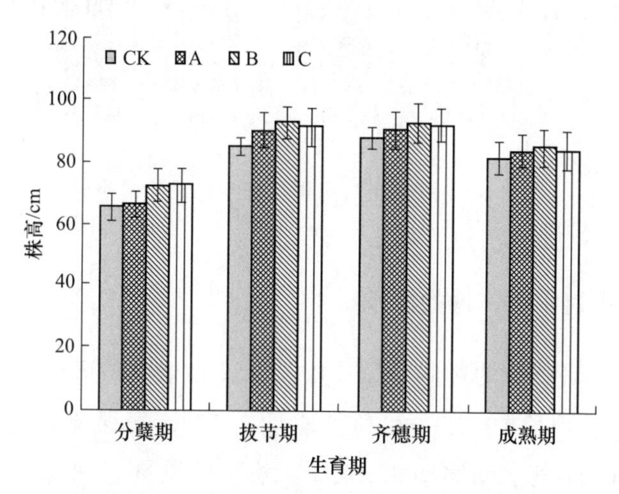

图 7-1　酒糟炭对水稻植株株高的影响

二、酒糟炭对水稻生物量的影响

酒糟炭对水稻植株生物量影响如图 7-2 所示。由图 7-2 可知，施用酒糟炭处理植株生物量在水稻整个生育期均高于对照处理。但在不同生育期，施用不同酒糟炭处理与对照间差异较大，且施用 2%酒糟炭处理植株，其生物量在水稻拔节期、齐穗期以及成熟期略低于施用 1%酒糟炭处理的生物量。

在水稻分蘖期，处理A植株生物量比对照高2.04%，处理B植株生物量比对照高6.97%，处理C植株生物量比对照高7.09%，与对照相比均差异不显著（P>0.05）。但在水稻拔节期，施用1%、2%酒糟炭处理植株分别比对照高10.24%、9.62%，在齐穗期，施用1%、2%酒糟炭处理分别比对照高11.22%和10.59%，与对照相比差异显著（P<0.05）。在水稻成熟期，施用酒糟炭各处理植株生物量虽然仍旧大于对照处理，但与对照相比均差异不显著（P>0.05），且施用酒糟炭各处理之间差异也不显著（P>0.05）。

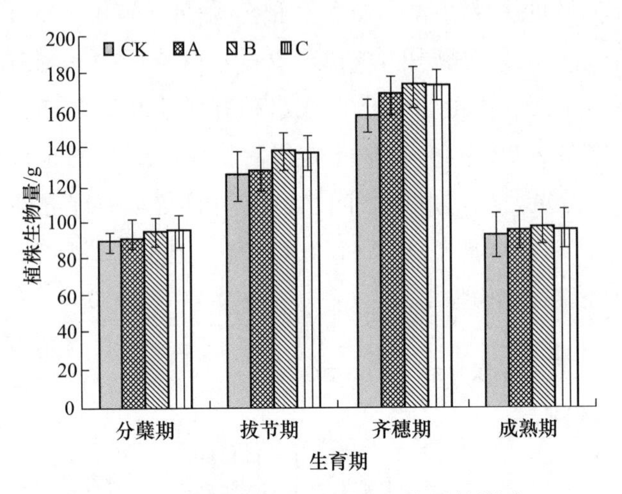

图7-2 酒糟炭对水稻植株生物量的影响

三、酒糟炭对水稻产量的影响

酒糟炭对水稻产量的影响如表7-1所示。由表7-1可知，对照处理水稻产量为11.29g、穗长10.25cm、每穗质量2.12g、每穗含谷粒81.20粒、每盆有效穗数21.41穗、结实率83.70%、每千粒质量23.01g。施用酒糟炭处理水稻产量相关数据中，除有效穗数外均高于对照处理，尤其是施用1%酒糟炭处理，水稻产量、穗长、每穗质量、每穗粒数、每盆有效穗数、结实率以及千粒质量与对照相比差异最大。施用2%酒糟炭处理相关参数虽然高于对照，但其产量、穗长、每穗质量、每穗粒数、有效穗数、结实率以及千粒质量均低于施用1%酒糟炭处理。由此表明，施用酒糟炭可以提高重金属污染区水稻产量，这与张伟明[145]研究结果一致。本实验结果还显示，施用2%酒糟炭处理水稻产量低于施用1%酒糟炭处理的水稻产量，这与王耀锋等[220]研究相似。王耀锋等[220]研究发现，水稻秸秆生物量和籽粒产量不随生物炭施用量增加而增加，他认为这可能是因为供试土壤本身有效氮素含量较低，大量使用生物炭造成水稻生理性缺水，影响了水稻生理生长，降低水稻叶片的叶绿素含量，从而可能使作物产量下降[221]；此外，生物炭较高的碳氮比，也会固持土壤大量氮素，导致土壤有效氮含量降低，从而降低水稻植物对氮素的吸收利用[179]。

表 7-1 酒糟炭对水稻产量的影响

处理	每盆产量/g	穗长/cm	每穗质量/g	每穗粒数/粒	每盆有效穗数/穗	结实率/%	千粒质量/g
CK	11.29	10.25	2.12	81.20	21.41	83.70	23.01
A	11.67	10.93	2.14	82.80	21.76	84.60	24.19
B	12.53	11.36	2.33	83.50	22.71	85.20	25.92
C	11.83	10.65	2.16	81.70	21.08	84.16	24.15

四、酒糟炭对水稻根系活力的影响

根系活力是衡量植物生长情况以及吸收养分能力的重要指标之一[109]。酒糟炭对水稻根系活力的影响如图 7-3 所示。

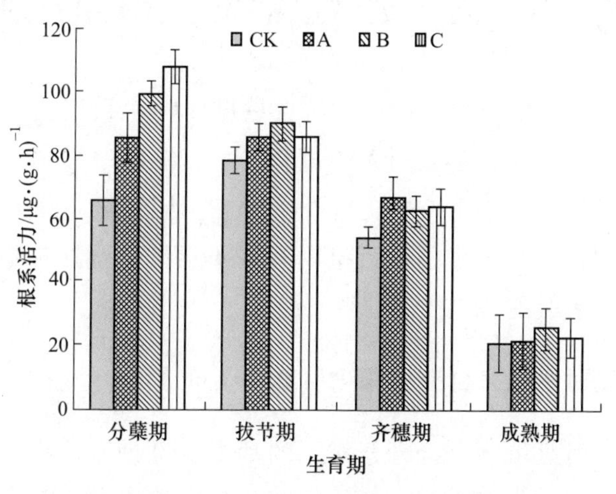

图 7-3 酒糟炭对水稻根系活力的影响

由图 7-3 可知，施用酒糟炭处理水稻，其根系活力均高于对照处理，这说明施用酒糟炭可以提高水稻根系活力，这与张伟明等[145]的研究一致。蒋健等[109]研究也发现，施用生物炭可促进玉米根系生长，延缓玉米根系衰老。唐光木等[74]认为，这主要是因为生物炭含有大量的阳离子，并具有很强的吸附能力，向土壤施用生物炭可以显著增加土壤 CEC 值和土壤持水能力，从而促进了植物生长。

本实验结果还显示，在水稻不同生育期，不同酒糟炭用量对水稻根系活力的促进作用差异较大。如在水稻分蘖期，施用酒糟炭处理分别超过对照 23.18%、34.14%以及 39.10%，与对照相比差异显著（$P<0.05$）；但在水稻拔节期，施用 2%酒糟炭处理对水稻根系活力的促进作用低于施用 1%酒糟炭处理。在水稻成熟期也出现类似结果，成熟期水稻根系活力大小顺序为处理 B>处理 C>处理 A>CK，这与蒋健等[109]的研究结果一致。蒋健等[109]研究发现，施用 5000kg/hm^{2}生物炭处理（C_1）在玉米大喇叭口期、抽雄期、灌浆期、成熟期其根系活力大于施用 2500kg/hm^2（C_2）处理，但在玉米拔节期却低于 C_2处理。张春[222]也研究发现，烟草根系活力在稻壳生物炭施用量为 1%～3%时随生物炭用量增加而增加，但当生物炭用量超过 3%时，烟草根系活力开始下降。他认为，这可能是因为生物炭施入量过大，造成土壤盐基离子偏多，影响了烟苗对土壤养分的吸收[221]。

第三节　酒糟炭对水稻光合作用的影响

光合作用是植物生长的基础[222]，它是植株叶片利用太阳光能将无机物转化为有机物[223]，并固定太阳光的过程[224]。在此过程中，植物光合参数值可反映植物对该地区的适应能力[225]。研究不同环境下植物光合参数的变化，不仅对了解植物光合作用运行机制有重要意义，而且对掌握植物对不同环境的适应能力也具有重要价值[226]。

一、酒糟炭对水稻光合有效辐射（PAR）的影响

光合有效辐射是植物进行光合作用的动力，也是对植物光合作用影响最大的环境因素[227]。酒糟炭对水稻植株叶片 PAR 的影响如图 7-4 所示。由图 7-4 可知，在水稻全生育期中，施用酒糟炭处理水稻叶片 PAR 均高于对照，由此表明施用酒糟炭可提高水稻叶片 PAR，这与宋久洋等[228]的研究结果相似。本实验结果还显示，酒糟炭对水稻叶片 PAR 的促进作用并不随酒糟炭施用量增加而增加。如在水稻全生育期中施用 1%酒糟炭处理，水稻叶片

PAR 均高于施用 0.5%和 2%酒糟炭处理，施用 2%的酒糟炭处理，水稻叶片 PAR 高于施用 0.5%酒糟炭处理。

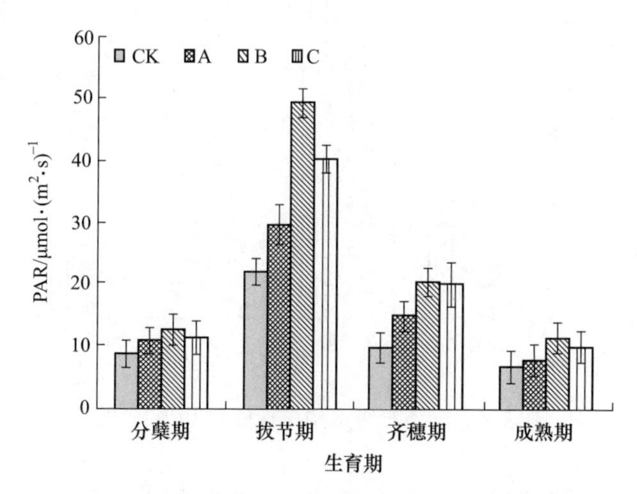

图 7-4　酒糟炭对水稻植株叶片 PAR 的影响

实验结果还显示，在水稻不同生育期，不同酒糟炭施用量处理对 PAR 的影响差异较大。如在水稻拔节期和成熟期，施用酒糟炭各处理之间差异显著（$P<0.05$）；而在水稻分蘖期，施用 0.5%和 1%酒糟炭处理之间仅相差 4.2%，齐穗期施用 1%酒糟炭与 2%酒糟炭处理之间仅相差 3.86%。张伟明等[120]研究玉米芯酒糟炭对大豆生物学效应时也得出类似结果。

二、酒糟炭对水稻净光合速率（Pn）的影响

净光合速率是植株叶片光合作用速率减去呼吸作用速率的差值[229]，体现了植物体内有机物的积累[223]。酒糟炭对水稻植株叶片净光合速率影响如图 7-5 所示。由图 7-5 可知，在水稻全生育期中，施用酒糟炭处理水稻植株叶片的 Pn 均高于对照处理，由此表明施用酒糟炭可提高水稻叶片 Pn，这与张伟明等[120]的研究结果相似。张伟明等[120]研究发现，施用玉米芯生物炭可提高大豆叶片的 Pn。吴志庄等[230]研究也发现，生物炭可提高黄连木叶片的 Pn。

实验结果还显示，各处理水稻在不同生育期其 Pn 存在显著差异。如在水稻分蘖期和成熟期，施用 0.5%的酒糟炭与对照之间相差 3.59%和 4.26%，与对照相比差异不明显（$P>0.05$）；而施用 1%和 2%酒糟炭处理与

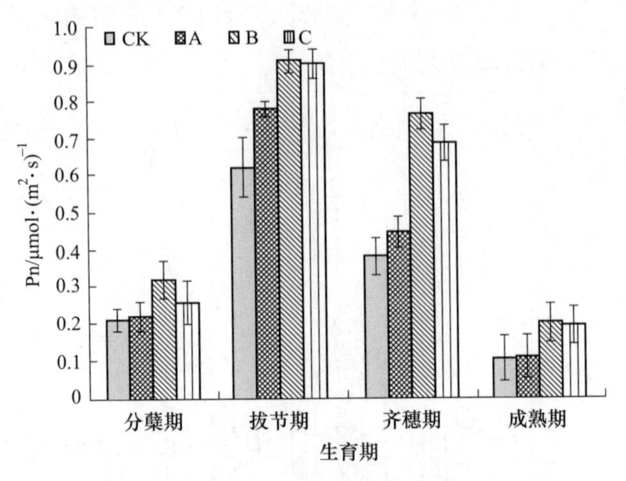

图 7-5 酒糟炭对水稻植株叶片 Pn 的影响

对照相比，差异达 23.11%~91.11%，与对照相比差异显著（$P<0.05$）。在水稻拔节期和齐穗期，施用酒糟炭处理与对照之间，以及施用酒糟炭各处理之间相差均超过 10%，经差异显著性比较可知差异显著（$P<0.05$），这与张娜[231]的研究结果相似。张娜研究发现，生物炭对夏玉米叶片 Pn 的影响呈波浪式变化，施炭处理玉米叶片 Pn 在拔节期高于对照，但不显著（$P>0.05$）；而在玉米抽雄期显著高于对照（$P<0.05$）。

三、酒糟炭对水稻叶片蒸腾速率（Tr）的影响

蒸腾速率是植物最重要的生理活动之一[232]，它是植物在一定时间内吸收和运输水分的主要动力，避免或降低植株叶片在强光下进行光合作用而受到的伤害程度[233]。酒糟炭对水稻叶片蒸腾速率的影响如图 7-6 所示。由图 7-6 可知，施用酒糟炭处理植株叶片 Tr 均高于对照处理，这说明施用酒糟炭可提高水稻叶片 Tr，这与武春成等的研究结果相似。武春成等研究发现，施用生物炭可提高黄瓜叶片的 Tr，且黄瓜叶片 Tr 随生物炭施用量增加而增加。

本实验结果还显示，施用酒糟炭处理植株叶片 Tr 虽然均高于对照，但在不同生育期施用酒糟炭处理与对照间差异巨大。如在水稻分蘖期和拔节期，施用 0.5%酒糟炭可提高水稻叶片 Tr 6.08%~6.32%，与对照相比差异不明显（$P>0.05$）；在水稻成熟期，施用 0.5%酒糟炭则可提高水稻叶片 Tr 13.55%，与对照相比差异显著（$P<0.05$）。与此同时，在分蘖期，施用

1%和2%酒糟炭，可提高水稻叶片 Tr 61.52%和34.81%；在拔节期，施用1%和2%生物炭，可提高水稻叶片 Tr 37.19%和33.23%，与对照相比均差异显著（P<0.05）。但是在水稻分蘖期、拔节期、齐穗期以及成熟期，施用2%酒糟炭处理植株，叶片 Tr 低于施用1%酒糟炭处理，但高于施用0.5%酒糟炭处理和对照处理。由此可见，在施用酒糟炭各处理中，施用1%酒糟炭对水稻叶片 Tr 的促进作用明显好于施用0.5%和2%酒糟炭处理。

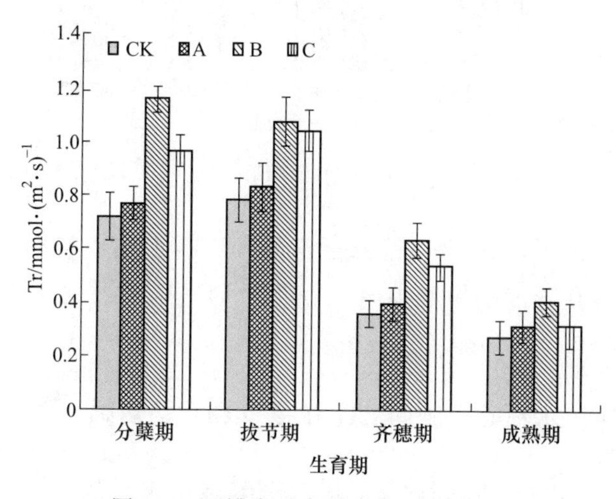

图7-6　酒糟炭对水稻叶片 Tr 的影响

四、酒糟炭对水稻叶片气孔导度（Gs）的影响

叶片气孔导度表示的是植株叶片气孔张开的程度[76,235]，可用于表征外界气体进入植物体内的难易程度[236]。气孔导度越大，越有利于植株的光合作用[230]。生物炭输入对水稻叶片气孔导度的影响如图7-7所示。由图7-7可知，施用酒糟炭处理植株叶片气孔导度均高于对照处理，这说明施用酒糟炭可增大水稻叶片气孔导度，使外界气体能较易进入水稻体内。

实验结果还显示，施用酒糟炭处理植株叶片气孔导度虽然均大于对照处理，但并不随酒糟炭施用量增加而增加，这与吴志庄等[230]的研究结果相似。如在分蘖期和拔节期，施用酒糟炭处理水稻叶片气孔导度均高于对照，且与对照相比差异显著（P<0.05），但施用2%酒糟炭处理植株叶片气孔导度低于施用0.5%和1%酒糟炭处理；在齐穗期施用1%酒糟炭处理植株叶片

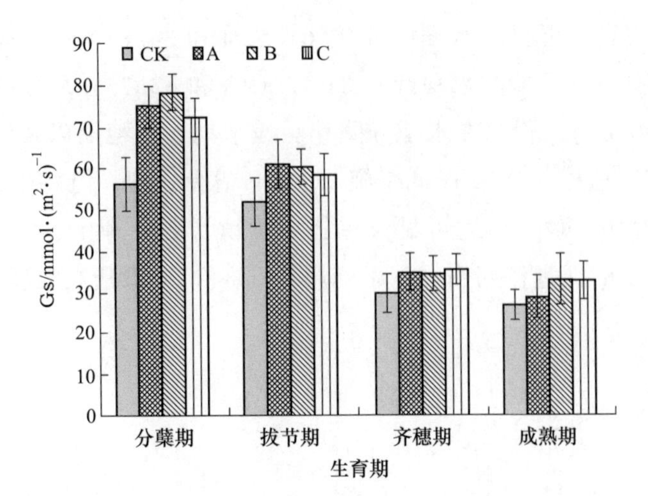

图 7-7 酒糟炭对水稻叶片 Gs 的影响

气孔导度略低于施用 0.5%和 2%酒糟炭处理；在水稻成熟期，施用 0.5%酒糟炭处理叶片气孔导度较对照提高 7.09%，而施用 1%、2%酒糟炭分别提高水稻叶片气孔导度 23.32%、21.69%。

五、酒糟炭对水稻叶片胞间 CO_2浓度（Ci）的影响

胞间 CO_2浓度是判断植株叶片光合作用潜在能力的一项重要指标[237]，特别是在光合作用气孔限制分析中，Ci 的变化方向是确定叶片 Pn 变化的主要原因[238]。酒糟炭对水稻叶片胞间 CO_2浓度的影响如图 7-8 所示。由图 7-8 可知，施用酒糟炭水稻叶片胞间 CO_2浓度均高于对照，这与张娜[231]的研究结果相似，但吴志庄[230]的研究却发现，施用酒糟炭降低了黄连木胞间 CO_2浓度（Ci）。

本实验结果还显示，在水稻不同生育期，不同酒糟炭用量对水稻叶片胞间 CO_2浓度影响差异较大。在水稻分蘖期，酒糟炭对水稻叶片胞间 CO_2浓度的促进作用随酒糟炭施用量增加而增加，但与对照相比差异不显著（$P>0.05$）；而拔节期施用 2%酒糟炭处理植株叶片胞间 CO_2浓度比对照高 9.59%，与对照相比差异显著（$P<0.05$）。在水稻齐穗期以及成熟期，施用 1%酒糟炭处理，叶片胞间 CO_2浓度高于施用 0.5%和 2%酒糟炭处理。

综上所述，施用酒糟炭可提高水稻叶片光合有效辐射、净光合速率、蒸腾速率、气孔导度、胞间 CO_2浓度等光合参数，促进植株叶片的光合作用，

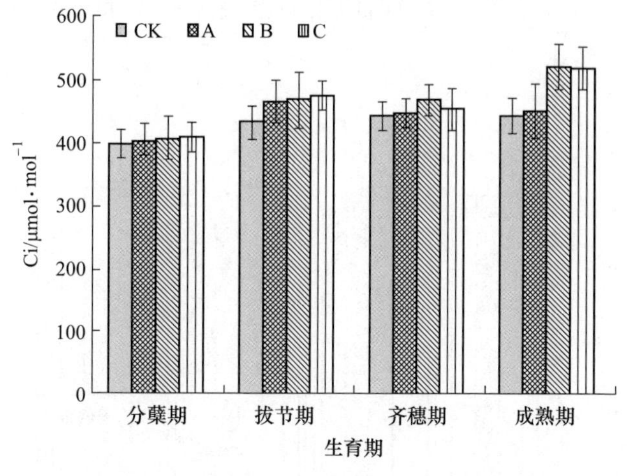

图 7-8　酒糟炭对水稻叶片 Ci 的影响

这与韩光明等[208]等的研究结果一致。韩光明等[189]研究发现，施用酒糟炭均可提高不同连作年限棉田棉花光合特性。张芙蓉等[239]、张娜等[231]也发现，施用生物炭可提高甜瓜、烟草、夏玉米光合作用，促进光合产物形成，提高作物产量。这主要是因为施用生物炭改善了土壤质地结构，增加了养分含量[231]，降低了土壤重金属生物毒性，促进了水稻生长[119]。

第四节　酒糟炭对水稻荧光作用的影响

叶绿素荧光分析技术具有检测快速、灵敏、无损伤等优点[240-241]，而且与气体交换指标相比，叶绿素荧光参数更具有反映叶片光合内在性能的特点[242]。当植物受到逆境胁迫时，叶绿素荧光参数更全面地展现测试植物的光合状态[223]，为诠释其生长和耐受机制提供可靠依据[222]。因此，常被用于评价环境胁迫对植物生长的影响[243]。

一、酒糟炭对水稻叶片初始荧光（F_0）的影响

初始荧光（基态荧光或暗荧光）F_0表示的是原初电子受体全部氧化时的荧光水平[244]，如果 PSⅡ反应中心出现可逆失活或不易逆转的破坏[245]，会引起F_0的增加，且F_0增加量越多，受损伤程度越严重[246]。酒糟炭对水稻植株叶片F_0的影响如图 7-9 所示。由图 7-9 可知，施用酒糟炭处理植株叶片

初始荧光均低于对照处理，这说明施用酒糟炭降低了水稻的初始荧光，这与王余等[247]研究结果一致。

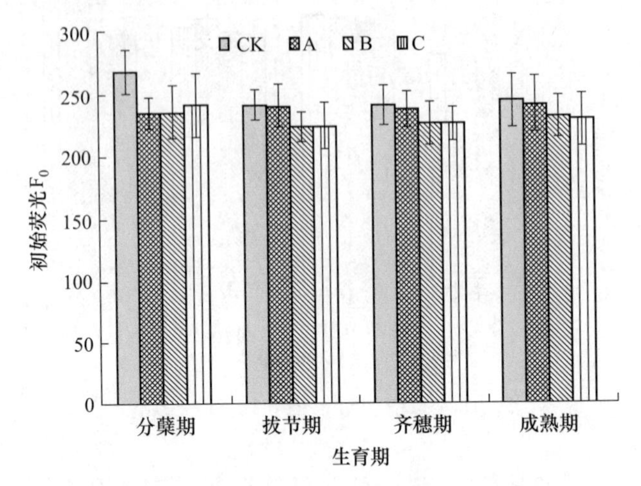

图 7-9 酒糟炭对水稻植株叶片 F_0的影响

实验结果还显示，在水稻不同生育期施用酒糟炭各处理，植株叶片初始荧光与对照间差异较大。如在水稻分蘖期，施用 0.5%酒糟炭可降低叶片 F_0 13.29%、施用 1%可降低 11.84%；施用 2%酒糟炭处理水稻叶片 F_0与对照差异明显，且高于施用 0.5%和 1%酒糟炭处理。水稻拔节期，施用 0.5%酒糟炭处理叶片 F_0虽然低于对照，但仅比对照低 0.42%，而施用 1%酒糟炭可降低 7.30%、施用 2%酒糟炭可降低 6.92%。在水稻齐穗期和成熟期水稻叶片 F_0则随酒糟炭施用量增加而逐渐降低，且各施用酒糟炭处理与对照相比均差异不显著（$P>0.05$）。由此表明，施用酒糟炭可降低水稻叶片 F_0，但降低幅度与酒糟炭施用量以及水稻生育期有关。

二、酒糟炭对水稻叶片光化学效率（F_v/F_m）的影响

光化学效率可反映植株叶片 PSⅡ反应中心光能的转化效率[248]。在正常情况下，植株叶片 F_v/F_m 值比较稳定，常维持在 0.8~0.85 之间[249]；但当受到水分、高温、盐分以及重金属等逆境胁迫时，植株叶片 F_v/F_m 将明显下降[250]。F_v/F_m 值下降越多，说明 PSⅡ损伤越大[246]。因此，F_v/F_m 是植物逆境生理研究的重要指示性参数[251]。酒糟炭对水稻植株叶片 F_v/F_m 的影响如图 7-10 所示。

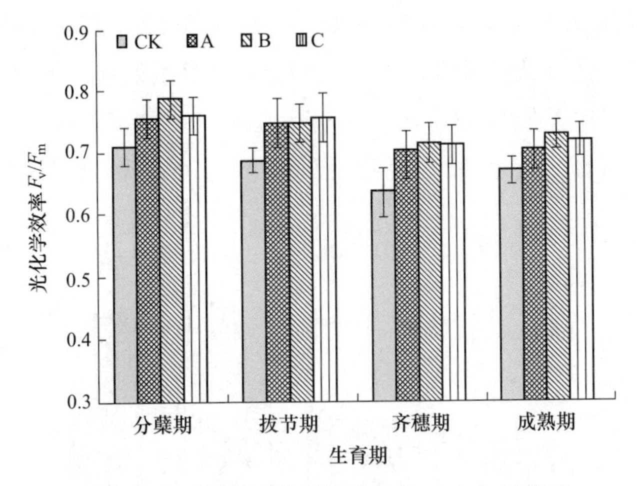

图 7-10　酒糟炭对水稻植株叶片 F_v/F_m 的影响

由图 7-10 可知，施用酒糟炭处理植株叶片 F_v/F_m 值均高于对照处理，由此表明施用酒糟炭可降低土壤重金属对水稻生长的胁迫作用。但在水稻不同生育期，不同酒糟炭施用量处理对 F_v/F_m 的影响与对照间差异较大。如在分蘖期，施用酒糟炭处理植株叶片 F_v/F_m 分别较对照增加 6. 32%、10. 78% 和 7. 04%，与对照相比仅施用 1%酒糟炭处理差异显著（$P<0.05$）。在水稻拔节期，供试植株叶片 F_v/F_m 随酒糟炭施用量增加而增加，但仅施用 2%酒糟炭处理与对照相比差异显著（$P<0.05$）。在水稻齐穗期和成熟期，施用酒糟炭处理 F_v/F_m 均高于对照处理，但仅有施用 1%酒糟炭处理与对照相比均差异显著（$P<0.05$）。

三、酒糟炭对水稻叶片光化学猝灭参数（qP）的影响

光化学猝灭参数表示的是 PSⅡ天线色素吸收的并用于光化学电子传递的部分光能，在一定程度上可反映 PSⅡ中心的开放程度和原初电子受体氧化还原程度[252]；qP 值越大，说明 PSⅡ中心电子传递活性越强[253]。

酒糟炭对水稻植株叶片光化学猝灭参数的影响如图 7-11 所示。由图 7-11 可知，施用酒糟炭处理植株叶片光化学猝灭参数均高于对照处理，这说明施用酒糟炭可提高水稻叶片光化学猝灭参数。实验结果还显示，在水稻不同生育期各施用酒糟炭处理与对照间差异较大。如在水稻分蘖期，水稻叶片的 qP 随酒糟炭施用量增加而逐渐增加，且施用 1%和 2%酒糟炭处理较对照高 10%

以上，与对照相比差异显著（P<0.05）。在水稻拔节期、齐穗期以及成熟期，施用酒糟炭处理植株叶片的 qP 虽然均高于对照处理，但仅施用 1%酒糟炭处理与对照相比差异显著（P<0.05）。施用 2%酒糟炭处理仅在成熟期与对照相比差异显著（P>0.05），但其值低于施用 1%酒糟炭处理。

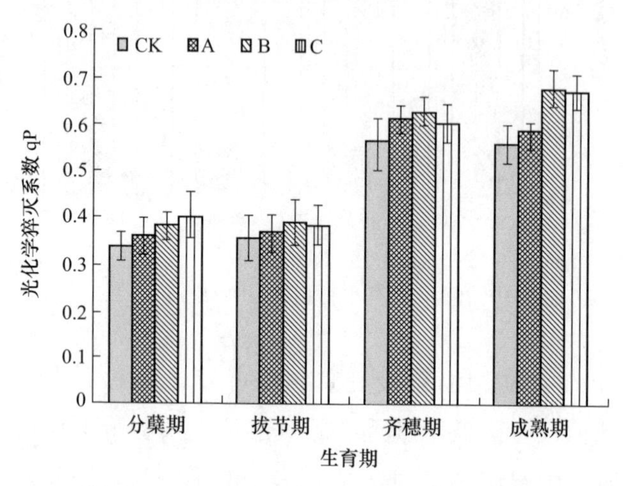

图 7-11 酒糟炭对水稻植株叶片 qP 的影响

四、酒糟炭对水稻叶片非光化学猝灭参数（qN）的影响

植物在光合作用过程中常以热的形式耗散掉吸收的过量光能[254]，以免吸收的过量光能造成叶片光合机构失活或破坏[255]，该部分以热能形式耗散掉的能量常用非光化学猝灭参数 qN 表示，故 qN 是植株叶片的一种自我保护机制，避免光合机构受到破坏[256]。酒糟炭对水稻叶片 qN 的影响如图 7-12 所示。由图 7-12 可知，施用酒糟炭处理水稻叶片非光化学猝灭参数均高于对照处理，但在水稻不同生育期与对照相比差异较大。在水稻分蘖期和拔节期，供试植株叶片 qN 随酒糟炭施用量增加而增加，且在分蘖期施用 1%、2%酒糟炭处理植株 qN 显著高于对照处理（P<0.05），而在拔节期与对照差异不显著（P>0.05）。在水稻齐穗期，施用酒糟炭可分别增加水稻叶片 qN 系数 15.97%、16.93%和 11.34%，与对照相比均差异显著（P<0.05）。在水稻成熟期，施用酒糟炭处理植株 qN 系数均高于对照，但仅施 1%、2%酒糟炭处理显著高于对照处理（P<0.05），且施用 1%酒糟炭处理植株，叶片 qN 系数高于施用 2%酒糟炭处理。

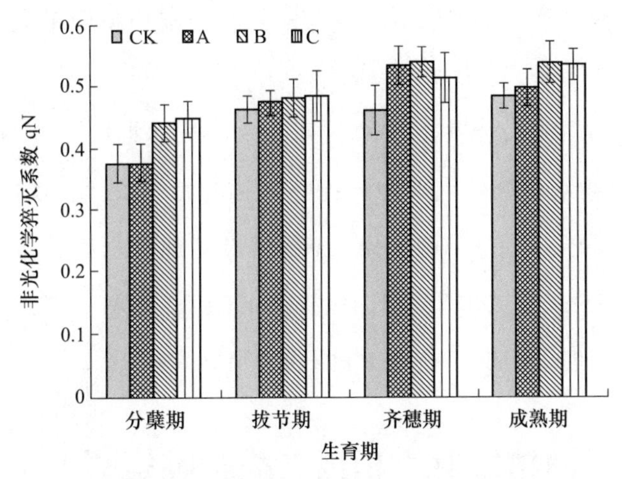

图 7-12　酒糟炭对水稻叶片 qN 的影响

五、酒糟炭对水稻叶片相对光合电子传递速率（ETR）的影响

相对光合电子传递速率表示的是光合电子传递的能力[256]，这种能力与植株的生理状况和环境因素密切相关[257]。酒糟炭对水稻叶片 ETR 的影响如图 7-13 所示。由图 7-13 可知，施用酒糟炭处理植株叶片 ETR 值均高于对照处理，由此表明施用酒糟炭可提高水稻叶片相对光合电子传递速率。在水稻全生育期中施用 2%酒糟炭处理，叶片 ETR 虽然高于对照处理，但低于施用 1%的酒糟炭处理，这表明过多施用酒糟炭降低了水稻叶片 ETR。

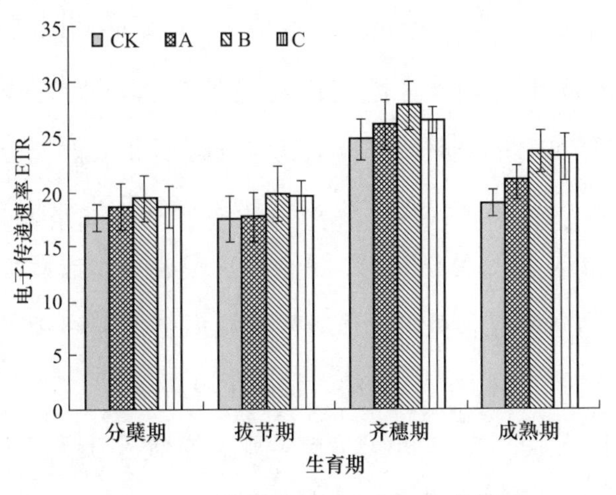

图 7-13　酒糟炭对水稻叶片 ETR 的影响

实验结果还显示，在水稻不同生育期，不同施用量酒糟炭处理与对照间差异较大。在分蘖期，施用 0.5%酒糟炭在水稻分蘖期可提高水稻叶片 ETR 值 5.67%，在拔节期仅提高 1.13%，而在水稻成熟期则提高 10.49%；施用 1%酒糟炭处理在水稻全生育期中均提高水稻叶片 ETR 值 10%以上，与对照相比差异显著（$P<0.05$）；而施用 2%酒糟炭处理在水稻分蘖期仅能提高植株叶片 ETR 5.85%，在水稻成熟期则提高 ETR 22.90%，与对照相比差异显著（$P<0.05$），但仍旧低于施用 1%的酒糟炭处理。

第五节 酒糟炭对水稻丙二醛和脯氨酸含量的影响

一、酒糟炭对水稻丙二醛（MDA）含量的影响

丙二醛是植株细胞膜脂过氧化作用的重要产物之一[258]，不但可以反映植物细胞膜脂化程度和超氧自由基生成量[259]，还可以反映超氧自由基对组织损伤的严重程度[260]。梁建萍等[261]研究发现，在干旱胁迫下蒙古黄芪叶片 MDA 含量明显高于对照处理，且干旱胁迫越重，植株 MDA 含量越高。陈银萍等[262]研究也表明，在重金属 Cd 胁迫下，紫花苜蓿叶、茎、根中 MDA 含量均显著升高（$P<0.05$）。酒糟炭对水稻植株叶片 MDA 含量的影响如图 7-14 所示。由图 7-14 可见，施用酒糟炭处理，植株叶片 MDA 含量均低于对照处理；但在不同生育期，各施用酒糟炭处理与对照间差异较大。施用 0.5%酒糟炭，可在水稻分蘖期、拔节期、齐穗期和成熟期分别降低植株叶片 MDA 含量 18.05%、11.89%、5.87%和 3.91%。当酒糟炭施用量为 1%时，水稻叶片 MDA 含量在分蘖期、齐穗期和成熟期继续降低，但在拔节期略高于施用 0.5%的酒糟炭处理。当酒糟炭施用量增加到 2%时，在分蘖期、齐穗期以及成熟期植株叶片 MDA 的含量高于施用量为 1%的酒糟炭，而在拔节期则是处理 B 高于处理 C。由此表明，施用酒糟炭可降低水稻叶片细胞膜脂化程度，降低逆境对水稻生长的不利影响。

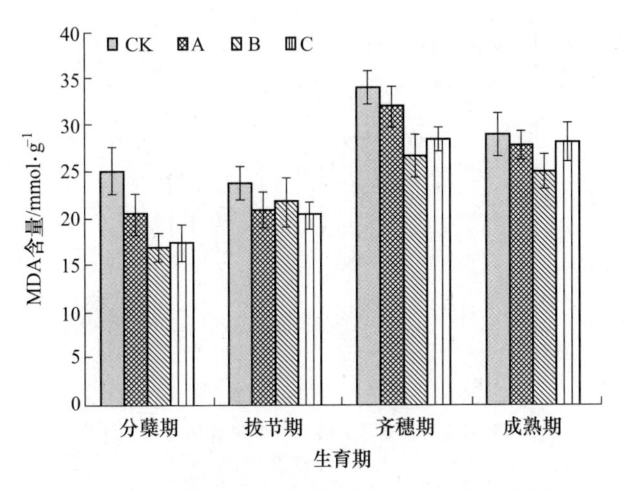

图 7-14　酒糟炭对水稻植株叶片 MDA 含量的影响

二、酒糟炭对水稻叶片脯氨酸（Pro）含量的影响

脯氨酸是植物蛋白质的组分之一[231]，当逆境影响植株生长时，植株体内的脯氨酸含量会显著增加，进而影响植株的代谢功能[263-264]。脯氨酸还具有一定的抗氧化作用[265]，能够清除植株体内部分活性氧[266]，减少或避免植物细胞受重金属胁迫的伤害[267]。贺超等[268]研究发现，接种 AM 真菌可减少水分对黄芩的胁迫作用，降低叶片 Pro 含量，提高了黄芩的抗旱能力。周琦等[269]研究发现，随着盐胁迫浓度增加，鹅耳枥叶片脯氨酸含量不断上升。梁泰帅等[270]研究也发现，随着 Cd 浓度增加，小白菜叶片脯氨酸含量显著高于对照处理，他认为这是小白菜适应重金属 Cd 胁迫的一种自身调节机制。

酒糟炭对水稻植株叶片 Pro 含量的影响如图 7-15 所示。由图 7-15 可见，施用酒糟炭处理植株 Pro 含量在各生育期均低于对照处理，由此表明施用酒糟炭可降低土壤重金属对水稻生长的影响。但在不同生育期，酒糟炭对水稻叶片 Pro 的影响效果差异较大。如在水稻分蘖期，酒糟炭对水稻 Pro 含量的影响与施用量成正相关，施用 0.5%酒糟炭在分蘖期可降低植株 Pro 含量 7.50%，施用 1%可降低 9.21%，施用 2%可降低 17.79%。但在拔节期、齐穗期以及成熟期，施用 2%酒糟炭对水稻叶片 Pro 含量的降低作用高于施用 1%酒糟炭处理。由此表明，酒糟炭对逆境胁迫水稻的缓解作用并不随酒糟炭施用量增加而增加。

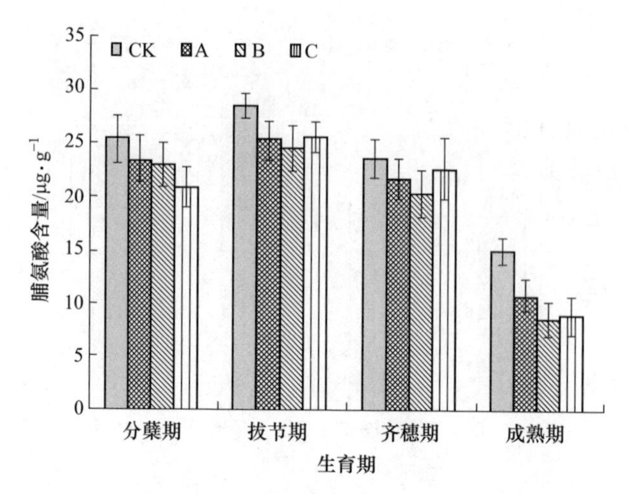

图 7-15 酒糟炭对水稻植株叶片 Pro 含量的影响

第六节 酒糟炭对水稻抗氧化系统的影响

相关研究表明，抗氧化系统与植物抗逆能力密切相关[271]。蓝莓[272]、咖啡[273]的抗寒性研究结果表明，抗寒能力强的蓝莓、咖啡其抗氧化酶活性往往高于抗寒性弱的，且抗氧化酶活性随胁迫时间延长下降缓慢。李佳等[274]研究也表明，在重金属镉胁迫下，不同品种玉米体内 SOD、POD、CAT 酶活性差异较大，玉米可通过调节体内 SOD、POD、CAT 酶活性来缓解重金属镉的胁迫作用。这主要是因为抗氧化系统中的 SOD、POD、CAT 酶具有清除植物体内在逆境下产生的活性氧[275]，以降低活性氧对植物的伤害[276]，缓解逆境对植物生长的影响[277]。

一、酒糟炭对水稻叶片 SOD 的影响

酒糟炭对水稻叶片 SOD 的影响如图 7-16 所示。由图 7-16 可知，施用酒糟炭处理水稻叶片 SOD 活性均低于对照处理，但在水稻不同生育期各处理间差异较大。在分蘖期，水稻叶片 SOD 活性随酒糟炭用量增加而逐渐降低，且处理 B、C 比对照低 11%以上，与对照相比差异显著（$P<0.05$）。在水稻拔节期、齐穗期以及成熟期，各施用酒糟炭处理植株叶片 SOD 均低于对照，但施用 2%酒糟炭处理植株叶片 SOD 活性高于施用 1%酒糟炭处理。在水稻拔

节期，处理 A、B 植株 SOD 活性显著低于对照处理（P<0.05），而处理 C 植株 SOD 活性仅比对照低 3.10%，与对照相比差异不显著（P>0.05）。在水稻齐穗期，处理 A、B、C 植株 SOD 虽低于对照，但仅比对照低 2.35%～4.79%。在水稻成熟期，各施用酒糟炭处理植株与对照间的差异又明显增大，尤其是处理 B、处理 C 较对照低 10%以上，且与对照相比差异显著（P<0.05）。

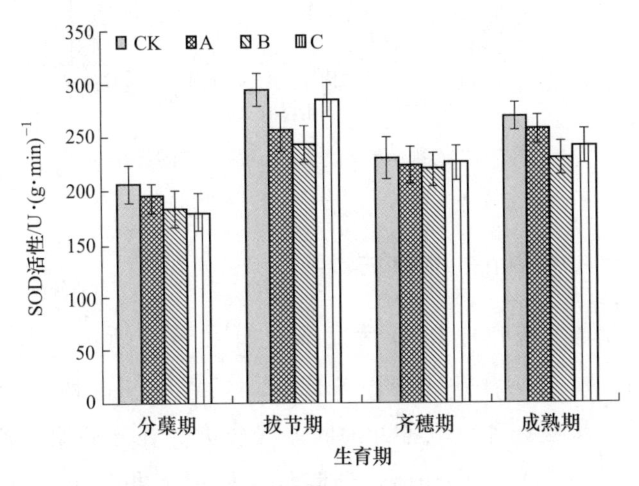

图 7-16　酒糟炭对水稻叶片 SOD 的影响

二、酒糟炭对水稻叶片 CAT 的影响

酒糟炭对水稻叶片 CAT 的影响结果如图 7-17 所示。由图 7-17 可知，施用酒糟炭处理植株叶片在水稻全生育期中均低于对照处理，但各处理间差异较大。在分蘖期，各施用酒糟炭处理叶片 CAT 活性分别比对照降低 12.76%、18.01%、19.92%，与对照相比均差异显著（P<0.05）。在水稻拔节期、齐穗期以及成熟期，施用酒糟炭各处理，植株 CAT 活性仍低于对照处理，但并不随酒糟炭施用量增加而降低。如在水稻拔节期，施用酒糟炭各处理植株 CAT 活性均显著低于对照处理（P<0.05），但施用 2%酒糟炭处理，叶片 CAT 活性高于施用 1%酒糟炭处理。在水稻齐穗期，各施用酒糟炭处理，植株 CAT 活性虽低于对照处理，但均与对照差异不显著（P>0.05），且处理 C 植株 CAT 活性高于处理 B。在水稻成熟期，也出现类似变化趋势。

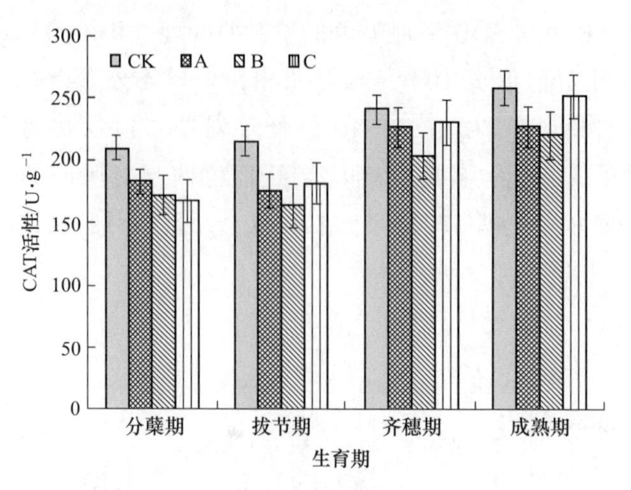

图 7-17 酒糟炭对水稻叶片 CAT 的影响

三、酒糟炭对水稻叶片 POD 的影响

酒糟炭对水稻植株叶片 POD 活性影响如图 7-18 所示。由图 7-18 可见，在水稻分蘖期、拔节期、齐穗期以及成熟期，各施用酒糟炭处理植株叶片 POD 活性均低于对照处理，但各处理间差异较大。在分蘖期，各处理植株叶片 POD 活性随酒糟炭用量增加而逐渐降低，处理 A 植株 POD 活性与对照差异不显著（$P>0.05$），而处理 B、处理 C 植株 POD 活性显著低于对照（$P<0.05$）。在水稻齐穗期以及成熟期，处理 B、处理 C 植株 POD 活性均低于对照 10%以上，且与对照相比差异显著（$P<0.05$），但处理 C 植株叶片 POD 活性均高于施用 1%酒糟炭处理。

重金属对植物胁迫的机理之一就是在植株体内产生过量的活性氧，加速细胞膜脂化反应，进而对植株生长产生毒害作用[278]。抗氧化系统中的 SOD 酶是催化超氧自由基发生歧化反应的一类金属酶，主要负责清除过量活性氧[279]，减少过量活性氧对细胞膜的伤害[266]，是植株防御过氧化损害系统的关键酶之一[280]；POD 和 CAT 酶可以及时清除 SOD 歧化超氧自由基产生的 H_2O_2[281]，将 H_2O_2转化为 H_2O 和 O_2，减少 H_2O_2对植株的伤害。汤叶涛等[282,283]研究发现，在高浓度镉（50μmol/L、100μmol/L）胁迫下，滇苦菜生长受到抑制，植株生物量比对照降低了 72%和 86%。此时，植株 POD、SOD 酶活性显著下降，而 CAT 酶变化不明显。本实验结果显示，施用酒糟炭后水稻叶片 SOD、POD 以及 CAT 酶活性均低于对照处理，这表明施用酒糟炭提高了水稻体内的防御反应，及时清除体内过量的超氧自由基，部分缓解了土壤重金属对植株的伤害作用，这与前期酒糟炭对水稻叶片光合作用、荧光作用研究结果一致。在水稻生长初期，植株抗氧化酶活性随酒糟炭施用量增加而持续降低；在水稻生育中后期，施用2%酒糟炭处理植株抗氧化酶活性高于施用1%酒糟炭处理，这说明在水稻生育前期多施酒糟炭利于缓解重金属的胁迫；而随着酒糟炭施用时间延长，生物炭中大量的 K^+、Na^+、Ga^{2+}、Mg^{2+}等离子进入土壤溶液中，造成水稻生理干旱[282]，造成水稻植株体内超氧自由基大量积累，从而诱发了 SOD、POD 以及 CAT 酶活性。

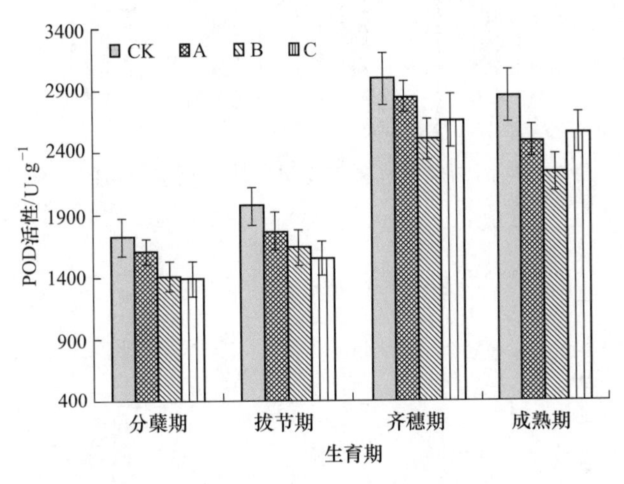

图 7-18　酒糟炭对水稻叶片 POD 的影响

第七节　酒糟炭对水稻不同器官重金属积累的影响

一、酒糟炭对水稻吸收重金属铬的影响

施用酒糟炭对水稻植株各部位吸收重金属铬的影响如图 7-19～图 7-21 所示。由图 7-19～图 7-21 可见，未施用酒糟炭时，重金属铬主要富集在水稻根系，叶片次之，茎部含量最低。未施用酒糟炭处理中根系铬含量达 21.95～100.69mg/kg，茎部、叶片重金属含量仅在 4.04～29.85mg/kg 之间。施用酒糟炭后，水稻植株各部位重金属含量均低于对照处理。与对照相比，施用酒

糟炭处理植株根系铬含量下降 14. 71%~65. 64%，茎部铬含量下降 1. 32%~44. 62%，叶片铬含量下降 9. 11%~46. 49%。由此可见，施用酒糟炭可降低水稻根、茎、叶各部对重金属铬的吸收。

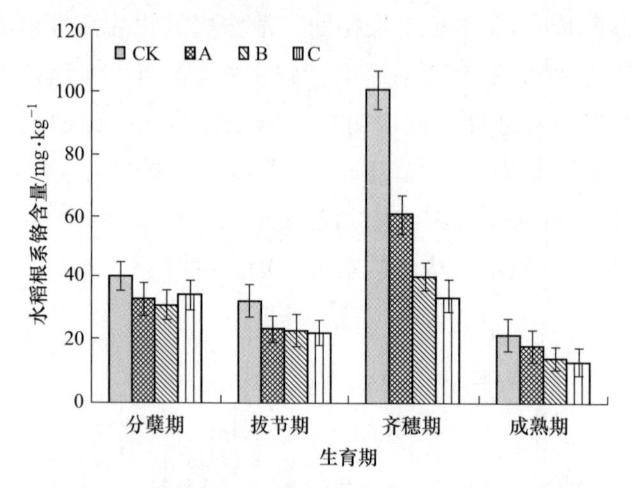

图 7-19 酒糟炭对水稻植物根系吸收重金属铬的影响

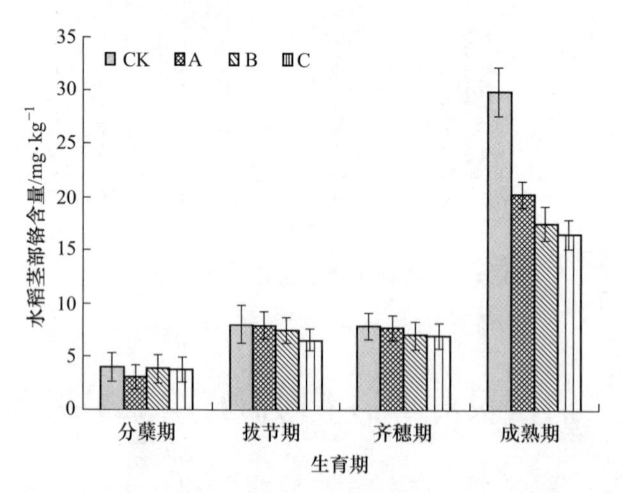

图 7-20 酒糟炭对水稻植物茎部吸收重金属铬的影响

但在水稻不同生育期，不同酒糟炭用量对水稻各部位重金属铬含量的影响差异较大。施用 0.5%酒糟炭处理，在分蘖期，植株根系铬含量下降 18. 08%、茎部含量下降 21. 12%、叶片含量下降 43. 04%，与对照相比差异显著（$P<0.05$）；拔节期中根系铬含量下降 36. 39%、茎部只降低了 2. 14%；齐穗期根系铬含量下降高达 65. 64%、茎部仅下降 1. 32%、叶片含

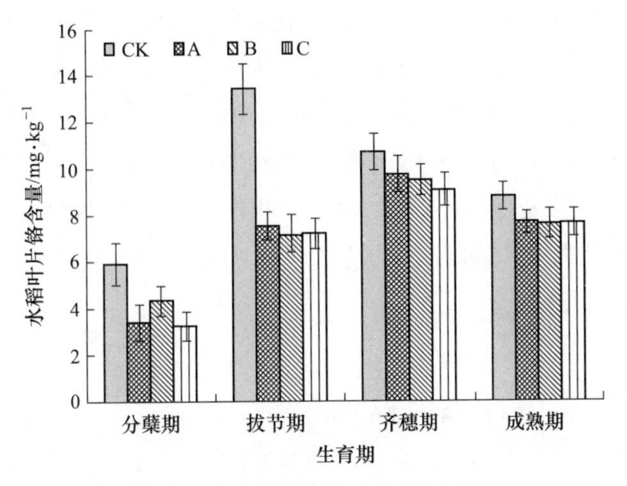

图 7-21　酒糟炭对水稻植物叶片吸收重金属铬的影响

量下降 9.11%。施用 1%酒糟炭处理，在分蘖期根系铬含量下降 22.84%、茎部含量下降 2.14%、叶片含量下降 26.93%；拔节期中根系铬含量下降 28.74%、茎部降低了 7.18%；齐穗期根系铬含量下降高达 59.20%、茎部下降 10.19%、叶片含量下降 11.30%，与对照相比差异显著（$P<0.05$）。当酒糟炭施用量增加到 2%时，各生育期水稻根系、茎部、叶片的铬含量均低于对照，但分蘖期根系、拔节期和成熟期叶片铬含量略高于施用 1%酒糟炭处理。

二、酒糟炭对水稻吸收重金属镍的影响

酒糟炭对水稻植株各部位吸收重金属镍的影响如图 7-22～图 7-24 所示。由图 7-22～图 7-24 可见，未施用酒糟炭时，重金属镍主要富集在水稻茎部，根系次之，叶片镍含量最低。未施用酒糟炭处理中水稻茎部镍含量达 10.30～52.31mg/kg，根系、叶片重金属含量仅在 1.93～38.84mg/kg 之间。施用酒糟炭后，水稻植株各部位重金属含量均低于对照处理。与对照相比，施用酒糟炭处理植株根系镍含量下降 4.76%～76.20%，茎部镍含量下降 0.11%～45.30%，叶片镍含量下降 1.73%～33.78%。由此可见，施用酒糟炭可降低水稻根、茎部、叶各部对重金属镍的吸收。

但在水稻不同生育期，不同酒糟炭用量对水稻各部位重金属镍含量影响差异较大。施用 0.5%酒糟炭处理，在分蘖期，植株根系镍含量下降

28.03%、茎部含量下降15.61%、叶片含量仅下降1.73%；拔节期中根系镍含量下降4.76%、茎部降低了10.18%，叶片下降了14.63%。施用1%酒糟炭处理，在分蘖期，根系镍含量下降40.66%、茎部含量下降20.64%、叶片含量下降20.93%，与对照相比差异显著（P<0.05）；齐穗期根系镍含量下降76.20%、茎部含量仅下降1.75%、叶片下降了6.76%。当酒糟炭施用量增加到2%时，各生育期水稻根系、茎部、叶片镍含量均显著下降，且低于施用1%酒糟炭处理。

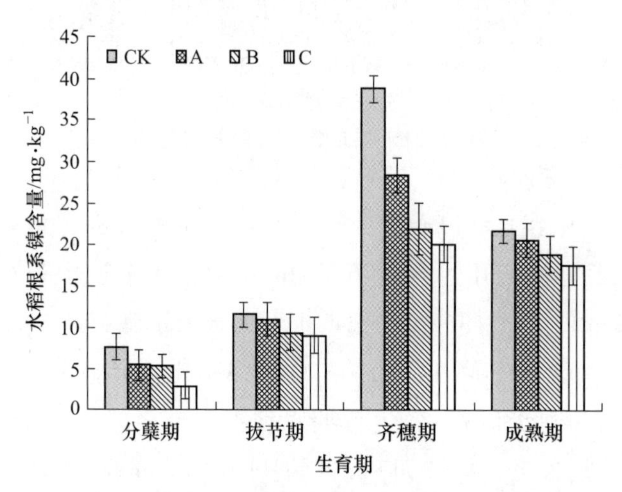

图7-22　酒糟炭对水稻植物根系吸收重金属镍的影响

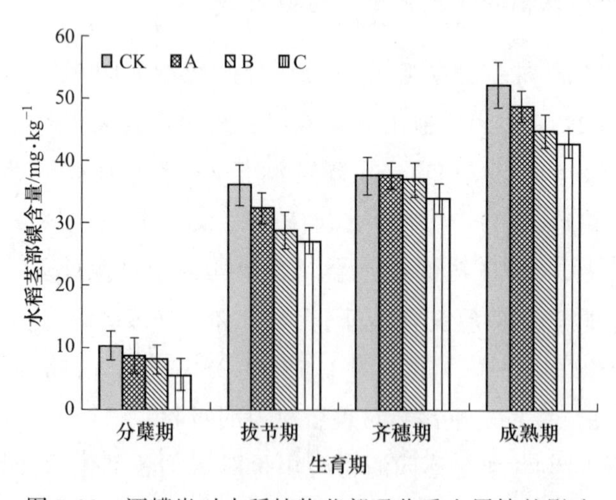

图7-23　酒糟炭对水稻植物茎部吸收重金属镍的影响

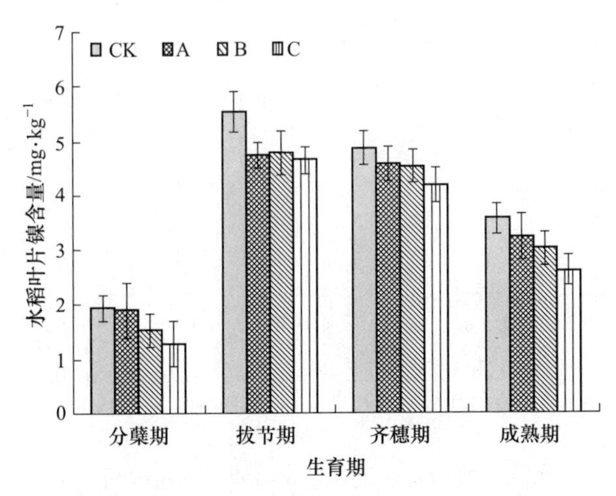

图 7-24　酒糟炭对水稻植物叶片吸收重金属镍的影响

三、酒糟炭对水稻吸收重金属铜的影响

酒糟炭对水稻植株各部位吸收重金属铜的影响如图 7-25～图 7-27 所示。由图 7-25～图 7-27 可见，未施用酒糟炭时，重金属铜主要富集在水稻根系和茎部，叶片含量最低。施用酒糟炭后，分蘖期水稻根系、叶片以及拔节期茎部铜含量高于对照处理，但无明显规律；而其他生育期水稻各部重金属铜含量均低于对照处理，其中齐穗期根系、叶片以及成熟期植株根、茎、叶铜含量随酒糟炭用量增加逐渐降低，但施用 1%酒糟炭与施用 2%酒糟炭处理间差异并不显著（$P>0.05$）。由此可见，施用酒糟炭在分蘖期对水稻吸收土壤铜有一定促进作用，在生育后期则降低了对铜的吸收。

实验结果还显示，在水稻不同生育期，不同酒糟炭用量对水稻各部位铜含量影响差异较大。施用 0.5%酒糟炭处理，在分蘖期植株根系铜含量增加了 22.72%、叶片增加了 19.76%，与对照相比均差异显著（$P<0.05$）；在拔节期，施用 0.5%的酒糟炭处理，植株根系铜含量下降了 32.71%、茎部增加了 10.87%、叶片增加了 1.47%；齐穗期根系铜含量下降高达 39.91%、茎部仅下降 3.32%、叶片含量下降 10.28%。施用 1%酒糟炭时，分蘖期水稻根系、叶片铜含量进一步降低；齐穗期根系铜含量下降高达 70.22%、茎部仅下降 5.99%、叶片含量下降 13.16%。

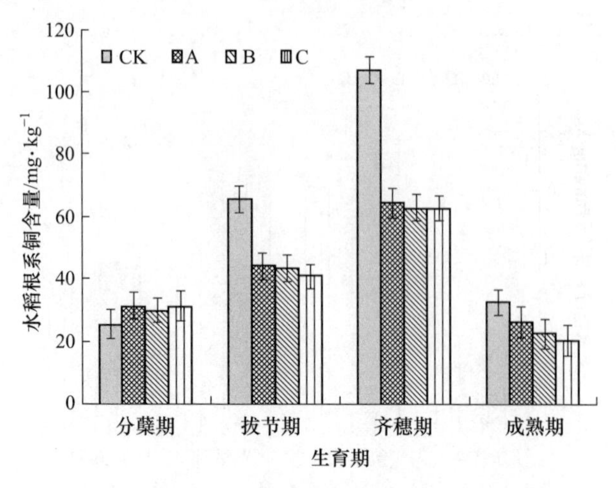

图 7-25 酒糟炭对水稻根系吸收重金属铜的影响

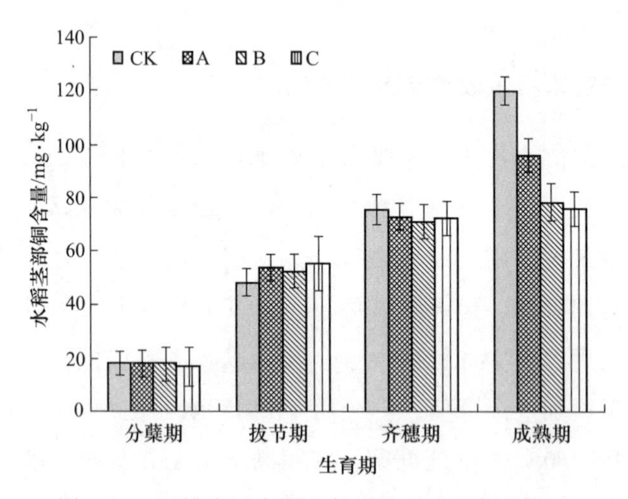

图 7-26 酒糟炭对水稻茎部吸收重金属铜的影响

四、酒糟炭对水稻吸收重金属锌的影响

酒糟炭对水稻植株各部位吸收重金属锌的影响如图 7-28～图 7-30 所示。由图 7-28～图 7-30 可见，未施用酒糟炭时，重金属锌主要富集在水稻茎部，水稻根系和叶片含量相对较低。施用酒糟炭后，水稻植株各部位重金属含量均低于对照处理，根系锌含量下降 3. 48%～45. 40%，茎部锌含量下降 5. 49%～43. 06%，叶片锌含量下降 0. 71%～53. 98%。由此可见，施用酒糟炭可降低水稻根系、茎部、叶片各部对重金属锌的吸收。

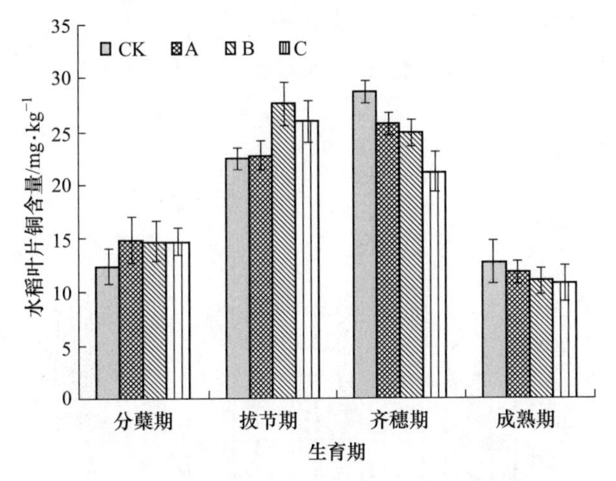

图 7-27　酒糟炭对水稻植物叶片吸收重金属铜的影响

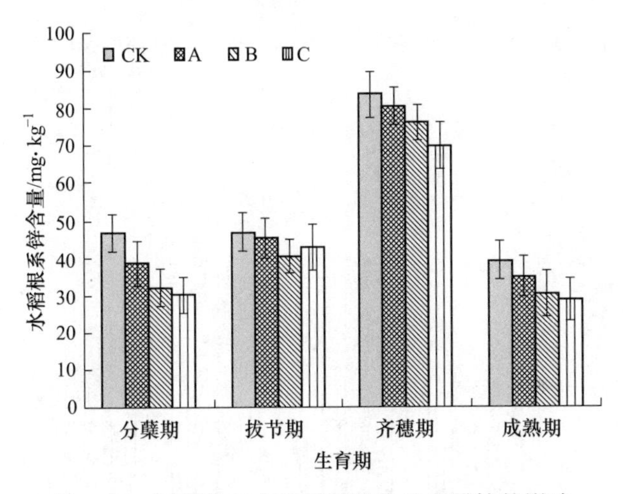

图 7-28　酒糟炭对水稻根系吸收重金属锌的影响

但在水稻不同生育期，不同酒糟炭用量对水稻各部位重金属锌含量影响差异较大。与对照相比，施用 0.5%酒糟炭处理植株，在分蘖期根系锌含量下降 17.71%、茎部含量下降 11.24%，与对照相比差异显著（$P<0.05$），而叶片含量下降 5.49%，与对照相比差异不显著（$P>0.05$）；拔节期根系锌含量下降 3.48%、茎部只降低了 5.49%、叶片下降 0.71%，与对照差异不显著（$P>0.05$）。施用 1%酒糟炭时，在分蘖期根系锌含量下降达 45.40%、茎部含量下降 8.59%、叶片含量下降 12.96%；拔节期中根系锌含量下降 15.77%、茎部降低了 22.59%，与对照相比差异显著（$P<0.05$）。当酒糟炭

施用量增加到2%时，各生育期水稻根系、茎部、叶片锌含量均低于对照，且除拔节期根系外，植株各部位重金属锌含量均低于施用1%酒糟炭处理。

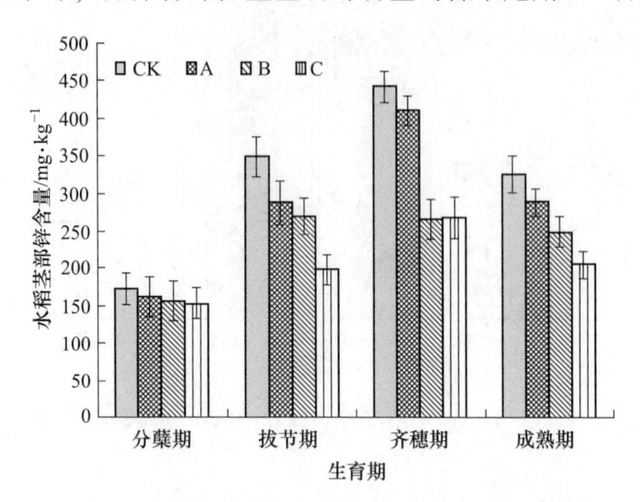

图 7-29 酒糟炭对水稻茎部吸收重金属锌的影响

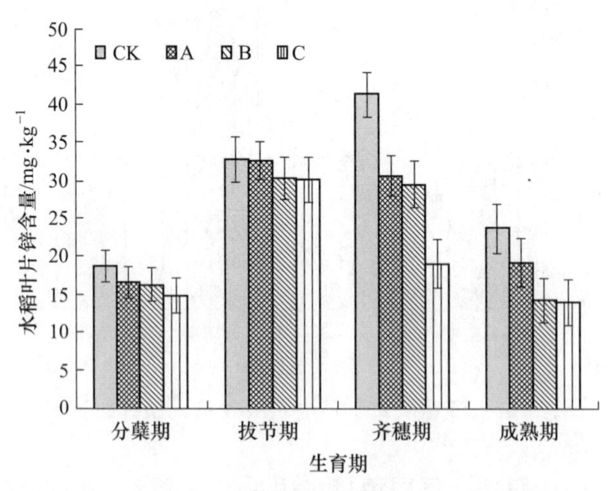

图 7-30 酒糟炭对水稻叶片吸收重金属锌的影响

五、酒糟炭对水稻吸收重金属砷的影响

酒糟炭对水稻植株各部位吸收重金属砷的影响如图 7-31～图 7-33 所示。由图 7-31～图 7-33 可见，未施用酒糟炭时，重金属砷主要富集在水稻根系，茎部和叶片砷含量均较低。未施用酒糟炭处理中根系砷含量达 0.20～1.43mg/kg，茎部、叶片重金属砷含量最高为 0.47mg/kg。施用酒糟炭后，

水稻植株各部位重金属含量均低于对照处理。与对照相比，施用酒糟炭处理植株根系砷含量下降了20.91%～100.00%，茎部砷含量下降了18.50%～100.00%，叶片砷含量下降了3.47～100.00%（因部分样品砷含量低于仪器的检测下限，故认为样品中不含重金属砷）。由此可见，施用酒糟炭可降低水稻根系、茎部、叶片各部对重金属砷的吸收。

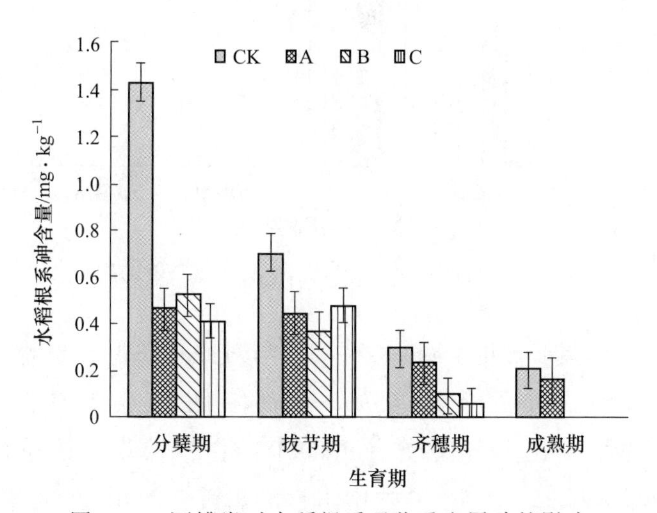

图7-31　酒糟炭对水稻根系吸收重金属砷的影响

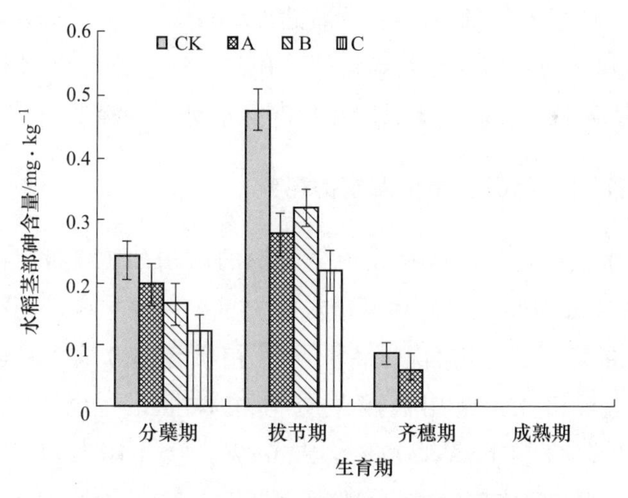

图7-32　酒糟炭对水稻茎部吸收重金属砷的影响

实验结果还显示，在水稻不同生育期，不同酒糟炭用量对水稻各部位重金属砷含量影响差异较大。施用0.5%酒糟炭处理，在分蘖期植株根系砷含

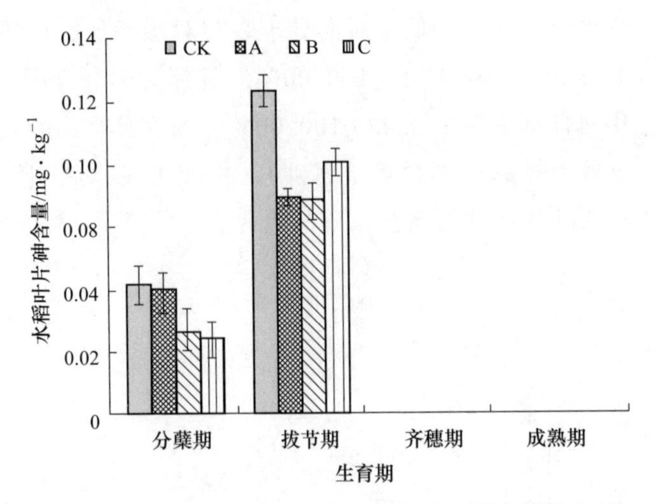

图 7-33 酒糟炭对水稻叶片吸收重金属砷的影响

量下降 67.74%、茎部含量下降 18.50%，与对照相比差异显著（P<0.05）；拔节期中根系砷含量下降 36.45%、茎部降低了 41.55%、叶片降低了 33.33%，与对照相比差异显著（P<0.05）；齐穗期，根系砷含量下降 20.91%、茎部下降 32.84%、叶片中未检测出砷。施用 1%酒糟炭处理，在分蘖期，根系砷含量下降 63.51%、茎部含量下降 31.05%、叶片含量下降了 37.16%；齐穗期根系砷含量下降高达 67.64%、茎部下降 100.00%、叶片中未检测出砷，与对照相比差异显著（P<0.05）。当酒糟炭施用量增加到 2%时，各生育期水稻根系、茎部、叶片砷含量进一步降低。

六、酒糟炭对水稻吸收重金属镉的影响

酒糟炭对水稻植株各部位吸收重金属镉的影响如图 7-34～图 7-36 所示。由图 7-34～图 7-36 可见，未施用酒糟炭时，重金属镉主要富集在水稻根系和茎部，叶片含量最低。施用酒糟炭后，水稻植株各部位重金属含量均低于对照处理。与对照相比，施用酒糟炭处理植株根系镉含量下降 3.77%～49.08%，茎部镉含量下降 8.77%～45.04%，叶片镉含量下降 11.52%～53.40%。由此可见，施用酒糟炭可降低水稻根、茎、叶各部重金属镉含量。但在水稻不同生育期，不同酒糟炭用量对水稻各部位重金属镉含量影响差异较大。施用 0.5%酒糟炭处理，在分蘖期植株根系镉含量下降 3.77%、茎部含量下降 25.79%、叶片含量下降 13.07%；拔节期根系镉含量下降

10.86%、茎部降低了8.77%、叶片下降了22.52%，与对照相比差异显著（$P<0.05$）；齐穗期根系镉含量下降高达3.70%、茎部下降13.79%、叶片含量下降17.61%。施用1%酒糟炭处理，在分蘖期根系镉含量仅下降2.66%、茎部含量下降36.82%、叶片含量下降13.20%；齐穗期根系镉含量下降9.24%、茎部下降24.20%、叶片含量下降18.14%，与对照相比差异显著（$P<0.05$）。当酒糟炭施用量增加到2%时，各生育期水稻根系茎叶片镉含量均低于对照，且低于施用1%酒糟炭处理。

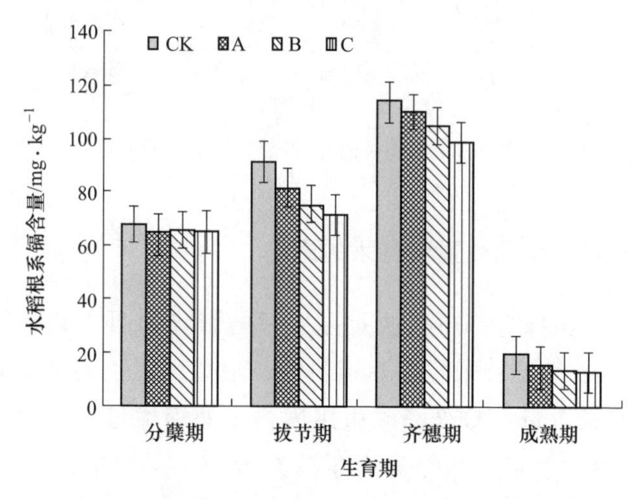

图7-34　酒糟炭对水稻根系吸收重金属镉的影响

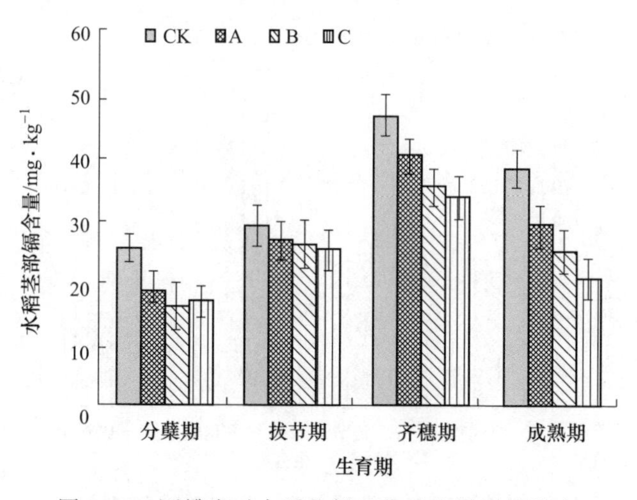

图7-35　酒糟炭对水稻茎部吸收重金属镉的影响

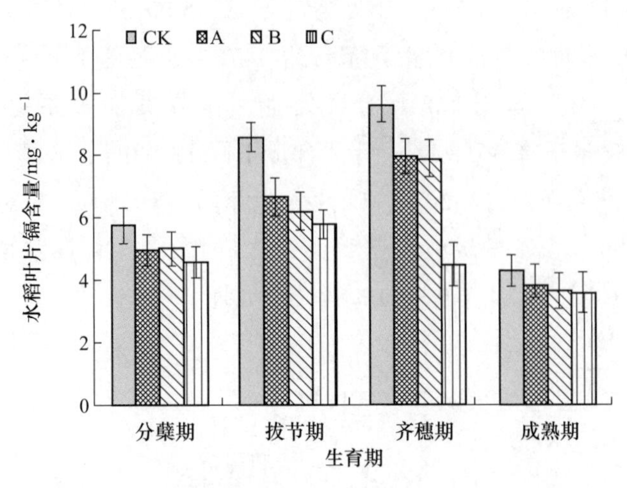

图 7-36 酒糟炭对水稻叶片吸收重金属镉的影响

七、酒糟炭对水稻吸收重金属汞的影响

酒糟炭对水稻植株各部位吸收重金属汞的影响如图 7-37～图 7-39 所示。由图 7-37～图 7-39 可见，未施用酒糟炭时，重金属汞主要富集在水稻根系，水稻茎部和叶片汞含量均较低。未施用酒糟炭处理中根系汞含量达 76.08～175.12mg/kg，茎部、叶片重金属含量仅在 1.60～8.75mg/kg 之间。施用酒糟炭后，水稻植株各部位重金属含量均低于对照处理。与对照相比，施用酒

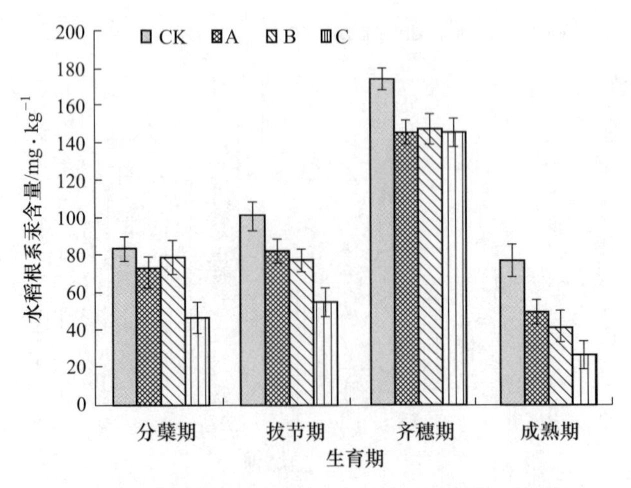

图 7-37 酒糟炭对水稻根系吸收重金属汞的影响

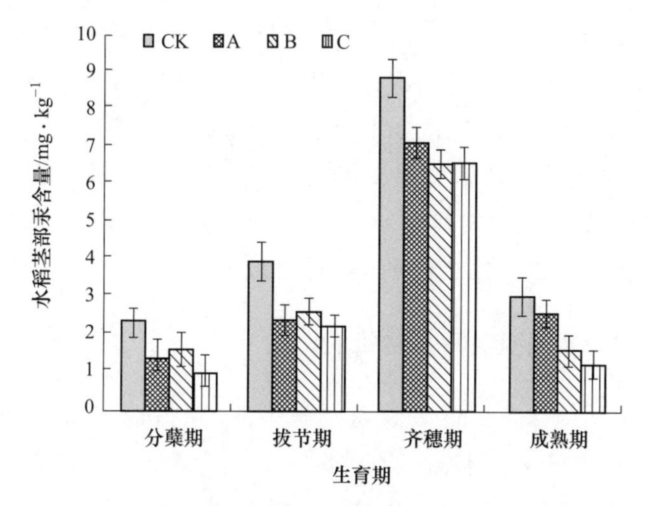

图 7-38　酒糟炭对水稻茎部吸收重金属汞的影响

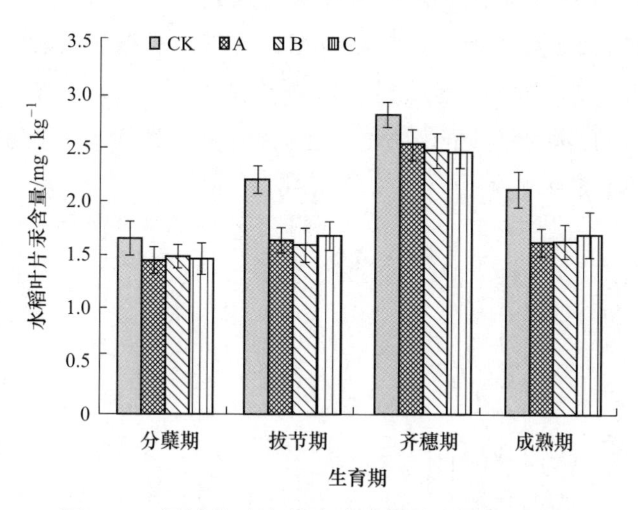

图 7-39　酒糟炭对水稻叶片吸收重金属的汞影响

糟炭处理植株根系汞含量下降 7.21%~92.08%，茎部汞含量下降 14.42%~58.55%，叶片汞含量下降 10.13%~46.28.80%。由此可见，施用酒糟炭可降低水稻根、茎、叶各部对重金属汞的吸收。但在水稻不同生育期，不同酒糟炭用量对水稻各部位重金属汞含量影响差异较大。施用 0.5%酒糟炭处理，在分蘖期植株根系汞含量下降 15.12%、茎部含量下降 42.19%、叶片含量下降 12.71%，与对照相比差异显著（$P<0.05$）；拔节期根系汞含量下降 19.30%、茎部降低了 39.31%、叶片降低了 26.92%，与对照相比差异显著

(P<0.05)；齐穗期根系汞含量下降16.86%、茎部下降19.26%、叶片含量下降10.13%，与对照相比差异显著（P<0.05）。施用1%酒糟炭时，在分蘖期根系汞含量仅下降7.21%、茎部含量下降高达31.72%、叶片含量下降10.47%。当酒糟炭施用量增加到2%时，各生育期水稻根系茎叶片汞含量均低于对照，且除拔节期和成熟期叶片汞含量略高于施用1%酒糟炭处理外，其余各部位汞含量均低于施用1%酒糟炭处理。

八、酒糟炭对水稻吸收重金属铅的影响

酒糟炭对水稻植株各部位吸收重金属铅的影响如图7-40~图7-42所示。由图7-40~图7-42可见，未施用酒糟炭时，重金属铅主要富集在水稻根系和茎部，叶片重金属铅含量较低。未施用酒糟炭处理植株根系铅含量最高可达110.10mg/kg，叶片含量最高仅17.49mg/kg。施用酒糟炭后，水稻植株各部位重金属含量均低于对照处理。与对照相比，施用酒糟炭处理植株根系铅含量下降13.83%~78.29%，茎部铅含量下降6.78%~49.54%，叶片铅含量下降11.26%~41.64%。由此可见，施用酒糟炭可降低水稻根系、茎部、叶片各部对重金属铅的吸收。

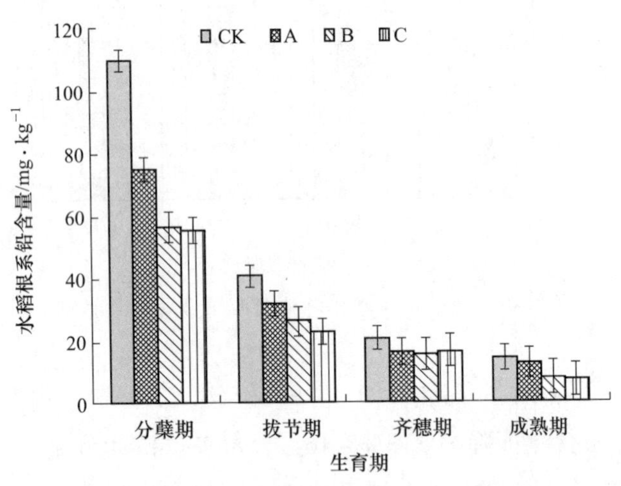

图7-40 酒糟炭对水稻根系吸收重金属铅的影响

但在水稻不同生育期，不同酒糟炭用量对水稻各部位重金属铅含量影响差异较大。施用0.5%酒糟炭处理，在分蘖期植株根系铅含量下降32.08%、茎部含量下降8.55%、叶片含量下降16.52%，与对照相比差异显著（P<

0.05)；成熟期根系铅含量仅下降13.83%、茎部降低16.28%、叶片降低15.96%，与对照相比差异显著（P<0.05）。施用1%酒糟炭时，在分蘖期根系铅含量下降高达95.53%、茎部含量下降8.55%、叶片含量下降11.26%；成熟期根系铅含量下降高达78.29%、茎部含量下降46.05%、叶片含量下降34.53%，与对照相比差异显著（P<0.05）。当酒糟炭施用量增加到2%时，各生育期水稻根系茎叶片铅含量虽然低于对照，但与施用1%酒糟炭处理差异不明显，且拔节期叶片和齐穗期根系铅含量还略高于施用1%酒糟炭处理。

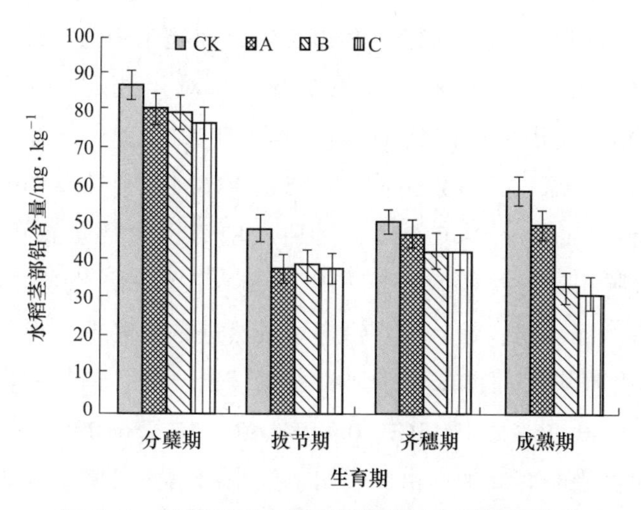

图7-41　酒糟炭对水稻茎部吸收重金属铅的影响

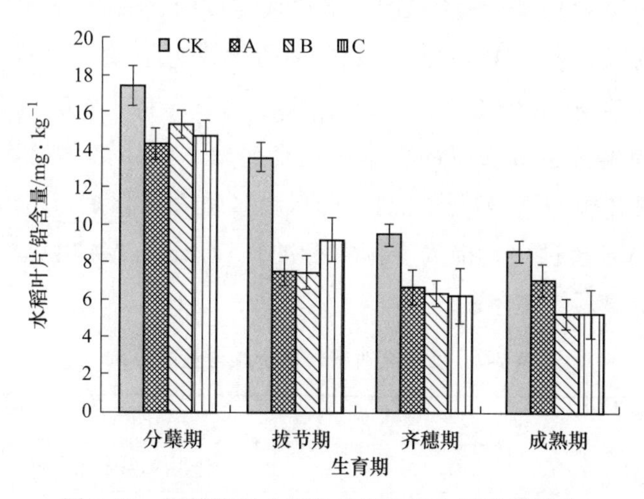

图7-42　酒糟炭对水稻叶片吸收重金属铅的影响

第八节 酒糟炭对糙米重金属含量的影响

施用酒糟炭对稻米重金属含量的影响如表 7-2 所示。由表 7-2 可知，酒糟炭处理糙米重金属含量均低于对照处理，但酒糟炭对不同种类重金属的抑制作用差异较大，且不同酒糟炭施用量对重金属的抑制作用也差异较大。实验结果显示，施用 0. 5%酒糟炭时，糙米中铬、镍、铜、锌、砷、镉、铅较对照均有一定程度降低，其中重金属锌、镉、铅分别下降 16. 17%、8. 89% 和 8. 33%，与对照相比差异显著（$P<0.05$）；而糙米中铬、镍、铜、汞仅分别下降 2. 07%、2. 44%、6. 86% 和 1. 58%，与对照相比差异不显著（$P>0.05$）。当酒糟炭施用量增加到 1%时，稻米中重金属含量进一步降低，此时稻米中铬、锌、镉、铅分别下降 16. 55%、16. 17%、20. 00%和 19. 44%，与对照相比差异显著（$P<0.05$），但稻米中镍、汞含量仅下降 4. 07%和 6. 99%，与对照相比仍差异不显著（$P>0.05$）。当酒糟炭施用量增加到 2%时，糙米中铬、镍、铜、锌、镉、铅含量虽然进一步降低，但下降幅度已很小，施用 2%酒糟炭处理糙米重金属铬、镍、铜、锌、镉、铅含量也仅比施用 1%酒糟炭低 0. 26%、1. 45%、0. 49%、2. 75%、6. 00%、3. 83%，且稻米中重金属汞含量略有增加。由此表明，施用酒糟炭可降低糙米中重金属含量，但酒糟炭施用量超过一定施用量后，其作用效果逐渐减弱，并可能会增加稻米中重金属汞含量。根据 2013 年 6 月实行的《食品安全国家标准——食品中污染物限量》（GB 2762—2022）中的相关规定，糙米中重金属铅、镉、汞、砷、铬浓度限量值分别为 0. 5mg/kg、0. 2mg/kg、0. 02mg/kg、0mg/kg、1. 0mg/kg，而本实验所获得的糙米中重金属镉、汞、铬含量均超过相应限值。由此可见，施用酒糟炭虽然可以降低糙米重金属含量，但所生产的糙米重金属含量仍旧超过《食品安全国家标准》（GB 2762—2022）中的相关限值，仍为重金属污染糙米。

表 7-2 酒糟炭对糙米重金属含量的影响

处理	重金属含量/mg · kg^{-1}							
	Cr	Ni	Cu	Zn	As	Cd	Hg	Pb
CK	1. 45±0. 04	1. 23±0. 03	3. 79±0. 18	5. 75±0. 51	0. 00	0. 45±0. 02	0. 39±0. 02	0. 36±0. 06

续表 7-2

处理	重金属含量/mg·kg^{-1}							
	Cr	Ni	Cu	Zn	As	Cd	Hg	Pb
A	1.42±0.03	1.20±0.06	3.53±0.21	4.82±0.17	0.00	0.41±0.08	0.38±0.03	0.33±0.03
B	1.21±0.03	1.18±0.02	3.43±0.38	4.74±0.04	0.00	0.36±0.03	0.35±0.03	0.29±0.04
C	1.21±0.06	1.16±0.08	3.41±0.23	4.71±0.13	0.00	0.34±0.11	0.36±0.02	0.28±0.05

注：《食品安全国家标准》（GB 2762—2022）对糙米（米制品）中铬、砷、镉、汞、铅含量限值分别为 1.0mg/kg、0mg/kg、0.2mg/kg、0.02mg/kg、0.5mg/kg。《食品安全国家标准》（GB 2762—2022）未对糙米（米制品）镍、铜、锌含量作限定。

第九节　酒糟炭对水稻重金属迁移、富集系数的影响

迁移系数是指植物地上部分重金属含量与地下部分重金属含量的比值，用以表示重金属在植株体内的运输能力[284]。迁移系数越大，说明重金属从植物根系向地上部分器官转移的能力越强[285]。不同生育期水稻对土壤重金属的迁移系数如表 7-3 所示。由表 7-3 可知，未施用酒糟炭时，水稻对土壤中铬、镍、铜、锌、砷、镉、汞、铅的迁移系数为分别为 0.13～1.09、0.98～1.94、0.58～2.75、3.37～6.13、0～0.45、0.49～9.13、0.023～0.036 和 0.79～2.98；且重金属铜、锌主要是在水稻成熟期向地上部分迁移，重金属铬、镉、铅主要在水稻齐穗期和成熟期向植株上部迁移，重金属镍主要是在拔节期、齐穗期以及成熟期向上迁移，砷主要是在拔节期向水稻地上部位迁移，而汞在水稻全生育期中迁移系数变化不大。

施用酒糟炭后水稻对上述重金属的迁移能力发生明显变化。实验结果显示，施用酒糟炭后水稻对铬、镍、铜、锌、砷、镉、汞、铅等重金属的迁移能力均下降，且铬、镍、汞、镉迁移系数随酒糟炭施用量增加而逐渐降低；而铜、锌、铅迁移系数虽然均低于对照处理，但在水稻分蘖期呈现出随酒糟炭用量先增加后降低的变化趋势，在其余生育期则随酒糟炭用量增加而逐渐降低。

实验结果还显示，施用酒糟炭后水稻各生育期，铬、镍、汞、镉迁移系数均随酒糟炭施用量增加而逐渐降低，但在水稻不同生育期重金属迁移系数下降幅度差异较大。如在水稻分蘖期，施用酒糟炭处理对重金属铬的迁移系

数较对照分别下降 30.77%、46.15%、45.16%，在水稻成熟期施用酒糟炭处理对重金属铬的迁移系数较对照仅分别下降 8.49%、9.43%和 12.26%。分析还发现，施用2%酒糟炭与施用1%酒糟炭间差异并不显著。如在分蘖期施用2%酒糟炭处理铬迁移系数与施用1%酒糟炭处理几乎相等，在成熟期也仅相差 2.83%。由此表明，施用酒糟炭可减少铬、镍、铜、锌、汞、镉、铅等重金属向水稻地上部位迁移，降低其迁移能力，但随着酒糟炭用量增加，其作用逐渐减弱。

表 7-3　不同生育期水稻重金属迁移系数

重金属	处理	生育期			
		分蘖期	拔节期	齐穗期	成熟期
Cr	CK	0.13	0.33	1.09	1.06
	A	0.09	0.30	0.84	0.97
	B	0.07	0.28	0.79	0.96
	C	0.07	0.20	0.72	0.93
Ni	CK	0.98	1.94	1.63	1.78
	A	0.88	1.80	1.37	1.74
	B	0.81	1.72	1.19	1.73
	C	0.80	1.69	1.11	1.69
Cu	CK	0.58	0.57	0.53	2.75
	A	0.52	0.90	0.84	2.73
	B	0.54	0.95	0.84	2.62
	C	0.50	1.04	0.84	2.28
Zn	CK	2.68	4.43	3.37	6.13
	A	2.08	3.82	3.23	6.06
	B	2.40	4.02	2.25	5.98
	C	2.35	2.90	2.43	5.9
As	CK	0.29	0.45	0.18	0
	A	0.24	0.42	0.15	0
	B	0.17	0.37	0	0
	C	0.12	0.34	0	0

续表 7-3

重金属	处理	生育期			
		分蘖期	拔节期	齐穗期	成熟期
Cd	CK	0.49	2.07	4.92	9.13
	A	0.45	1.91	3.41	8.91
	B	0.41	1.20	3.32	8.87
	C	0.40	1.20	2.31	8.53
Hg	CK	0.023	0.032	0.036	0.03
	A	0.02	0.025	0.036	0.04
	B	0.02	0.028	0.033	0.034
	C	0.029	0.038	0.034	0.05
Pb	CK	0.80	0.79	1.85	2.98
	A	0.58	0.72	1.75	2.88
	B	0.76	0.71	1.62	2.86
	C	0.71	0.65	1.62	2.69

生物富集系数是生物体内某一金属含量与其生活介质中同一元素含量的比值[6,285]，现已被广泛用于研究重金属在土壤—植物之间的迁移变化[180]。生物富集系数越大，说明植物对该种重金属的吸收能力越强[286]。水稻对土壤重金属的富集能力如表 7-4 所示。由表 7-4 可见，施用酒糟炭可以降低水稻对土壤中铬、镍、铜、锌、砷、镉、铅等重金属的富集能力，但不同施用量以及在水稻不同生育期对重金属富集系数影响差异较大。未施用酒糟炭时，水稻对土壤中铬、镍、铜、锌、砷、镉、汞、铅等重金属的富集系数分别为 0.142 ~ 0.202、0.257 ~ 1.413、0.545 ~ 2.149、0.047 ~ 0.163、0.001~0.022、3.562~8.102、1.593~5.491、0.392~0.790，且水稻对土壤中铬、镍、铜、锌、汞、镉、汞、铅等重金属的富集期分别主要在水稻齐穗期、成熟期、成熟期、齐穗期、齐穗期、齐穗期、分蘖期、齐穗期和分蘖期。

施用酒糟炭后，水稻对土壤中上述重金属的富集系数均下降，且随着酒糟炭施用量增加而逐渐降低，但在水稻不同生育期差异较大。如在水稻分蘖期，各施用酒糟炭处理铬富集系数较对照下降 20%以上，与对照差异显著（$P<0.05$），但各施用酒糟炭处理间仅相差 0~2.11%；而施用 0.5%酒糟炭

时镉富集系数仅较对照下降 6.05%，与对照相比差异不显著（P>0.05），但施用 1%和 2%酒糟炭时镉富集系数分别下降 14.25%和 23.30%，与对照相比差异显著（P<0.05），且施用 2%酒糟炭与施用 1%酒糟炭间也差异显著（P<0.05）。在水稻成熟期，施用 0.5%、1%和 2%酒糟炭时水稻对重金属铬的富集系数较对照分别下降 30.61%、39.28%和 53.96%，与对照相比均差异显著（P<0.05），且各施用酒糟炭处理间也差异显著（P<0.05）；但施用 0.5%酒糟炭时水稻对镍的富集系数仅较对照下降 6.86%，且各生物酒糟炭处理间重金属镍的富集系数也差异较小，均差异不显著（P>0.05）。由此表明，施用酒糟炭可降低水稻向土壤中吸收铬、镍、铜、锌、汞、镉、铅等重金属，但不同种类重金属差异较大，且在水稻不同生育期也影响不同，这可能与土壤重金属形态有关[287]。

表 7-4 不同生育期水稻重金属富集系数

重金属	处理	生育期			
		分蘖期	拔节期	齐穗期	成熟期
Cr	CK	0.142	0.134	0.263	0.202
	A	0.113	0.096	0.180	0.140
	B	0.113	0.093	0.142	0.123
	C	0.110	0.088	0.127	0.093
Ni	CK	0.256	0.994	1.224	1.413
	A	0.218	0.781	1.065	1.316
	B	0.208	0.698	0.982	1.197
	C	0.126	0.640	0.886	1.071
Cu	CK	0.545	1.241	1.827	2.149
	A	0.541	1.164	1.501	1.715
	B	0.538	1.110	1.447	1.402
	C	0.537	1.102	1.438	1.184
Zn	CK	0.047	0.127	0.163	0.138
	A	0.045	0.102	0.149	0.121
	B	0.043	0.095	0.101	0.103
	C	0.039	0.074	0.100	0.094

续表 7-4

重金属	处理	生育期			
		分蘖期	拔节期	齐穗期	成熟期
As	CK	0.022	0.016	0.005	0.001
	A	0.009	0.008	0.002	0.001
	B	0.008	0.008	0.001	0
	C	0.007	0.007	0	0
Cd	CK	3.704	5.916	8.102	3.562
	A	3.480	5.221	7.880	2.705
	B	3.176	5.008	6.961	2.313
	C	2.841	4.981	5.933	2.036
Hg	CK	3.376	2.487	5.491	1.593
	A	2.547	1.649	3.906	0.889
	B	2.862	1.641	3.859	0.739
	C	1.740	1.153	3.839	0.485
Pb	CK	0.790	0.399	0.392	0.457
	A	0.620	0.282	0.322	0.380
	B	0.560	0.283	0.295	0.245
	C	0.531	0.279	0.297	0.203

第十节　土壤可交换态重金属与糙米重金属含量相关性分析

相关研究表明，糙米重金属含量与土壤可交换态（可交换态）重金属含量关系密切[288]。孙国红等[289]研究发现，糙米中镉含量与水稻根表镉含量显著正相关，相关系数 r 达 0.56。李冰[290]对成都平原水稻重金属镉含量分析得知，糙米中镉含量与农田土壤镉含量呈正相关关系，但广汉地区糙米镉含量却与土壤镉含量呈负相关关系。本实验中糙米各重金属含量与成熟期土壤可交换态重金属含量相关性分析结果如图 7-43 所示。由图 7-43 可知，本研究糙米中铬、镍、铜、锌、汞、镉、铅等重金属含量与土壤可交换态铬、镍、铜、锌、汞、镉、铅含量间为正相关，且为强相关，尤其是重金属镍、铜、汞、镉的相关系数 r 达 0.9 以上。这说明在重金属污染土壤修复过程中，通过降低土壤可交换态重金属含量来降低植物中的富集量是可行的。

结合前期土壤理化性质、土壤酶活性以及细菌多样性指数与土壤可交换态重金属间相关性分析结果可知，施用酒糟炭可改善土壤理化性质，改变土壤重金属赋存形态，进而影响糙米对重金属的富集。

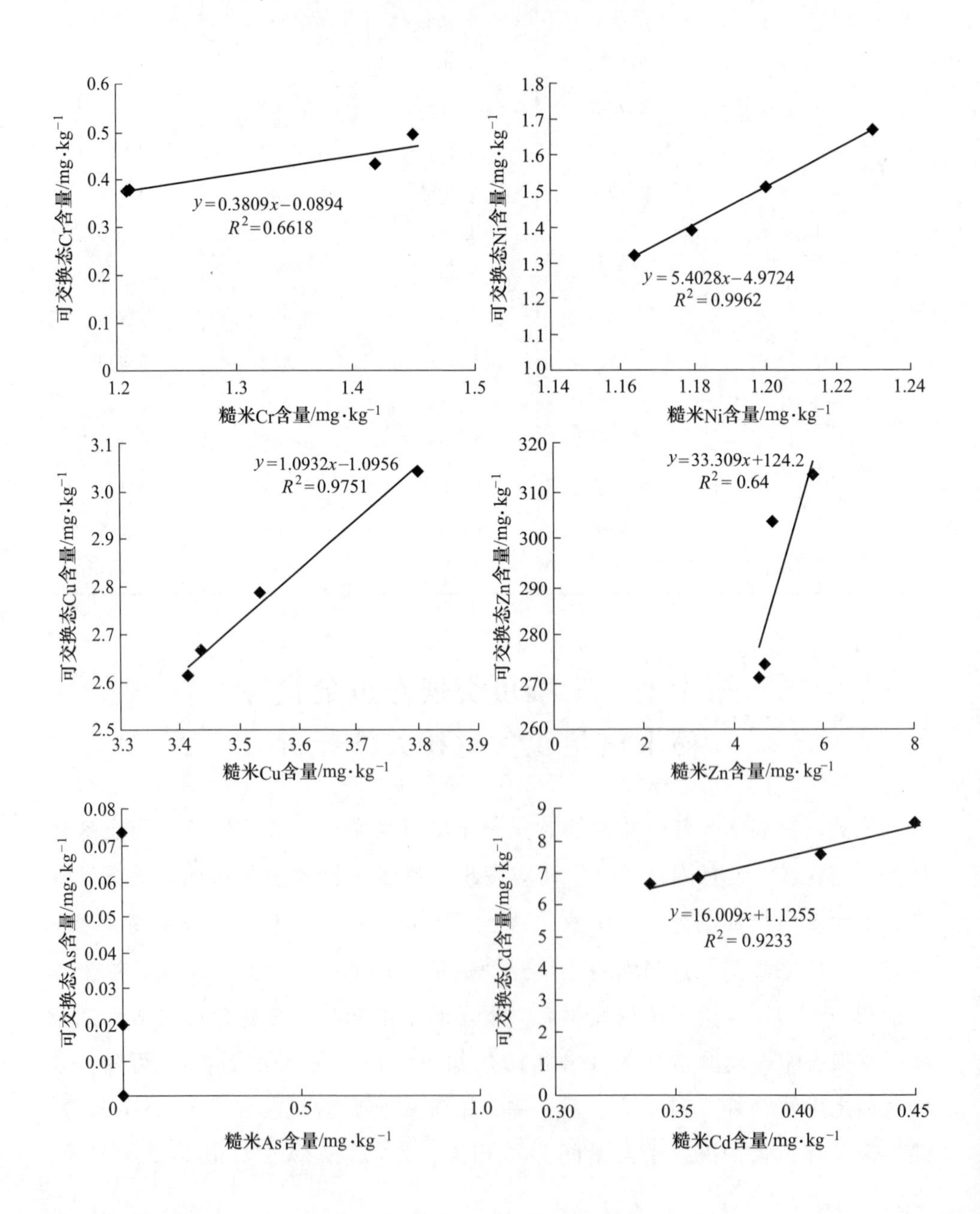

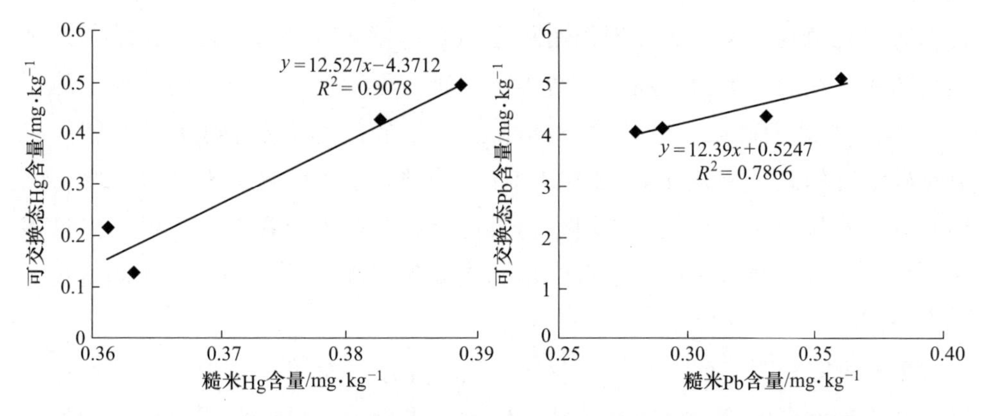

图 7-43 糙米重金属含量与成熟期土壤可交换态重金属相关性分析

实验结果表明，施用酒糟炭提高了水稻根系活力、叶面光合作用与荧光作用，提高了水稻生物量和产量，这与孙宁川等[349]、李昌见等[350]的研究结果相似。施用生物炭提高植物光合作用[351]，这主要是因为生物炭改善了土壤质量[352]，增加了土壤有机质和养分含量[353]，从而促进了作物生长[32]。同时，生物炭巨大的比表面积以及较强的吸附能力，可以吸附和固持矿质养分和重金属离子[19]，从而延缓土壤养分流失，减少重金属对植物的毒害作用[354]。此外，生物炭的多孔结构和巨大的比表面积可以有效改善土壤质地结构[355]，促进土壤团聚体形成[36]，提高土壤酶活性[93]，促进微生物生长繁殖[356]，从而进一步促进植物生长[357]。本实验的前期研究也表明，适量施用酒糟炭（1%）可提高土壤有机质和速效养分含量，增加土壤细菌群落多样性和物种丰度，并降低土壤可交换态重金属铬、镍、铜、锌、砷、镉、汞、铅的含量，提高水稻叶片的光合作用与荧光作用；而过量施用酒糟炭（2%）则导致土壤碱解氮含量降低，造成水稻缺乏氮素营养，影响水稻生长。宋久洋[228]研究也发现，过量施用生物炭降低了烟草和棉花叶片胞间 CO_2浓度，这是因为过量施用生物炭导致土壤盐分含量过高和土壤有效氮含量降低，导致植物叶片气孔关闭，降低了叶片光合效率[358]。

本实验结果还显示，酒糟炭对水稻叶片光合作用的促进作用并不随酒糟炭施用量增加而增强，且在水稻不同生育期各处理间差异较大，这与张娜的研究结果相似。张娜[231]研究发现，施用 10000kg/hm^{2}生物炭在玉米生育前期更利于提高叶片光合速率，而施用 1000kg/hm^{2}生物炭利于持续提高玉米叶片光合作用。张伟明等[120]研究也发现，在大豆苗期和开花期，玉米芯生物炭对大豆净光合速率的促进作用随生物炭用量的减少而提高，在结荚期则随生物炭用量的增加而增加。王浩等[150]研究也发现，在高粱幼苗期，施用0.5%生物炭处理高粱，叶片蒸腾速率、气孔导度、净光合速率以及胞间二氧化碳浓度均高于施用1%、3%以及6%处理。李平[358]认为，这主要与土壤水分以及盐分变化有关。施用生物炭可提高土壤水分和养分含量，但过多施用生物炭可能会造成植株生理干旱和土壤氮素缺乏[282]，进而降低植物的光合作用。

相关研究表明，植物叶绿素荧光与光合作用紧密相关[335-336]，任何逆境对光合作用的影响都可以通过植物叶绿素荧光参数反映出来[359-361]。初始荧光（F_0）是PSⅡ反应中心处于完全开放时的最低荧光产量[247]，F_0上升表明PSⅡ受到损害；F_0上升越高，表明PSⅡ受损程度就越严重[361]。叶绿素荧光参数F_v/F_m是植物叶片PSⅡ的最大量子产量，可反映植物潜在的最大光合能力[254]。光化学猝灭参数（qP）体现的是PSⅡ中心电子的传递活性[228]，非光化学猝灭参数（qN）反映的是PSⅡ中心天线色素吸收光能的热耗散部分[362]；相对光合电子传递速率（ETR）体现的是光合电子经SPⅡ反应中心向光化学反应方向的传递速率[363]。F_0下降，表示植株叶片天线色素的热耗散增加[358]；F_v/F_m、qP、qN以及ETR增加，表明植株叶片PSⅡ反应中心的能量捕获效率得到提高[364]，植株叶片PSⅡ受到的伤害程度得到减弱[362]，植株叶片光能转化效率得到提高[365]。本实验结果显示，施用酒糟炭可以提高水稻叶片光化学效率、光化学猝灭参数、非光化学猝灭参数以及相对光合电子传递速率，并降低叶片初始荧光。这说明施用生物炭提高了水稻叶片的荧光作用[366]，这与生物炭对水稻叶片光合作用影响结果一致，由此进一步印证了施用生物炭减少了土壤重金属对水稻植株的伤害作用。施用2%酒糟炭处理植株叶片荧光参数F_v/F_m、qP、qN、ETR均低于施用1%酒糟炭处理，F_0高于施用1%酒糟炭处理，这说明施用2%生物对水稻叶片光合作用的促进效果低于施用1%酒糟炭。这可能是因为施用2%酒糟炭虽然降低了土壤可交换态重金属含量，减少了重金属对水稻的毒害作用；但过多施用酒糟炭却造成土壤盐基离子偏多，并造成土壤有效氮含量降低，从而影响了水稻的光合作用。

在水稻不同生育期中，各施用酒糟炭处理植株叶片叶绿素荧光参数与对照间差异较大，这与王雯[367]、吴晓丽[368]等的研究结果相似。王雯等研究发现，酸雨对水稻不同生育期叶片叶绿素荧光参数影响差异较大，在幼苗期，pH 值为 4.5 的酸雨胁迫降低了水稻叶片 F_v/F_m、qP、ETR，提高了 F_0 和 qN 数值；在分蘖期，pH 值为 4.5 的酸雨胁迫下 qP 持续降低，qN 持续增加，而 F_v/F_m、ETR 与对照差异不明显；在水稻齐穗期，F_0 和 qN 持续升高，F_v/F_m、qP、ETR 持续下降；在成熟期，叶绿素各参数均与对照差异不明显。吴晓丽也得出类似结果。王雯等认为，这主要是在不同生育期植株叶片所起的作用以及植株新陈代谢强度不同所致。

丙二醛（MDA）是细胞膜脂过氧化的最终分解产物[345-346]，其含量高低可以反映植物遭受逆境的伤害程度[370-371]。脯氨酸（Pro）是植物蛋白质的组分之一，具有一定的抗氧化作用[279]，能够清除植株体内部分活性氧[266]，保护植物细胞免受逆境的伤害[267-268]。SOD、POD、CAT 是植物抗氧化系统中最重要的几种酶[344]，在一定范围内能及时清除过量超氧自由基对细胞膜的损害[372]，维持膜系统的稳定性[373]，从而减轻逆境对植物生长的影响[374]。朱帅等[369]研究发现低温胁迫黄瓜幼苗叶片 MDA 含量、SOD 活性显著高于 CK。田景花等[271]也发现低温胁迫显著降低核桃树叶片 SOD、POD 活性，只是抗寒性强的哈特雷叶片 SOD、POD 活性比抗寒性差的晋龙 2 号高 17.5%。朱涵毅等[375]研究发现，施用 1.5mmol/L 的外源 NO（供体硝普钠）可明显降低粳稻和籼稻幼苗期叶片中 SOD、POD 酶活性和 MDA 含量，他认为这是因为施用供体硝普钠缓解了重金属 Cd 对水稻幼苗的毒害。本实验结果显示，施用酒糟炭处理植株叶片 SOD、POD、CAT 活性以及 MDA、Pro 含量均低于对照处理，这说明施用酒糟炭降低了土壤重金属对水稻的胁迫作用，这与前期的土壤可交换态重金属含量降低（第六章）、水稻生理生化指标变化（第七章）一致。

实验结果还显示，施用 2%酒糟炭处理水稻叶片丙二醛、脯氨酸含量以及 SOD、POD、CAT 活性均低于对照，但高于施用 1%酒糟炭处理；水稻根系活力、叶片光合作用、荧光作用均高于对照，但低于施用 1%酒糟炭处理。这说明施用 2%酒糟炭可部分缓解土壤重金属对水稻的毒害作用，但施用 2%酒糟炭处理水稻受到的胁迫作用高于施用 1%酒糟炭，这与前面水稻根系活力、叶片光合作用与荧光作用结果一致。这是因为施用 2%酒糟炭虽然比施用 1%酒糟炭更能降低土壤可交换态重金属含量，但两者间可交换态重金属含量差异并不明显；而且，随着生物炭施用量增加，进入土壤 K^+、Na^+、

Ga^{2+}、Mg^{2+}等盐基离子进一步增多，土壤 pH 值会继续升高，这将会影响土壤脲酶、蔗糖酶活性以及土壤细菌多样性发生变化，并降低土壤有效氮含量，进而影响了水稻生长。过量生施入生物炭还可能会造成土壤盐基离子过多，造成植物生理性缺水，影响了水稻生理生长，影响植株代谢功能[219]。同时，供试土壤为复合重金属污染土壤，土壤微环境的变化也可能会影响重金属离子间相互作用，进而影响水稻的生长，从而降低水稻产量。

在水稻不同生育期中，各施用酒糟炭处理间土壤理化性质、土壤酶活性以及水稻根系活力、光合作用、荧光作用、抗氧化系统等指标均差异较大。这主要是因为施用酒糟炭可改变土壤质地结构、土壤化学性质、土壤酶活性、细菌多样性以及土壤重金属赋存形态等，进而影响水稻生长。但是生物炭对土壤的改良作用以及土壤重金属形态影响是一个缓慢、复杂的过程，并受到土壤通气状况、土壤 pH 值、土壤酶活性、土壤微生物群落结构，以及植物生长的影响。同时，水稻在生长过程中也与土壤进行着非常复杂的物质、能量流动，也会影响土壤理化性质和生物学特性。此外，水稻在不同生育期对土壤矿质养分的吸收和重金属的耐性也存在较大差异，这些反过来也会影响土壤理化性质，影响重金属在土壤中的赋存形态。因此，在水稻不同生育期中这些参数均会发生变化。

附　　录

附录 1　水稻生育期土壤细菌聚类热图

水稻生育期土壤细菌聚类热图如附图 1-1 ~ 附图 1-5 所示。

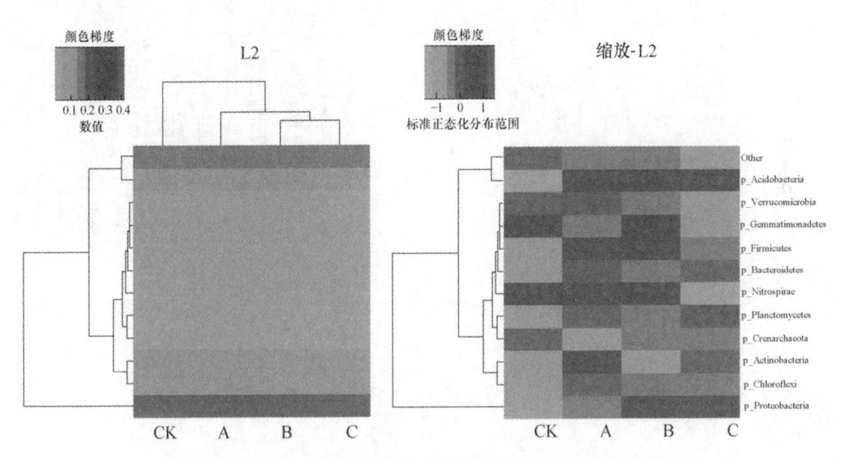

基于门水平上的原始丰度聚类(左图)和矫正之后的聚类(右图)热图

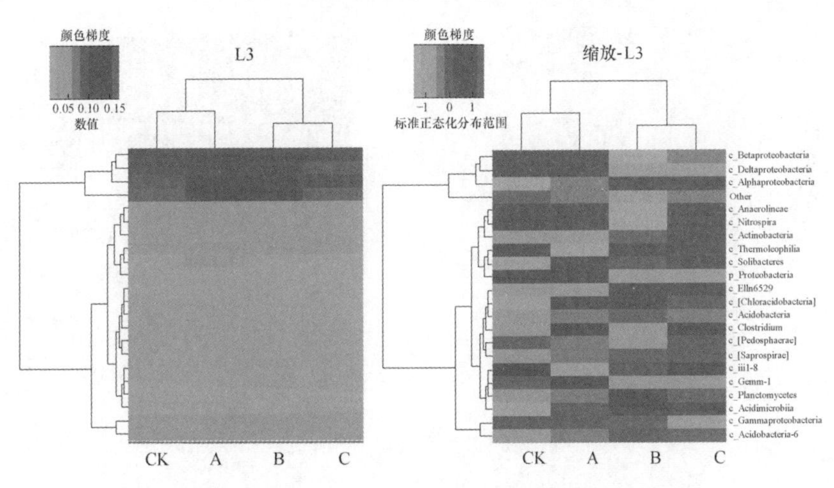

基于纲水平上的原始丰度聚类(左图)和矫正之后的聚类(右图)热图

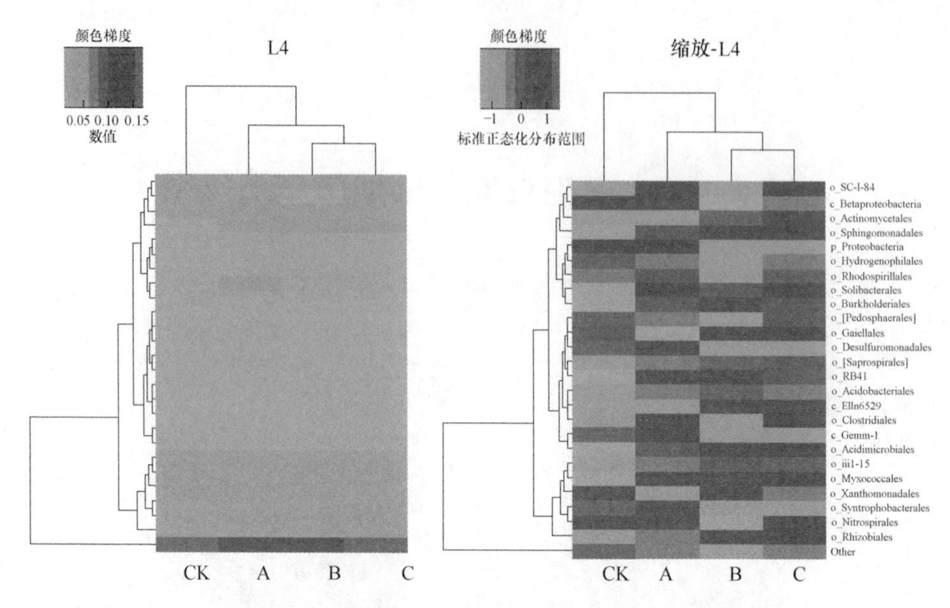

基于目水平上的原始丰度聚类(左图)和矫正之后的聚类(右图)热图

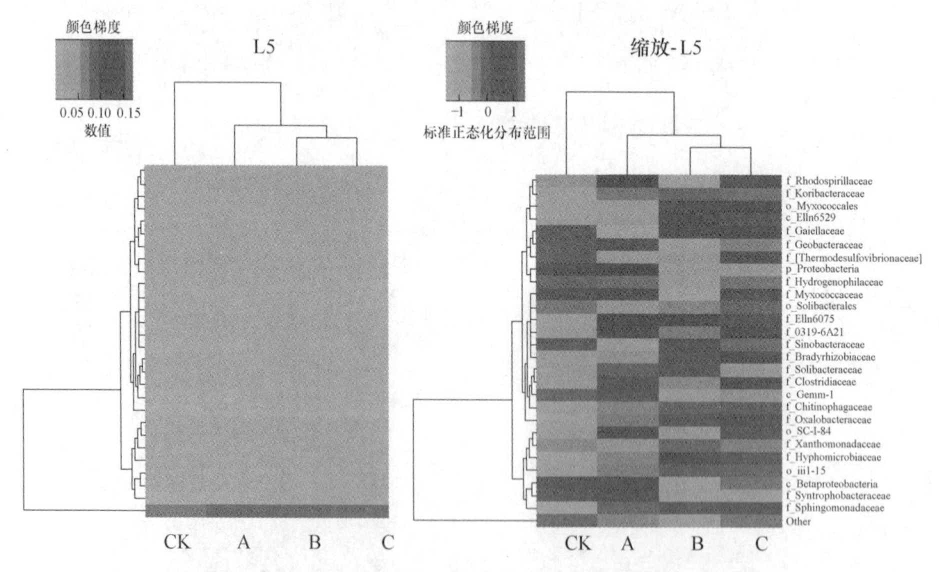

基于科水平上的原始丰度聚类(左图)和矫正之后的聚类(右图)热图

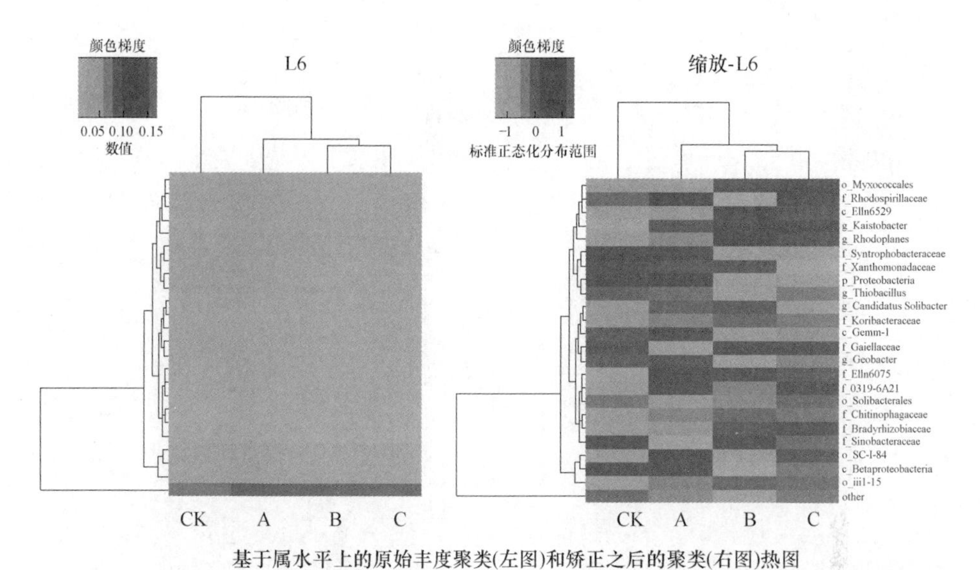

基于属水平上的原始丰度聚类(左图)和矫正之后的聚类(右图)热图

附图 1-1　移栽土壤微生物聚类热图

附图 1-1 彩图

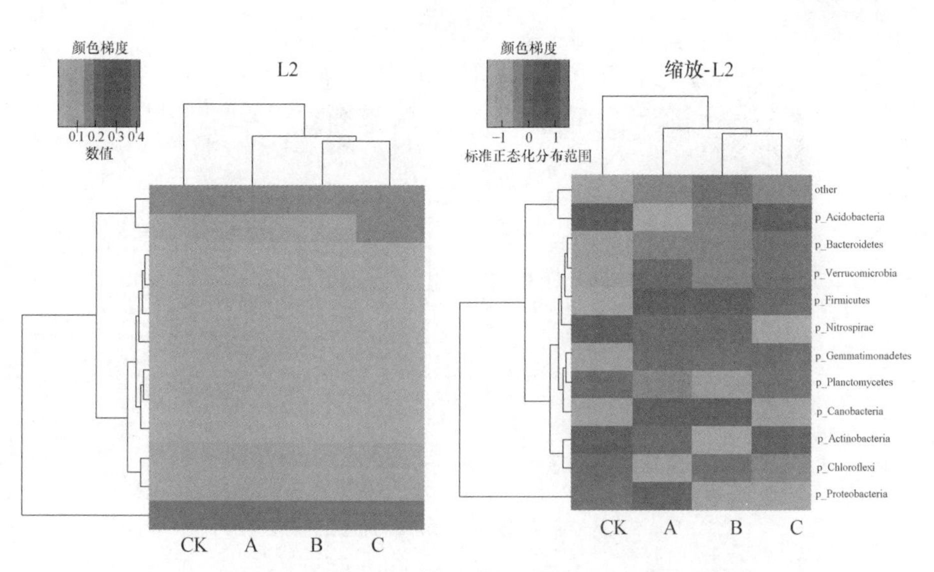

基于门水平上的原始丰度聚类(左图)和矫正之后的聚类(右图)热图

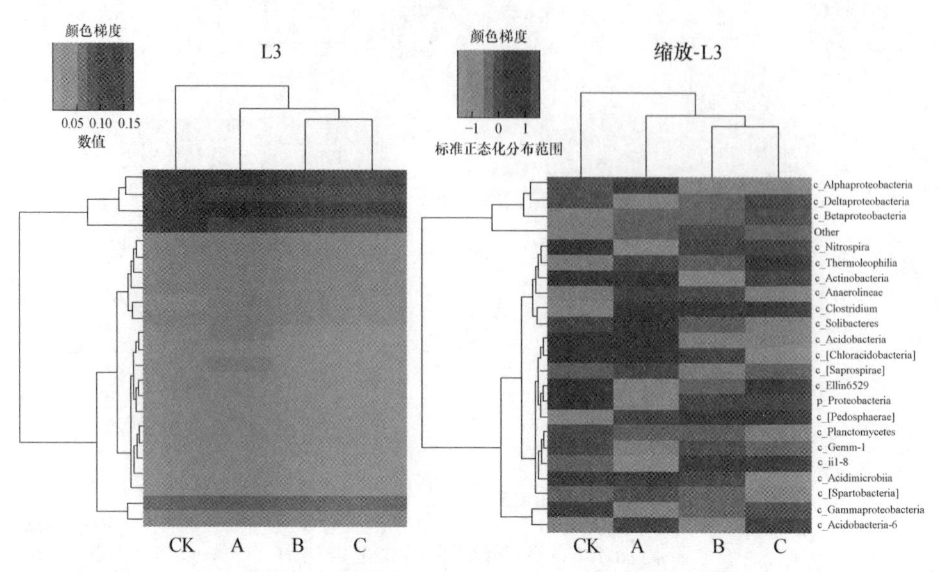

基于纲水平上的原始丰度聚类(左图)和矫正之后的聚类(右图)热图

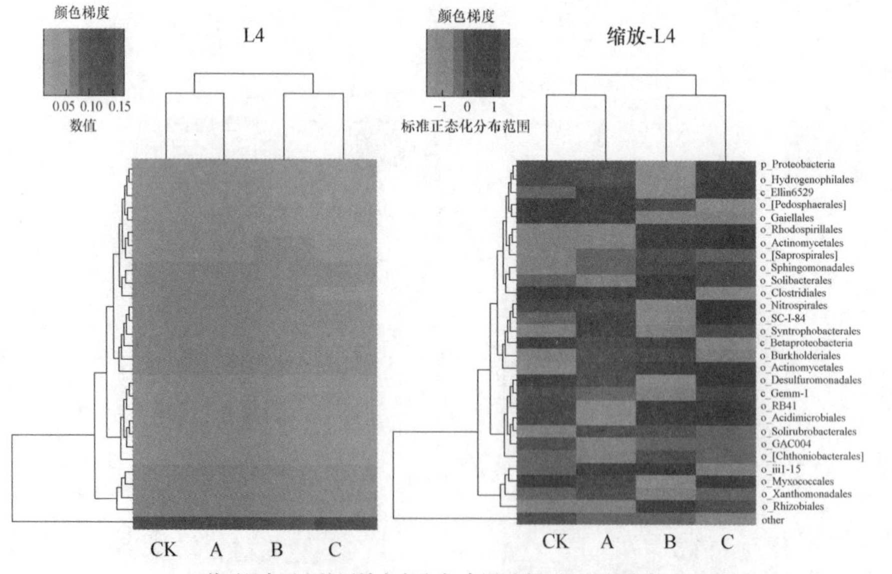

基于目水平上的原始丰度聚类(左图)和矫正之后的聚类(右图)热图

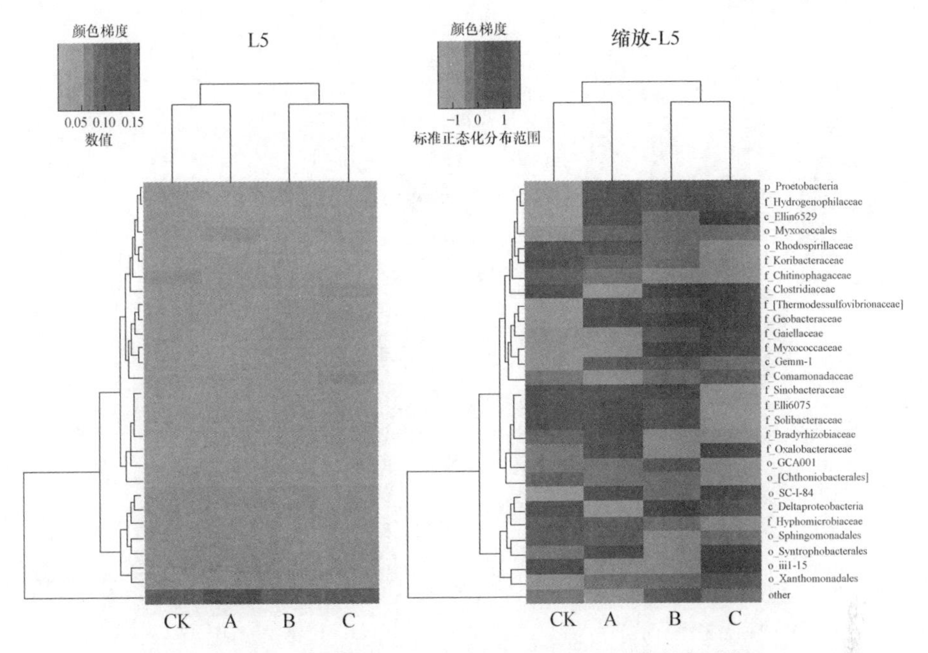

基于科水平上的原始丰度聚类(左图)和矫正之后的聚类(右图)热图

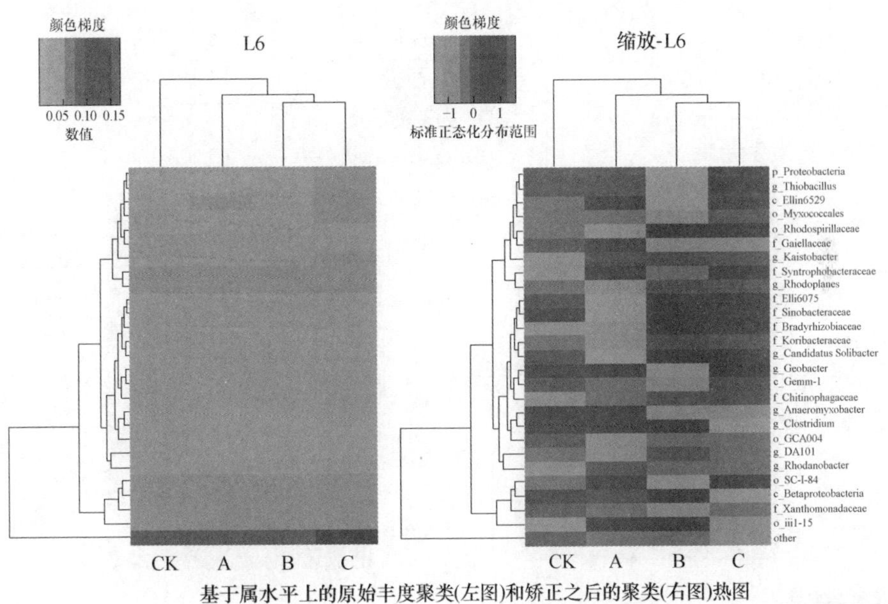

基于属水平上的原始丰度聚类(左图)和矫正之后的聚类(右图)热图

附图 1-2　分蘖期土壤微生物聚类热图

附图 1-2 彩图

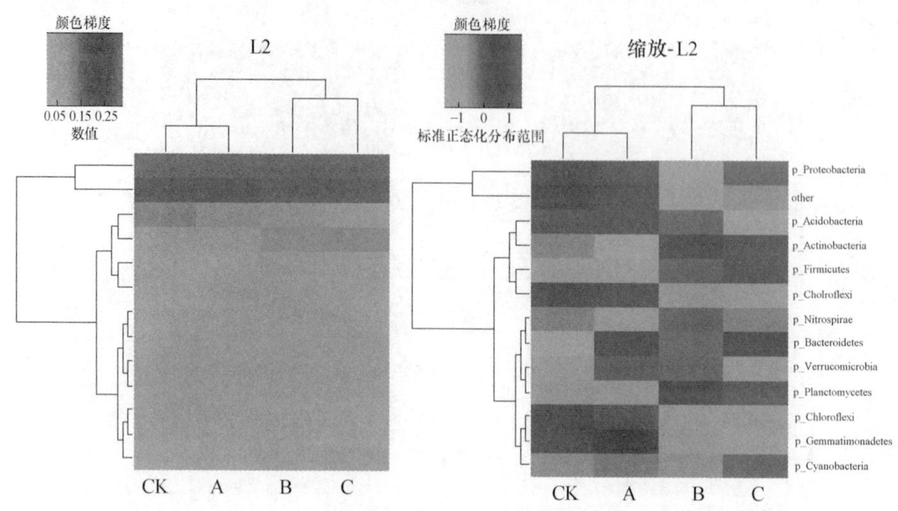

基于门水平上的原始丰度聚类(左图)和矫正之后的聚类(右图)热图

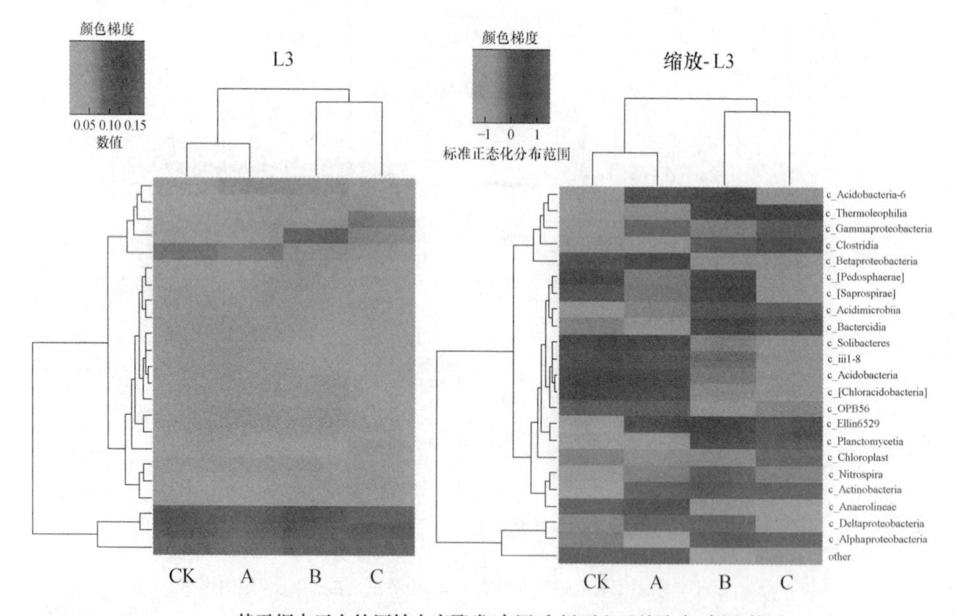

基于纲水平上的原始丰度聚类(左图)和矫正之后的聚类(右图)热图

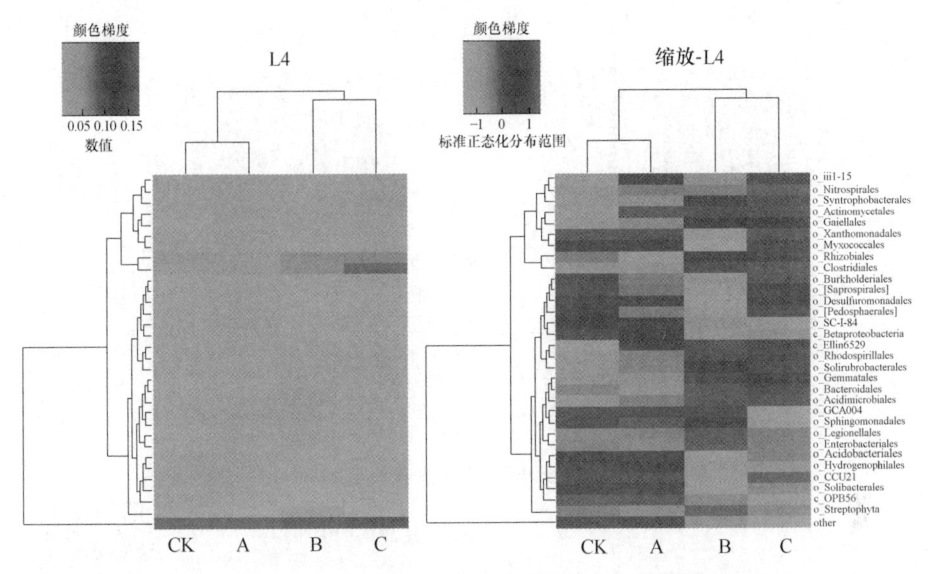

基于目水平上的原始丰度聚类(左图)和矫正之后的聚类(右图)热图

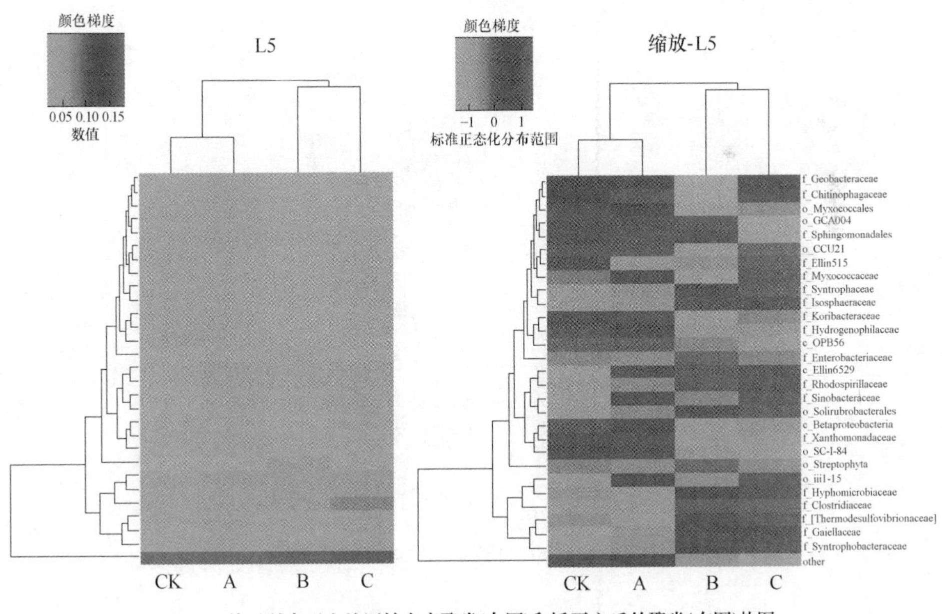

基于科水平上的原始丰度聚类(左图)和矫正之后的聚类(右图)热图

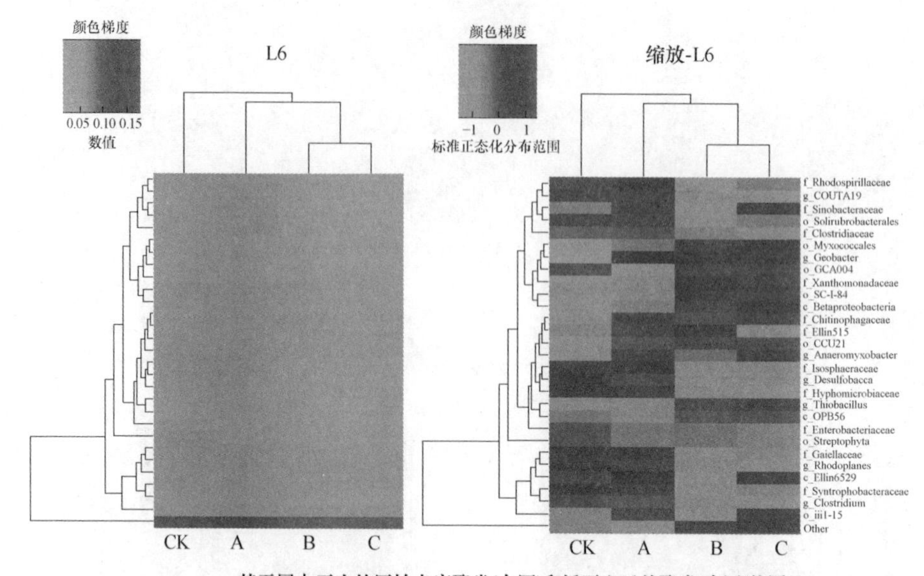

基于属水平上的原始丰度聚类(左图)和矫正之后的聚类(右图)热图

附图 1-3　拔节期土壤微生物聚类热图

附图 1-3 彩图

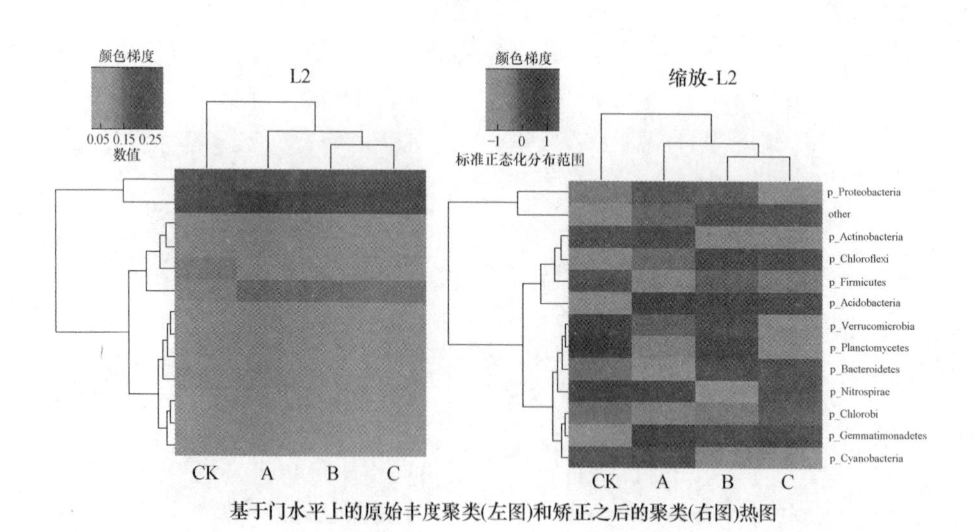

基于门水平上的原始丰度聚类(左图)和矫正之后的聚类(右图)热图

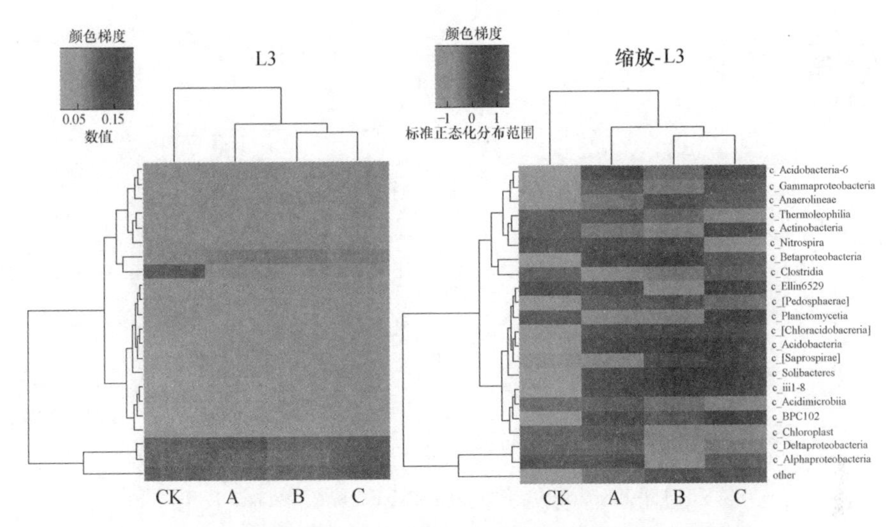

基于纲水平上的原始丰度聚类(左图)和矫正之后的聚类(右图)热图

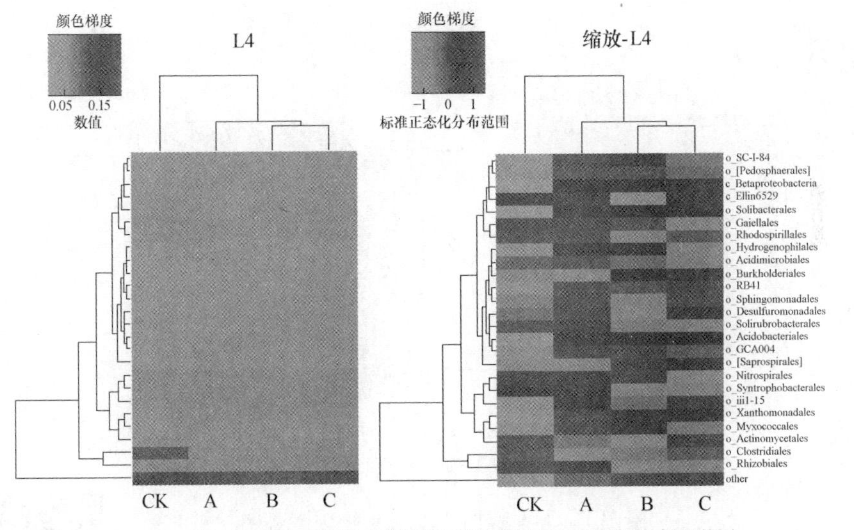

基于目水平上的原始丰度聚类(左图)和矫正之后的聚类(右图)热图

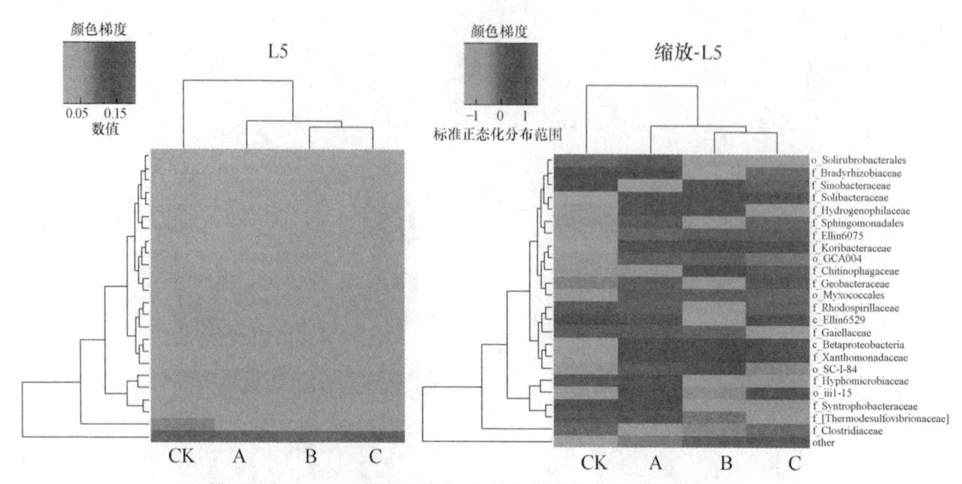

基于科水平上的原始丰度聚类(左图)和矫正之后的聚类(右图)热图

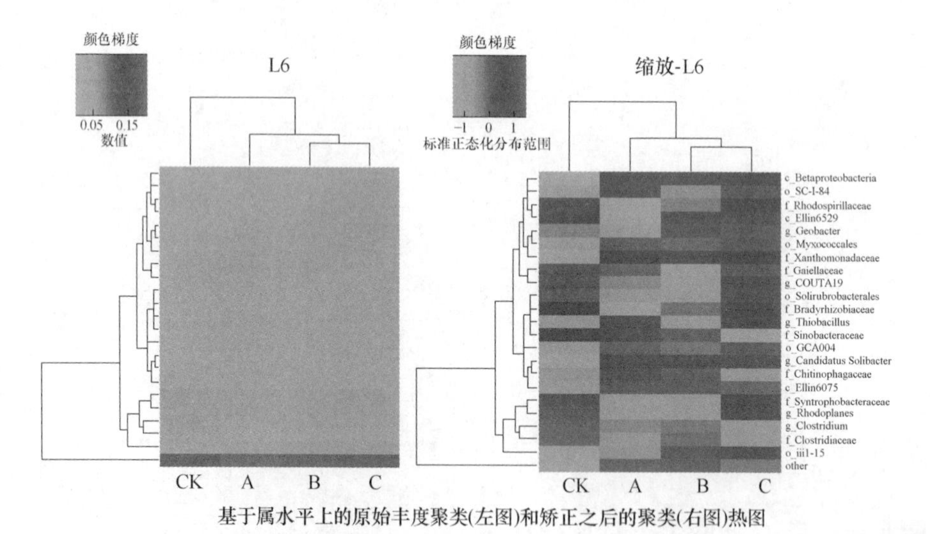

基于属水平上的原始丰度聚类(左图)和矫正之后的聚类(右图)热图

附图 1-4　齐穗期土壤微生物聚类势图

附图 1-4 彩图

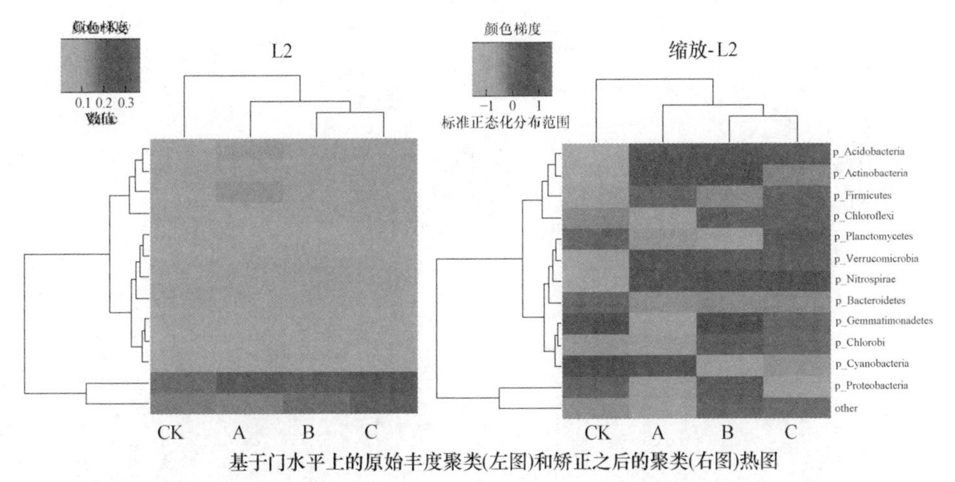

基于门水平上的原始丰度聚类(左图)和矫正之后的聚类(右图)热图

颜色梯度
0.05 0.15
数值
L3
CK A B C
颜色梯度
−1 0 1
标准正态化分布范围
缩放-L3
c_Actinobacteria
c_Nitrospira
c_Thermoleophilia
c_Anaerolineae
c_Betaproteobacteria
c_Acidobacteria-6
c_Solibacteres
c_iii1-8
c_[Chloracidobacteria]
c_[Pedosphaerae]
c_BPC102
c_Chloroplast
c_[Saprospirae]
c_Bacteroidia
c_Acidimicrobiia
c_Flavobacteriia
c_Ellin6529
c_Planctomycetia
c_Deltaproteobacteria
c_Alphaproteobacteria
c_Clostridia
c_Gammaproteobacteria
other
CK A B C

基于纲水平上的原始丰度聚类(左图)和矫正之后的聚类(右图)热图

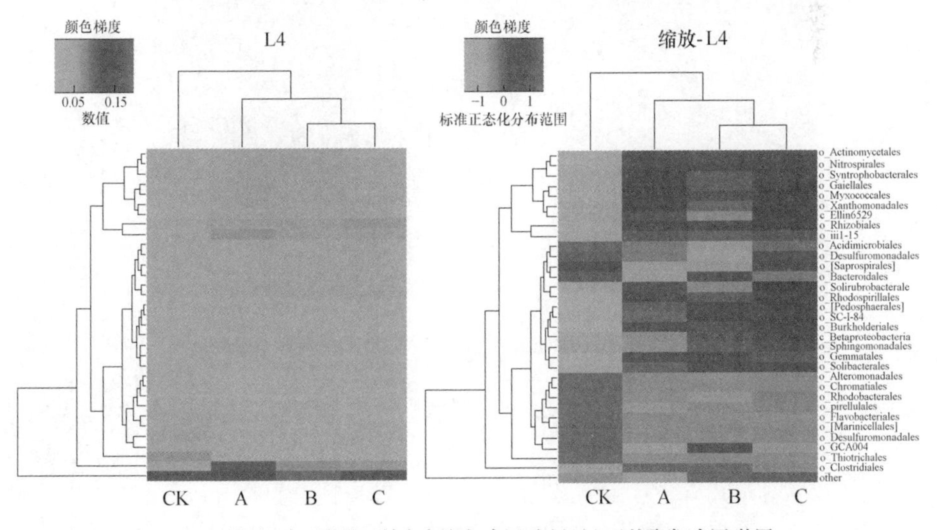

基于目水平上的原始丰度聚类(左图)和矫正之后的聚类(右图)热图

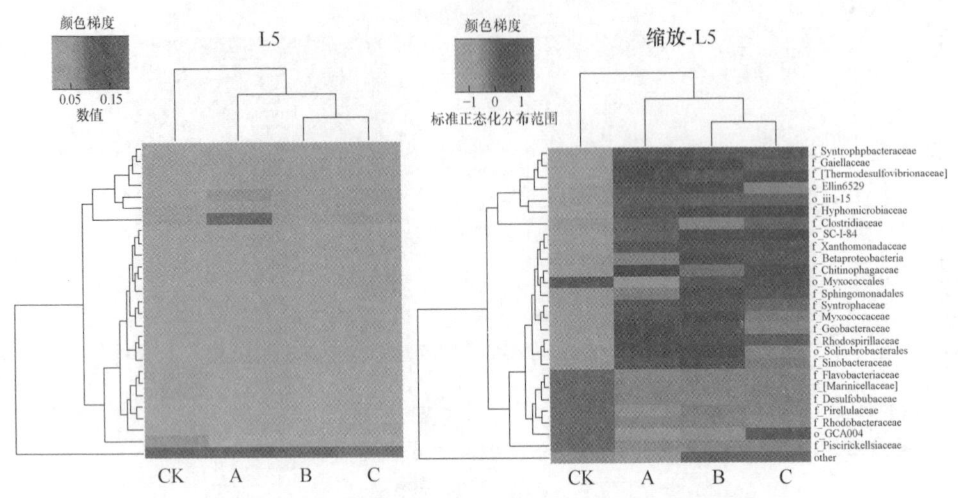

基于科水平上的原始丰度聚类(左图)和矫正之后的聚类(右图)热图

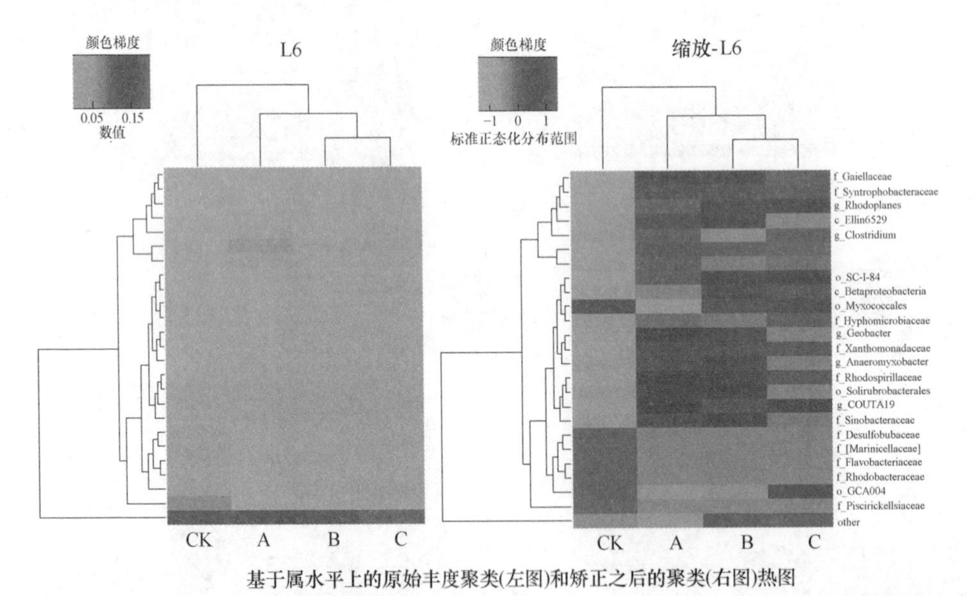

基于属水平上的原始丰度聚类(左图)和矫正之后的聚类(右图)热图

附图 1-5　成熟期土壤微生物聚类热图

附图 1-5 彩图

附录 2 水稻生育期土壤细菌多样性指数

水稻生育期土壤细菌多样性指数图如附图 2-1～附图 2-5 所示。

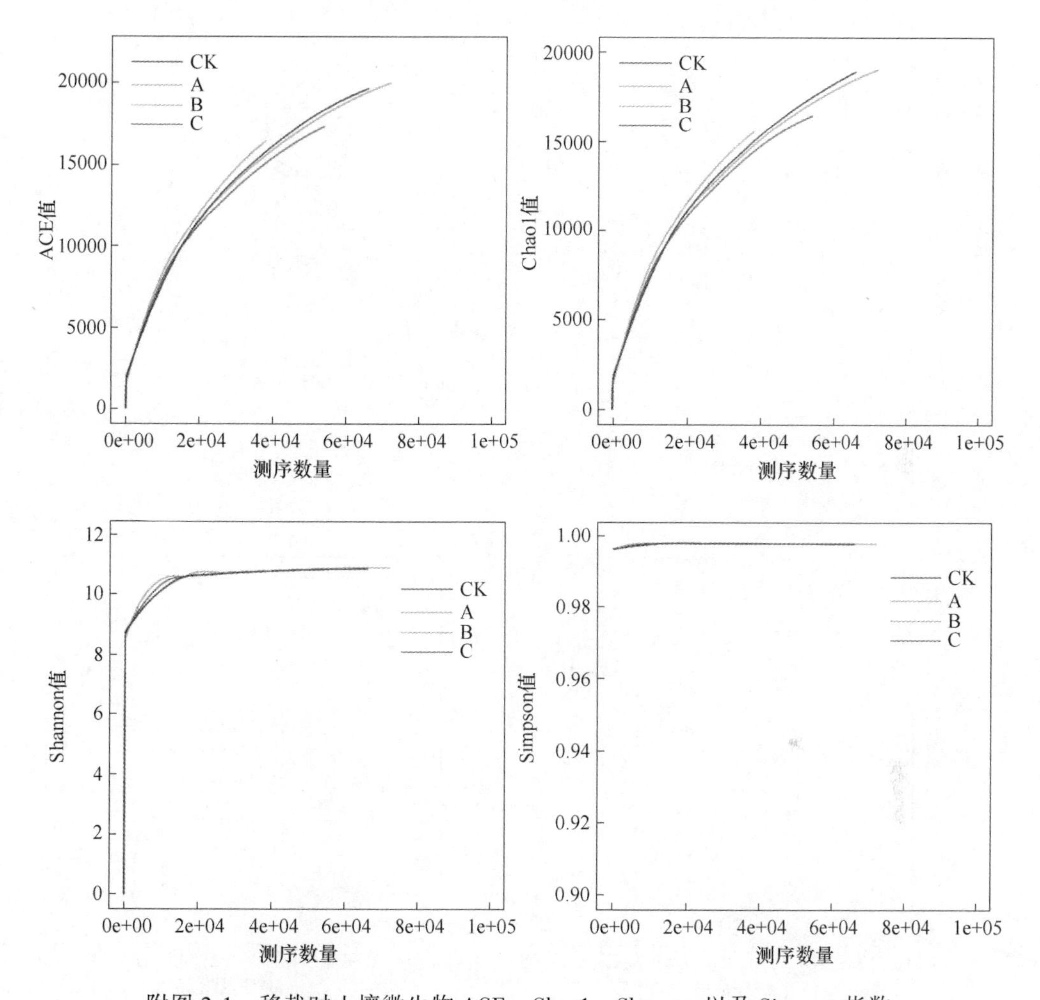

附图 2-1 移栽时土壤微生物 ACE、Chao1、Shannon 以及 Simpson 指数

附图 2-1 彩图

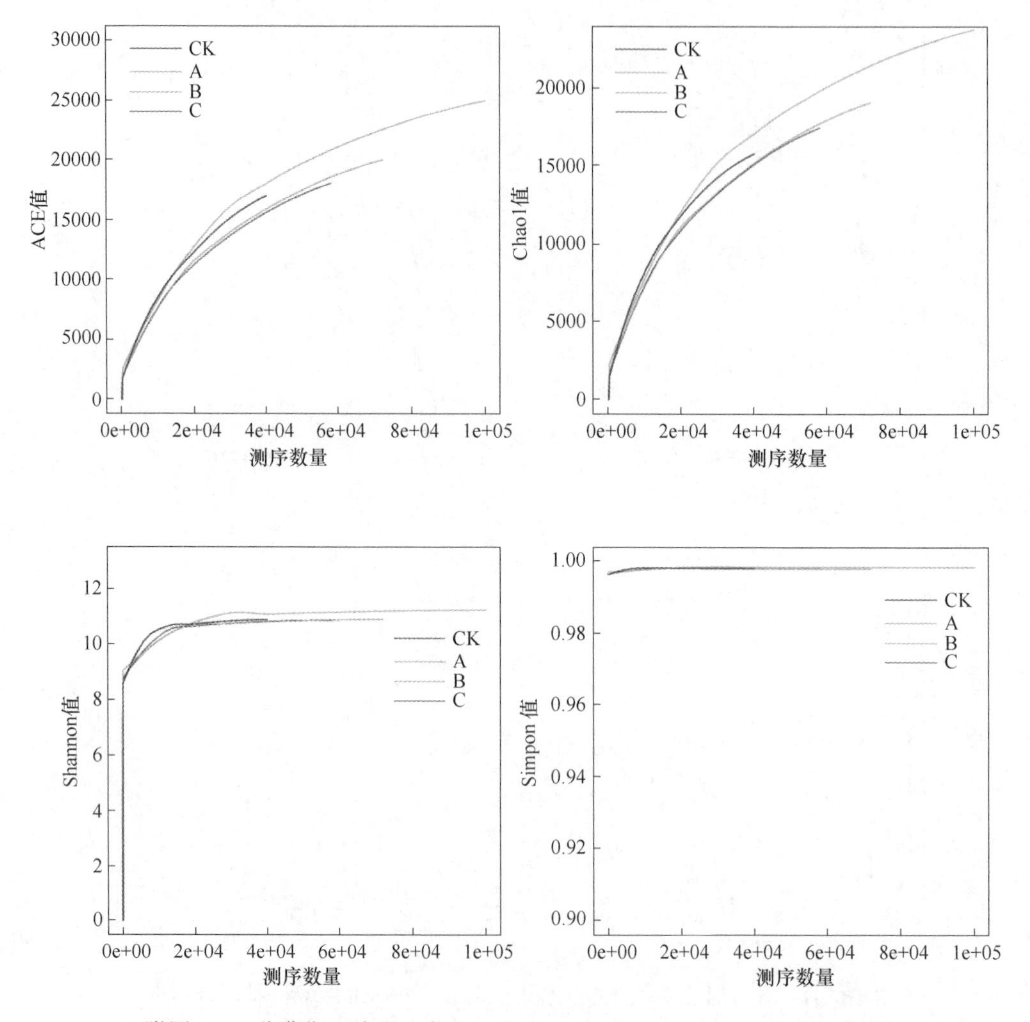

附图 2-2　分蘖期土壤微生物 ACE、Chao1、Shannon 以及 Simpson 指数

附图 2-2 彩图

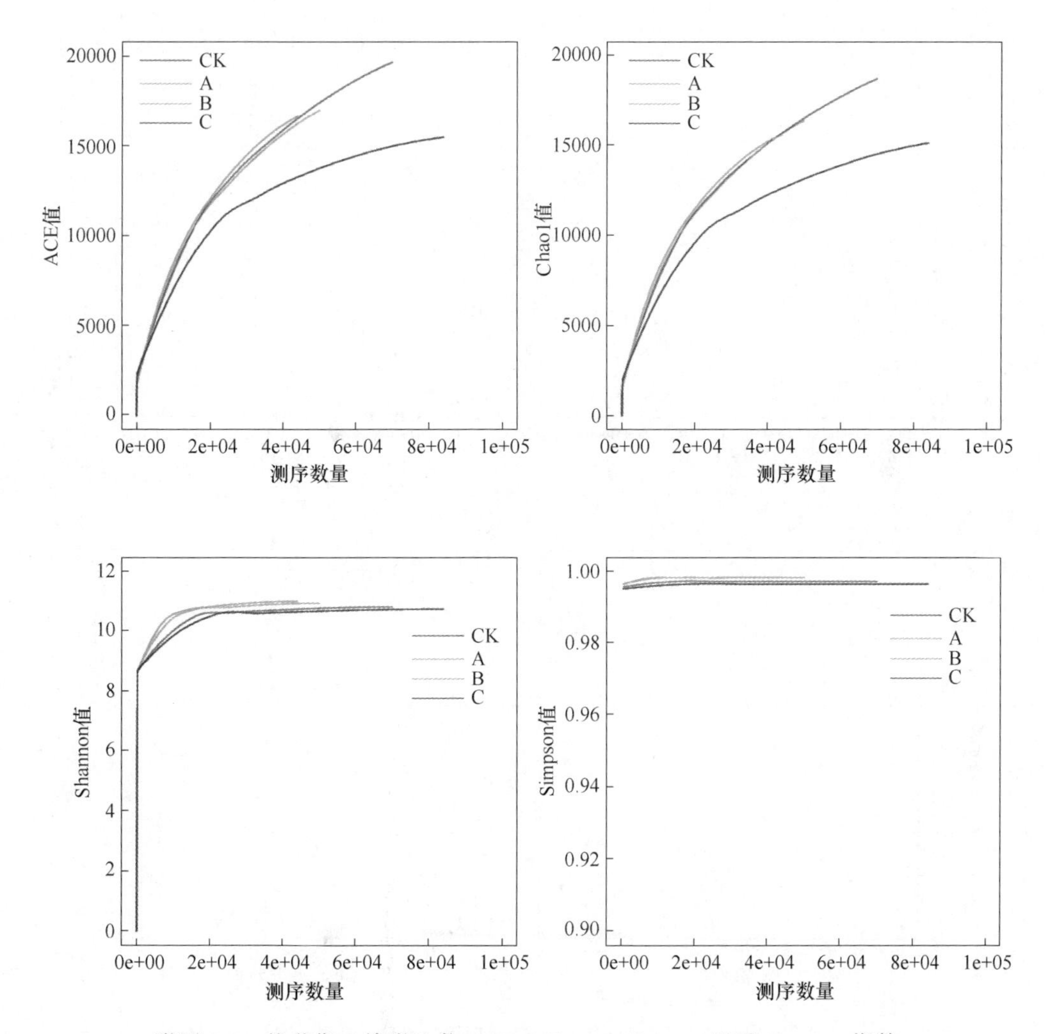

附图 2-3 拔节期土壤微生物 ACE、Chao1 、Shannon 以及 Simpson 指数

附图 2-3 彩图

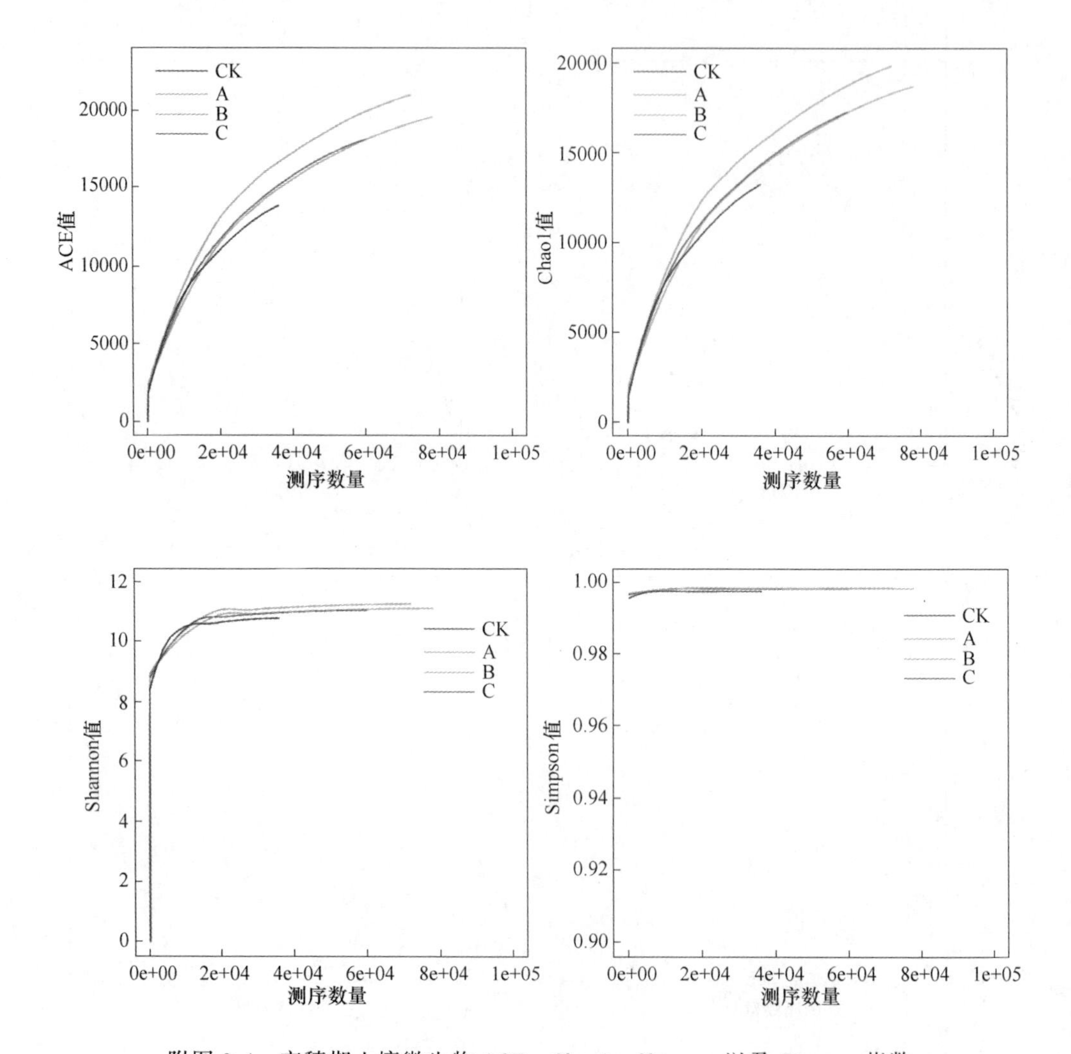

附图 2-4　齐穗期土壤微生物 ACE、Chao1、Shannon 以及 Simpson 指数

附图 2-4 彩图

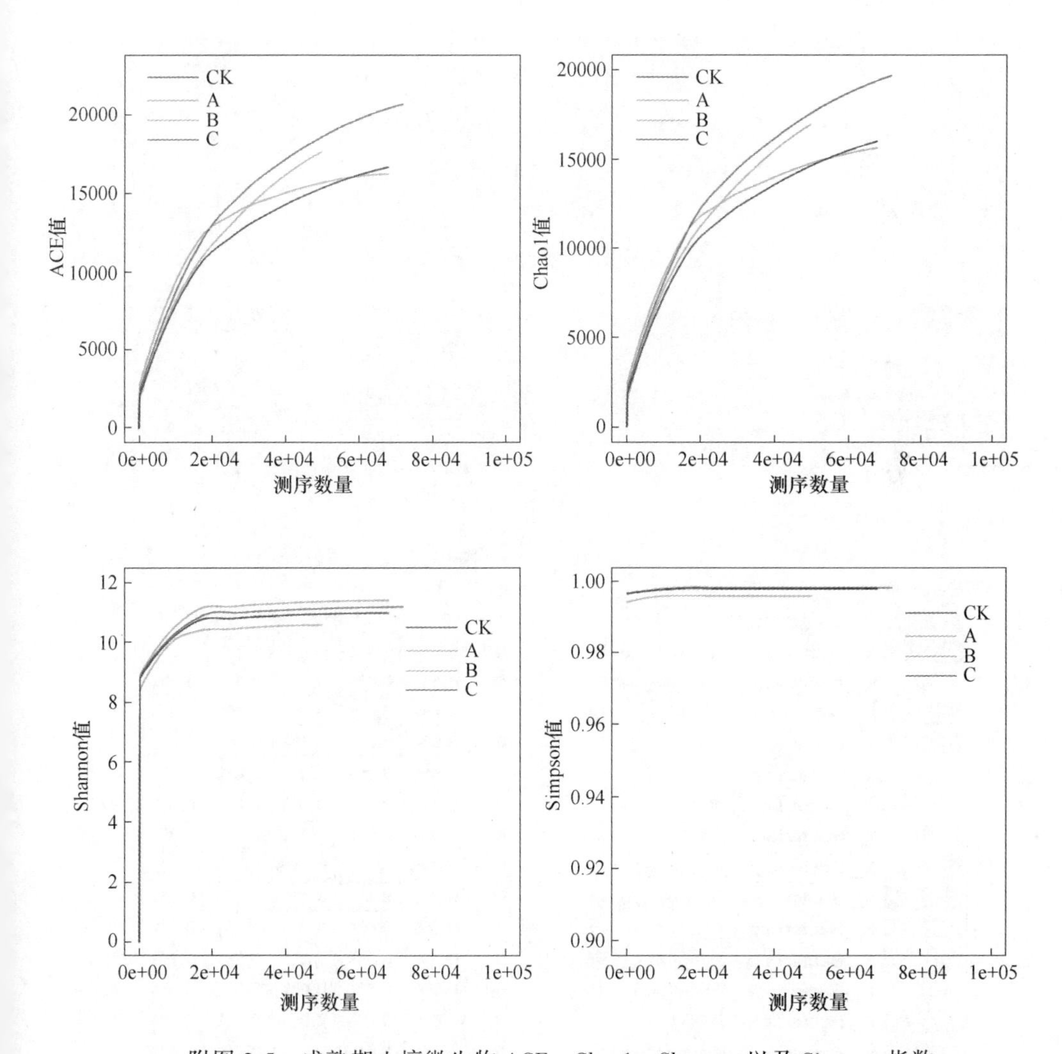

附图 2-5　成熟期土壤微生物 ACE、Chao1、Shannon 以及 Simpson 指数

附图 2-5 彩图

附录 3　水稻生育期土壤 Phylum 层次上的物种分布图

水稻生育期土壤 Phylum 层次上的物种分布如附图 3-1~附图 3-5 所示。

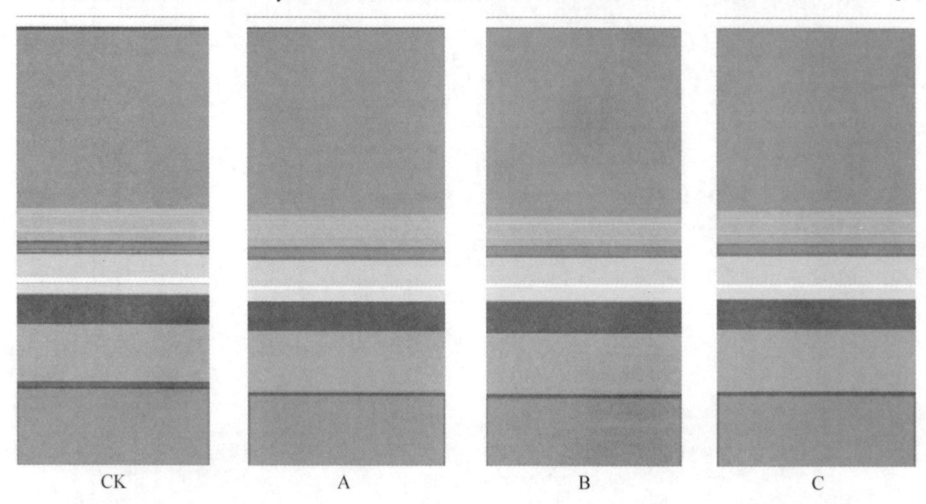

Legend	Taxonomy	Total count	Total %	CK %	A %	B %	C %
	Unassigned;Other	1	16.0%	17.3%	15.7%	15.3%	15.9%
	k__Archaea;p__Crenarchaeota	0	0.9%	1.4%	0.8%	0.7%	0.7%
	k__Archaea;p__Euryarchaeota	0	0.1%	0.1%	0.1%	0.1%	0.1%
	k__Archaea;p__[Parvarchaeota]	0	0.0%	0.0%	0.0%	0.0%	0.0%
	k__Bacteria;Other	0	0.0%	0.0%	0.0%	0.0%	0.0%
	k__Bacteria;p__	0	0.0%	0.0%	0.0%	0.0%	0.0%
	k__Bacteria;p__AC1	0	0.0%	0.0%	0.0%	0.0%	0.0%
	k__Bacteria;p__AD3	0	0.0%	0.0%	0.0%	0.0%	0.0%
	k__Bacteria;p__Acidobacteria	1	13.3%	12.8%	13.5%	13.4%	13.7%
	k__Bacteria;p__Actinobacteria	0	6.7%	6.4%	6.4%	7.1%	6.8%
	k__Bacteria;p__AncK6	0	0.0%	0.0%	0.0%	0.0%	0.0%
	k__Bacteria;p__Armatimonadetes	0	0.3%	0.3%	0.3%	0.3%	0.2%
	k__Bacteria;p__BHI80-139	0	0.0%	0.0%	0.0%	0.0%	0.0%
	k__Bacteria;p__BRC1	0	0.0%	0.0%	0.0%	0.0%	0.0%
	k__Bacteria;p__Bacteroidetes	0	2.3%	2.1%	2.2%	2.7%	2.3%
	k__Bacteria;p__Caldithrix	0	0.0%	0.0%	0.0%	0.0%	0.0%
	k__Bacteria;p__Chlamydiae	0	0.1%	0.2%	0.1%	0.1%	0.1%
	k__Bacteria;p__Chlorobi	0	0.8%	0.9%	1.0%	0.7%	0.7%
	k__Bacteria;p__Chloroflexi	0	5.8%	5.6%	5.7%	5.7%	6.2%
	k__Bacteria;p__Cyanobacteria	0	0.5%	0.6%	0.5%	0.5%	0.5%
	k__Bacteria;p__Deferribacteres	0	0.0%	0.0%	0.0%	0.0%	0.0%
	k__Bacteria;p__Elusimicrobia	0	0.1%	0.1%	0.1%	0.1%	0.0%
	k__Bacteria;p__FBP	0	0.0%	0.0%	0.0%	0.0%	0.0%

	k__Bacteria;p__FCPU426	0	0.0%	0.0%	0.0%	0.0%	0.0%
	k__Bacteria;p__Fibrobacteres	0	0.0%	0.0%	0.0%	0.0%	0.0%
	k__Bacteria;p__Firmicutes	0	2.1%	1.9%	2.3%	2.0%	2.3%
	k__Bacteria;p__Fusobacteria	0	0.0%	0.0%	0.0%	0.0%	0.0%
	k__Bacteria;p__GAL15	0	0.0%	0.0%	0.0%	0.0%	0.0%
	k__Bacteria;p__GN02	0	0.0%	0.0%	0.0%	0.0%	0.0%
	k__Bacteria;p__GN04	0	0.1%	0.1%	0.1%	0.1%	0.0%
	k__Bacteria;p__GOUTA4	0	0.0%	0.0%	0.0%	0.0%	0.0%
	k__Bacteria;p__Gemmatimonadetes	0	1.9%	2.0%	2.0%	1.8%	1.8%
	k__Bacteria;p__Hyd24-12	0	0.0%	0.0%	0.0%	0.0%	0.0%
	k__Bacteria;p__KSB3	0	0.0%	0.0%	0.0%	0.0%	0.0%
	k__Bacteria;p__Kazan-3B-28	0	0.0%	0.0%	0.0%	0.0%	0.0%
	k__Bacteria;p__LCP-89	0	0.0%	0.0%	0.0%	0.0%	0.0%
	k__Bacteria;p__LD1	0	0.0%	0.0%	0.0%	0.0%	0.0%
	k__Bacteria;p__Lentisphaerae	0	0.0%	0.0%	0.0%	0.0%	0.0%
	k__Bacteria;p__MVP-21	0	0.0%	0.0%	0.0%	0.0%	0.0%
	k__Bacteria;p__MVS-104	0	0.0%	0.0%	0.0%	0.0%	0.0%
	k__Bacteria;p__NC10	0	0.3%	0.3%	0.3%	0.2%	0.3%
	k__Bacteria;p__NKB19	0	0.0%	0.0%	0.0%	0.0%	0.0%
	k__Bacteria;p__Nitrospirae	0	3.2%	3.3%	3.2%	3.0%	3.2%
	k__Bacteria;p__OD1	0	0.0%	0.0%	0.0%	0.0%	0.0%
	k__Bacteria;p__OP11	0	0.0%	0.0%	0.0%	0.0%	0.0%
	k__Bacteria;p__OP3	0	0.1%	0.1%	0.0%	0.1%	0.1%
	k__Bacteria;p__OP8	0	0.1%	0.1%	0.1%	0.1%	0.1%
	k__Bacteria;p__OP9	0	0.0%	0.0%	0.0%	0.0%	0.0%
	k__Bacteria;p__PAUC34f	0	0.0%	0.0%	0.0%	0.0%	0.0%
	k__Bacteria;p__Planctomycetes	0	1.5%	1.5%	1.5%	1.5%	1.7%
	k__Bacteria;p__Poribacteria	0	0.0%	0.0%	0.0%	0.0%	0.0%
	k__Bacteria;p__Proteobacteria	2	40.7%	39.7%	41.2%	41.5%	40.3%
	k__Bacteria;p__SAR406	0	0.0%	0.0%	0.0%	0.0%	0.0%
	k__Bacteria;p__SBR1093	0	0.0%	0.0%	0.0%	0.0%	0.0%
	k__Bacteria;p__SC4	0	0.0%	0.0%	0.0%	0.0%	0.0%
	k__Bacteria;p__SR1	0	0.0%	0.0%	0.0%	0.0%	0.0%
	k__Bacteria;p__Spirochaetes	0	0.4%	0.5%	0.3%	0.3%	0.3%
	k__Bacteria;p__Synergistetes	0	0.0%	0.0%	0.0%	0.0%	0.0%
	k__Bacteria;p__TM6	0	0.1%	0.1%	0.1%	0.1%	0.1%
	k__Bacteria;p__TM7	0	0.0%	0.1%	0.0%	0.0%	0.0%
	k__Bacteria;p__TPD-58	0	0.0%	0.0%	0.0%	0.0%	0.0%
	k__Bacteria;p__Tenericutes	0	0.0%	0.0%	0.0%	0.0%	0.0%
	k__Bacteria;p__VHS-B3-43	0	0.0%	0.0%	0.0%	0.0%	0.0%
	k__Bacteria;p__Verrucomicrobia	0	2.1%	2.2%	2.1%	2.0%	2.1%
	k__Bacteria;p__WPS-2	0	0.0%	0.0%	0.0%	0.0%	0.0%
	k__Bacteria;p__WS1	0	0.0%	0.0%	0.0%	0.0%	0.0%
	k__Bacteria;p__WS2	0	0.0%	0.0%	0.0%	0.0%	0.0%
	k__Bacteria;p__WS3	0	0.2%	0.2%	0.2%	0.2%	0.1%
	k__Bacteria;p__WS4	0	0.0%	0.0%	0.0%	0.0%	0.0%
	k__Bacteria;p__WS5	0	0.0%	0.0%	0.0%	0.0%	0.0%
	k__Bacteria;p__WWE1	0	0.0%	0.0%	0.0%	0.0%	0.0%
	k__Bacteria;p__ZB3	0	0.0%	0.0%	0.0%	0.0%	0.0%
	k__Bacteria;p__[Caldithrix]	0	0.0%	0.0%	0.0%	0.0%	0.0%
	k__Bacteria;p__[Thermi]	0	0.0%	0.0%	0.0%	0.0%	0.0%

附图 3-1　移栽时土壤 Phylum 层次上的物种分布图

附图 3-1 彩图

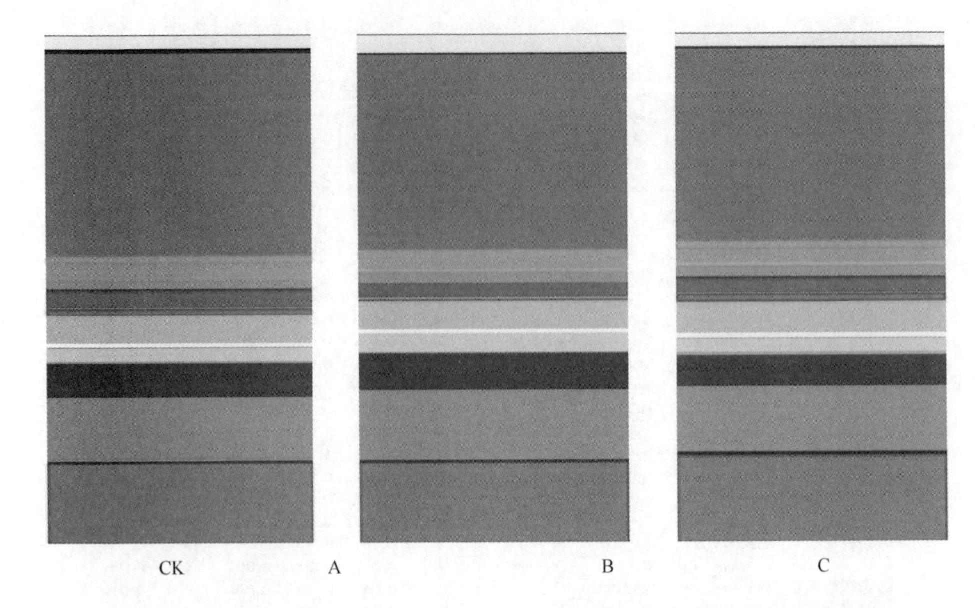

Legend	Taxonomy	Total count	Total %	CK %	A %	B %	C %
	Unassigned;Other	1	16.6%	15.8%	15.6%	18.2%	16.9%
	k__Archaea;p__Crenarchaeota	0	0.4%	0.4%	0.5%	0.3%	0.6%
	k__Archaea;p__Euryarchaeota	0	0.1%	0.1%	0.1%	0.1%	0.1%
	k__Archaea;p__[Parvarchaeota]	0	0.0%	0.0%	0.0%	0.0%	0.0%
	k__Bacteria;Other	0	0.0%	0.0%	0.0%	0.0%	0.0%
	k__Bacteria;p__	0	0.0%	0.0%	0.0%	0.0%	0.0%
	k__Bacteria;p__AC1	0	0.0%	0.0%	0.0%	0.0%	0.0%
	k__Bacteria;p__AD3	0	0.0%	0.0%	0.0%	0.0%	0.0%
	k__Bacteria;p__Acidobacteria	0	12.4%	12.3%	13.8%	10.4%	12.9%
	k__Bacteria;p__Actinobacteria	0	7.0%	6.8%	7.3%	7.6%	6.2%
	k__Bacteria;p__AncK6	0	0.0%	0.0%	0.0%	0.0%	0.0%
	k__Bacteria;p__Armatimonadetes	0	0.3%	0.3%	0.4%	0.3%	0.4%
	k__Bacteria;p__BHI80-139	0	0.0%	0.0%	0.0%	0.0%	0.0%
	k__Bacteria;p__BRC1	0	0.0%	0.0%	0.0%	0.0%	0.0%
	k__Bacteria;p__Bacteroidetes	0	3.1%	2.7%	3.4%	3.5%	2.7%
	k__Bacteria;p__Caldithrix	0	0.0%	0.0%	0.0%	0.0%	0.0%
	k__Bacteria;p__Chlamydiae	0	0.1%	0.1%	0.1%	0.1%	0.1%
	k__Bacteria;p__Chlorobi	0	1.2%	0.8%	0.8%	2.5%	0.9%
	k__Bacteria;p__Chloroflexi	0	6.1%	5.4%	5.6%	7.2%	6.3%
	k__Bacteria;p__Cyanobacteria	0	1.2%	1.5%	0.6%	1.2%	1.6%
	k__Bacteria;p__Deferribacteres	0	0.0%	0.0%	0.0%	0.0%	0.0%
	k__Bacteria;p__Elusimicrobia	0	0.1%	0.1%	0.1%	0.0%	0.1%
	k__Bacteria;p__FBP	0	0.0%	0.0%	0.0%	0.0%	0.0%
	k__Bacteria;p__FCPU426	0	0.0%	0.0%	0.0%	0.0%	0.0%
	k__Bacteria;p__Fibrobacteres	0	0.0%	0.0%	0.0%	0.0%	0.0%
	k__Bacteria;p__Firmicutes	0	3.6%	3.5%	2.9%	4.9%	3.0%
	k__Bacteria;p__Fusobacteria	0	0.0%	0.0%	0.0%	0.0%	0.0%
	k__Bacteria;p__GAL15	0	0.0%	0.0%	0.0%	0.0%	0.0%

k__Bacteria;p__GN02	0	0.0%	0.0%	0.0%	0.0%	0.0%
k__Bacteria;p__GN04	0	0.1%	0.0%	0.0%	0.1%	0.1%
k__Bacteria;p__GOUTA4	0	0.0%	0.0%	0.0%	0.0%	0.0%
k__Bacteria;p__Gemmatimonadetes	0	1.9%	2.0%	2.0%	1.6%	2.2%
k__Bacteria;p__Hyd24-12	0	0.0%	0.0%	0.0%	0.0%	0.0%
k__Bacteria;p__KSB3	0	0.0%	0.0%	0.0%	0.0%	0.0%
k__Bacteria;p__Kazan-3B-28	0	0.0%	0.0%	0.0%	0.0%	0.0%
k__Bacteria;p__LCP-89	0	0.0%	0.0%	0.0%	0.0%	0.0%
k__Bacteria;p__LD1	0	0.0%	0.0%	0.0%	0.0%	0.0%
k__Bacteria;p__Lentisphaerae	0	0.0%	0.0%	0.0%	0.0%	0.0%
k__Bacteria;p__MVP-21	0	0.0%	0.0%	0.0%	0.0%	0.0%
k__Bacteria;p__MVS-104	0	0.0%	0.0%	0.0%	0.0%	0.0%
k__Bacteria;p__NC10	0	0.2%	0.2%	0.2%	0.2%	0.2%
k__Bacteria;p__NKB19	0	0.0%	0.0%	0.0%	0.0%	0.0%
k__Bacteria;p__Nitrospirae	0	2.9%	2.8%	2.3%	3.6%	2.8%
k__Bacteria;p__OD1	0	0.0%	0.0%	0.0%	0.1%	0.0%
k__Bacteria;p__OP11	0	0.0%	0.0%	0.0%	0.0%	0.0%
k__Bacteria;p__OP3	0	0.1%	0.1%	0.0%	0.1%	0.1%
k__Bacteria;p__OP8	0	0.1%	0.1%	0.1%	0.1%	0.1%
k__Bacteria;p__OP9	0	0.0%	0.0%	0.0%	0.0%	0.0%
k__Bacteria;p__PAUC34f	0	0.0%	0.0%	0.0%	0.0%	0.0%
k__Bacteria;p__Planctomycetes	0	1.6%	1.5%	1.7%	1.8%	1.5%
k__Bacteria;p__Poribacteria	0	0.0%	0.0%	0.0%	0.0%	0.0%
k__Bacteria;p__Proteobacteria	1	37.2%	39.8%	38.4%	32.8%	37.8%
k__Bacteria;p__SAR406	0	0.0%	0.0%	0.0%	0.0%	0.0%
k__Bacteria;p__SBR1093	0	0.0%	0.0%	0.0%	0.0%	0.0%
k__Bacteria;p__SC4	0	0.0%	0.0%	0.0%	0.0%	0.0%
k__Bacteria;p__SR1	0	0.0%	0.0%	0.0%	0.0%	0.0%
k__Bacteria;p__Spirochaetes	0	0.3%	0.4%	0.3%	0.2%	0.3%
k__Bacteria;p__Synergistetes	0	0.0%	0.0%	0.0%	0.0%	0.0%
k__Bacteria;p__TM6	0	0.1%	0.1%	0.1%	0.1%	0.1%
k__Bacteria;p__TM7	0	0.0%	0.1%	0.1%	0.0%	0.0%
k__Bacteria;p__TPD-58	0	0.0%	0.0%	0.0%	0.1%	0.0%
k__Bacteria;p__Tenericutes	0	0.0%	0.0%	0.0%	0.0%	0.0%
k__Bacteria;p__VHS-B3-43	0	0.0%	0.0%	0.0%	0.0%	0.0%
k__Bacteria;p__Verrucomicrobia	0	2.8%	2.7%	3.4%	2.6%	2.5%
k__Bacteria;p__WPS-2	0	0.0%	0.0%	0.0%	0.0%	0.0%
k__Bacteria;p__WS1	0	0.0%	0.0%	0.0%	0.0%	0.0%
k__Bacteria;p__WS2	0	0.0%	0.0%	0.0%	0.0%	0.0%
k__Bacteria;p__WS3	0	0.2%	0.2%	0.2%	0.2%	0.2%
k__Bacteria;p__WS4	0	0.0%	0.0%	0.0%	0.0%	0.0%
k__Bacteria;p__WS5	0	0.0%	0.0%	0.0%	0.0%	0.0%
k__Bacteria;p__WWE1	0	0.0%	0.0%	0.0%	0.0%	0.0%
k__Bacteria;p__ZB3	0	0.0%	0.0%	0.0%	0.0%	0.0%
k__Bacteria;p__[Caldithrix]	0	0.0%	0.0%	0.0%	0.0%	0.0%
k__Bacteria;p__[Thermi]	0	0.0%	0.0%	0.0%	0.0%	0.0%

附图 3-2 分蘖期土壤 Phylum 层次上的物种分布图

附图 3-2 彩图

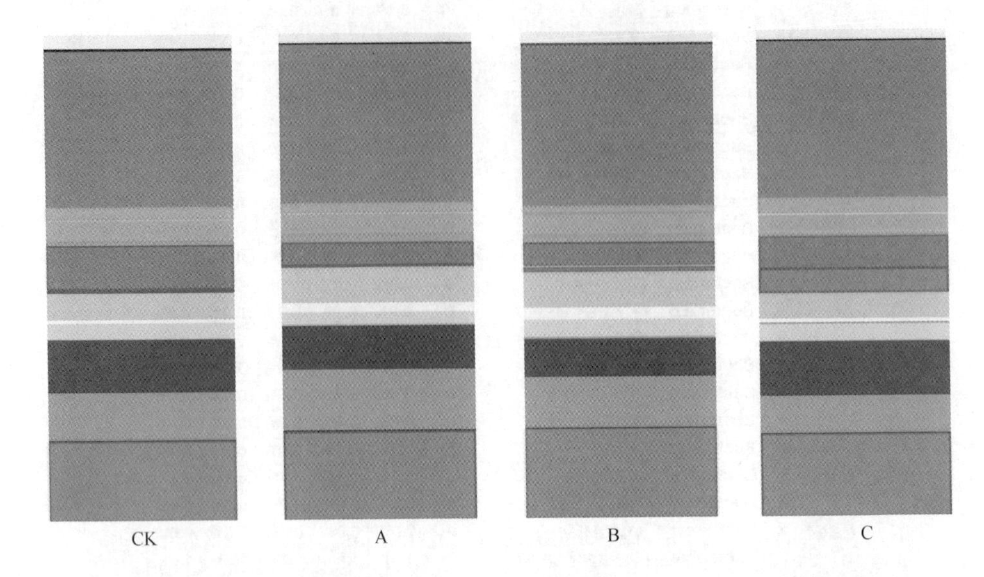

Legend	Taxonomy	Total		CK	A	B	C
		count	%	%	%	%	%
	Unassigned;Other	1	17.2%	16.2%	17.9%	18.2%	16.7%
	k__Archaea;p__Crenarchaeota	0	0.3%	0.2%	0.3%	0.3%	0.2%
	k__Archaea;p__Euryarchaeota	0	0.1%	0.2%	0.1%	0.1%	0.2%
	k__Archaea;p__[Parvarchaeota]	0	0.0%	0.0%	0.0%	0.0%	0.0%
	k__Bacteria;Other	0	0.0%	0.0%	0.0%	0.0%	0.0%
	k__Bacteria;p__	0	0.0%	0.0%	0.0%	0.0%	0.0%
	k__Bacteria;p__AC1	0	0.0%	0.0%	0.0%	0.0%	0.0%
	k__Bacteria;p__AD3	0	0.0%	0.0%	0.0%	0.0%	0.0%
	k__Bacteria;p__Acidobacteria	0	10.0%	9.7%	12.4%	10.4%	7.3%
	k__Bacteria;p__Actinobacteria	0	9.5%	10.5%	8.8%	7.6%	11.2%
	k__Bacteria;p__AncK6	0	0.0%	0.0%	0.0%	0.0%	0.0%
	k__Bacteria;p__Armatimonadetes	0	0.3%	0.2%	0.4%	0.3%	0.2%
	k__Bacteria;p__BHI80-139	0	0.0%	0.0%	0.0%	0.0%	0.0%
	k__Bacteria;p__BRC1	0	0.1%	0.1%	0.1%	0.0%	0.0%
	k__Bacteria;p__Bacteroidetes	0	3.1%	3.1%	2.5%	3.5%	3.5%
	k__Bacteria;p__Caldithrix	0	0.0%	0.0%	0.0%	0.0%	0.0%
	k__Bacteria;p__Chlamydiae	0	0.1%	0.1%	0.1%	0.1%	0.1%
	k__Bacteria;p__Chlorobi	0	1.4%	0.7%	1.7%	2.5%	0.9%
	k__Bacteria;p__Chloroflexi	0	6.3%	5.5%	7.2%	7.2%	5.2%
	k__Bacteria;p__Cyanobacteria	0	1.9%	0.6%	0.7%	1.2%	5.0%
	k__Bacteria;p__Deferribacteres	0	0.0%	0.0%	0.0%	0.0%	0.0%
	k__Bacteria;p__Elusimicrobia	0	0.0%	0.0%	0.1%	0.0%	0.0%
	k__Bacteria;p__FBP	0	0.0%	0.0%	0.0%	0.0%	0.0%
	k__Bacteria;p__FCPU426	0	0.0%	0.0%	0.0%	0.0%	0.0%
	k__Bacteria;p__Fibrobacteres	0	0.0%	0.0%	0.0%	0.0%	0.0%
	k__Bacteria;p__Firmicutes	0	6.3%	9.1%	4.6%	4.9%	6.7%

k__Bacteria;p__Fusobacteria	0	0.0%	0.0%	0.0%	0.0%	0.0%
k__Bacteria;p__GAL15	0	0.0%	0.0%	0.0%	0.0%	0.0%
k__Bacteria;p__GN02	0	0.0%	0.0%	0.0%	0.0%	0.0%
k__Bacteria;p__GN04	0	0.1%	0.0%	0.1%	0.1%	0.0%
k__Bacteria;p__GOUTA4	0	0.0%	0.0%	0.0%	0.0%	0.0%
k__Bacteria;p__Gemmatimonadetes	0	1.2%	0.8%	1.7%	1.6%	0.6%
k__Bacteria;p__Hyd24-12	0	0.0%	0.0%	0.0%	0.0%	0.0%
k__Bacteria;p__KSB3	0	0.0%	0.0%	0.0%	0.0%	0.0%
k__Bacteria;p__Kazan-3B-28	0	0.0%	0.0%	0.0%	0.0%	0.0%
k__Bacteria;p__LCP-89	0	0.0%	0.0%	0.0%	0.0%	0.0%
k__Bacteria;p__LD1	0	0.0%	0.0%	0.0%	0.0%	0.0%
k__Bacteria;p__Lentisphaerae	0	0.0%	0.0%	0.0%	0.0%	0.0%
k__Bacteria;p__MVP-21	0	0.0%	0.0%	0.0%	0.0%	0.0%
k__Bacteria;p__MVS-104	0	0.0%	0.0%	0.0%	0.0%	0.0%
k__Bacteria;p__NC10	0	0.1%	0.2%	0.2%	0.2%	0.1%
k__Bacteria;p__NKB19	0	0.0%	0.1%	0.0%	0.0%	0.1%
k__Bacteria;p__Nitrospirae	0	3.8%	4.1%	3.7%	3.6%	3.7%
k__Bacteria;p__OD1	0	0.1%	0.0%	0.1%	0.1%	0.1%
k__Bacteria;p__OP11	0	0.0%	0.0%	0.0%	0.0%	0.0%
k__Bacteria;p__OP3	0	0.1%	0.2%	0.1%	0.1%	0.1%
k__Bacteria;p__OP8	0	0.1%	0.0%	0.1%	0.1%	0.0%
k__Bacteria;p__OP9	0	0.0%	0.0%	0.0%	0.0%	0.0%
k__Bacteria;p__PAUC34f	0	0.0%	0.0%	0.0%	0.0%	0.0%
k__Bacteria;p__Planctomycetes	0	2.3%	2.7%	1.9%	1.8%	3.0%
k__Bacteria;p__Poribacteria	0	0.0%	0.0%	0.0%	0.0%	0.0%
k__Bacteria;p__Proteobacteria	1	32.3%	31.7%	32.4%	32.8%	32.2%
k__Bacteria;p__SAR406	0	0.0%	0.0%	0.0%	0.0%	0.0%
k__Bacteria;p__SBR1093	0	0.0%	0.0%	0.0%	0.0%	0.0%
k__Bacteria;p__SC4	0	0.0%	0.0%	0.0%	0.0%	0.0%
k__Bacteria;p__SR1	0	0.0%	0.0%	0.0%	0.0%	0.0%
k__Bacteria;p__Spirochaetes	0	0.2%	0.2%	0.2%	0.2%	0.1%
k__Bacteria;p__Synergistetes	0	0.0%	0.0%	0.0%	0.0%	0.0%
k__Bacteria;p__TM6	0	0.1%	0.1%	0.1%	0.1%	0.2%
k__Bacteria;p__TM7	0	0.0%	0.1%	0.0%	0.0%	0.0%
k__Bacteria;p__TPD-58	0	0.1%	0.1%	0.1%	0.1%	0.1%
k__Bacteria;p__Tenericutes	0	0.0%	0.0%	0.0%	0.0%	0.0%
k__Bacteria;p__VHS-B3-43	0	0.0%	0.0%	0.0%	0.0%	0.0%
k__Bacteria;p__Verrucomicrobia	0	2.6%	3.3%	2.2%	2.6%	2.2%
k__Bacteria;p__WPS-2	0	0.0%	0.0%	0.0%	0.0%	0.0%
k__Bacteria;p__WS1	0	0.0%	0.0%	0.0%	0.0%	0.0%
k__Bacteria;p__WS2	0	0.0%	0.0%	0.0%	0.0%	0.0%
k__Bacteria;p__WS3	0	0.1%	0.1%	0.1%	0.2%	0.1%
k__Bacteria;p__WS4	0	0.0%	0.0%	0.0%	0.0%	0.0%
k__Bacteria;p__WS5	0	0.0%	0.0%	0.0%	0.0%	0.0%
k__Bacteria;p__WWE1	0	0.0%	0.0%	0.0%	0.0%	0.0%
k__Bacteria;p__ZB3	0	0.0%	0.0%	0.0%	0.0%	0.0%
k__Bacteria;p__[Caldithrix]	0	0.0%	0.0%	0.0%	0.0%	0.0%
k__Bacteria;p__[Thermi]	0	0.0%	0.0%	0.0%	0.0%	0.0%

附图 3-3　拔节期土壤 Phylum 层次上的物种分布图

附图 3-3 彩图

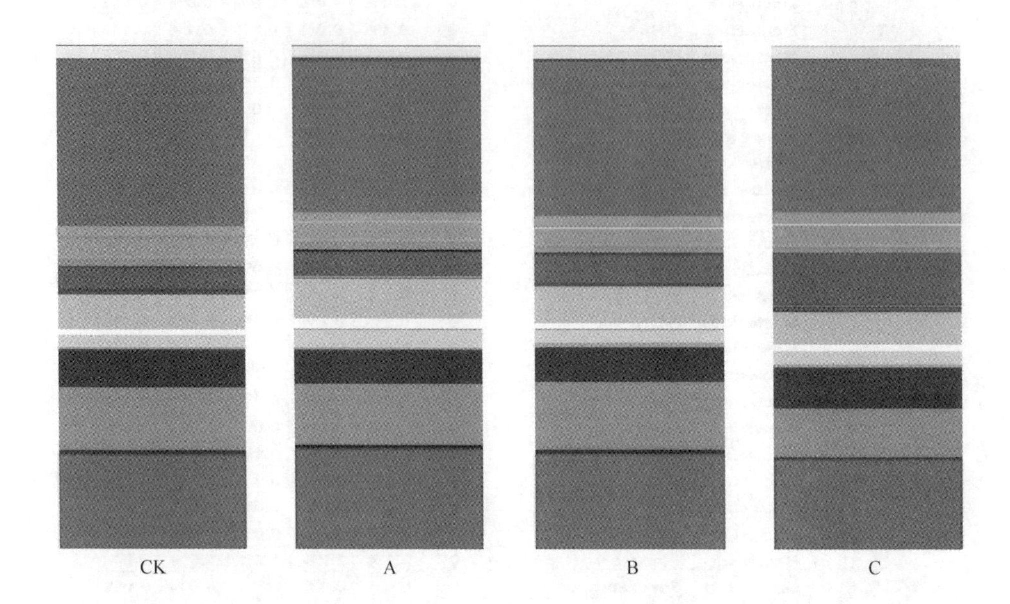

		Total		CK	A	B	C
Legend	Taxonomy	count	%	%	%	%	%
	Unassigned;Other	1	18.9%	18.7%	20.1%	19.0%	17.9%
	k__Archaea;p__Crenarchaeota	0	0.6%	0.8%	0.5%	0.8%	0.3%
	k__Archaea;p__Euryarchaeota	0	0.2%	0.3%	0.2%	0.3%	0.2%
	k__Archaea;p__[Parvarchaeota]	0	0.0%	0.0%	0.0%	0.0%	0.0%
	k__Bacteria;Other	0	0.0%	0.0%	0.0%	0.0%	0.0%
	k__Bacteria;p__	0	0.0%	0.0%	0.0%	0.0%	0.0%
	k__Bacteria;p__AC1	0	0.0%	0.0%	0.0%	0.0%	0.0%
	k__Bacteria;p__AD3	0	0.0%	0.0%	0.0%	0.0%	0.0%
	k__Bacteria;p__Acidobacteria	0	11.6%	12.2%	11.8%	13.0%	9.6%
	k__Bacteria;p__Actinobacteria	0	7.5%	7.5%	7.0%	7.0%	8.4%
	k__Bacteria;p__AncK6	0	0.0%	0.0%	0.0%	0.0%	0.0%
	k__Bacteria;p__Armatimonadetes	0	0.5%	0.6%	0.5%	0.6%	0.4%
	k__Bacteria;p__BHI80-139	0	0.0%	0.0%	0.0%	0.0%	0.0%
	k__Bacteria;p__BRC1	0	0.0%	0.0%	0.0%	0.1%	0.0%
	k__Bacteria;p__Bacteroidetes	0	2.7%	2.1%	3.4%	2.8%	2.5%
	k__Bacteria;p__Caldithrix	0	0.0%	0.0%	0.0%	0.0%	0.0%
	k__Bacteria;p__Chlamydiae	0	0.1%	0.1%	0.1%	0.0%	0.1%
	k__Bacteria;p__Chlorobi	0	1.5%	1.2%	2.2%	1.2%	1.3%
	k__Bacteria;p__Chloroflexi	0	7.0%	6.9%	7.7%	7.1%	6.4%
	k__Bacteria;p__Cyanobacteria	0	0.7%	0.8%	0.5%	0.5%	1.2%
	k__Bacteria;p__Deferribacteres	0	0.0%	0.0%	0.0%	0.0%	0.0%
	k__Bacteria;p__Elusimicrobia	0	0.0%	0.1%	0.1%	0.0%	0.0%
	k__Bacteria;p__FBP	0	0.0%	0.0%	0.0%	0.0%	0.0%
	k__Bacteria;p__FCPU426	0	0.0%	0.0%	0.0%	0.0%	0.0%
	k__Bacteria;p__Fibrobacteres	0	0.0%	0.0%	0.0%	0.0%	0.0%
	k__Bacteria;p__Firmicutes	0	6.6%	4.7%	5.0%	6.1%	10.5%
	k__Bacteria;p__Fusobacteria	0	0.0%	0.0%	0.0%	0.0%	0.0%

Taxon						
k__Bacteria;p__GAL15	0	0.0%	0.0%	0.0%	0.0%	0.0%
k__Bacteria;p__GN02	0	0.0%	0.0%	0.0%	0.0%	0.0%
k__Bacteria;p__GN04	0	0.1%	0.1%	0.1%	0.1%	0.0%
k__Bacteria;p__GOUTA4	0	0.0%	0.0%	0.0%	0.0%	0.0%
k__Bacteria;p__Gemmatimonadetes	0	1.5%	1.6%	1.7%	1.5%	1.1%
k__Bacteria;p__Hyd24-12	0	0.0%	0.0%	0.0%	0.0%	0.0%
k__Bacteria;p__KSB3	0	0.0%	0.0%	0.0%	0.0%	0.0%
k__Bacteria;p__Kazan-3B-28	0	0.0%	0.0%	0.0%	0.0%	0.0%
k__Bacteria;p__LCP-89	0	0.0%	0.0%	0.0%	0.0%	0.0%
k__Bacteria;p__LD1	0	0.0%	0.0%	0.0%	0.0%	0.0%
k__Bacteria;p__Lentisphaerae	0	0.0%	0.0%	0.0%	0.0%	0.0%
k__Bacteria;p__MVP-21	0	0.0%	0.0%	0.0%	0.0%	0.0%
k__Bacteria;p__MVS-104	0	0.0%	0.0%	0.0%	0.0%	0.0%
k__Bacteria;p__NC10	0	0.1%	0.1%	0.1%	0.1%	0.2%
k__Bacteria;p__NKB19	0	0.0%	0.0%	0.0%	0.0%	0.0%
k__Bacteria;p__Nitrospirae	0	3.8%	3.9%	3.7%	3.2%	4.2%
k__Bacteria;p__OD1	0	0.1%	0.1%	0.1%	0.1%	0.1%
k__Bacteria;p__OP11	0	0.0%	0.0%	0.0%	0.0%	0.0%
k__Bacteria;p__OP3	0	0.1%	0.1%	0.1%	0.1%	0.1%
k__Bacteria;p__OP8	0	0.1%	0.1%	0.1%	0.1%	0.1%
k__Bacteria;p__OP9	0	0.0%	0.0%	0.0%	0.0%	0.0%
k__Bacteria;p__PAUC34f	0	0.0%	0.0%	0.0%	0.0%	0.0%
k__Bacteria;p__Planctomycetes	0	2.1%	2.0%	1.9%	2.3%	2.3%
k__Bacteria;p__Poribacteria	0	0.0%	0.0%	0.0%	0.0%	0.0%
k__Bacteria;p__Proteobacteria	1	31.0%	33.1%	29.9%	30.7%	30.2%
k__Bacteria;p__SAR406	0	0.0%	0.0%	0.0%	0.0%	0.0%
k__Bacteria;p__SBR1093	0	0.0%	0.0%	0.0%	0.0%	0.0%
k__Bacteria;p__SC4	0	0.0%	0.0%	0.0%	0.0%	0.0%
k__Bacteria;p__SR1	0	0.0%	0.0%	0.0%	0.0%	0.0%
k__Bacteria;p__Spirochaetes	0	0.2%	0.2%	0.3%	0.2%	0.2%
k__Bacteria;p__Synergistetes	0	0.0%	0.0%	0.0%	0.0%	0.0%
k__Bacteria;p__TM6	0	0.1%	0.1%	0.1%	0.1%	0.1%
k__Bacteria;p__TM7	0	0.0%	0.0%	0.0%	0.0%	0.0%
k__Bacteria;p__TPD-58	0	0.1%	0.1%	0.1%	0.1%	0.0%
k__Bacteria;p__Tenericutes	0	0.0%	0.0%	0.0%	0.0%	0.0%
k__Bacteria;p__VHS-B3-43	0	0.0%	0.0%	0.0%	0.0%	0.0%
k__Bacteria;p__Verrucomicrobia	0	2.3%	2.3%	2.3%	2.4%	2.3%
k__Bacteria;p__WPS-2	0	0.0%	0.0%	0.0%	0.0%	0.0%
k__Bacteria;p__WS1	0	0.0%	0.0%	0.0%	0.0%	0.0%
k__Bacteria;p__WS2	0	0.0%	0.0%	0.0%	0.0%	0.0%
k__Bacteria;p__WS3	0	0.1%	0.1%	0.1%	0.1%	0.1%
k__Bacteria;p__WS4	0	0.0%	0.0%	0.0%	0.0%	0.0%
k__Bacteria;p__WS5	0	0.0%	0.0%	0.0%	0.0%	0.0%
k__Bacteria;p__WWE1	0	0.0%	0.0%	0.0%	0.0%	0.0%
k__Bacteria;p__ZB3	0	0.0%	0.0%	0.0%	0.0%	0.0%
k__Bacteria;p__[Caldithrix]	0	0.0%	0.0%	0.0%	0.0%	0.0%
k__Bacteria;p__[Thermi]	0	0.0%	0.0%	0.0%	0.0%	0.0%

附图3-4　齐穗期土壤Phylum层次上的物种分布图

附图3-4彩图

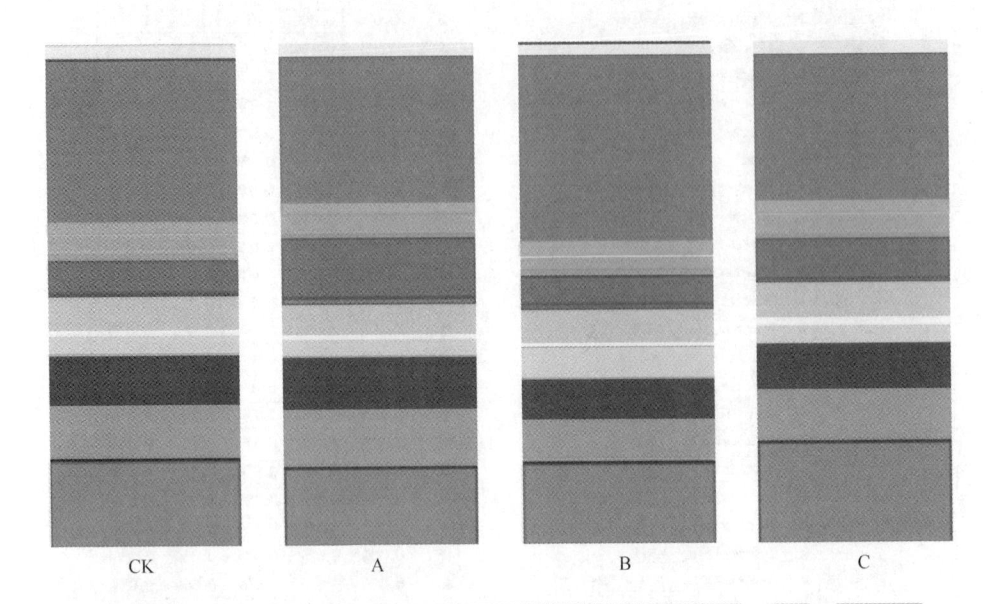

Legend	Taxonomy	Total count	Total %	CK %	A %	B %	C %
	Unassigned;Other	1	18.9%	18.7%	20.1%	19.0%	17.9%
	k__Archaea;p__Crenarchaeota	0	0.6%	0.8%	0.5%	0.8%	0.3%
	k__Archaea;p__Euryarchaeota	0	0.2%	0.3%	0.2%	0.3%	0.2%
	k__Archaea;p__[Parvarchaeota]	0	0.0%	0.0%	0.0%	0.0%	0.0%
	k__Bacteria;Other	0	0.0%	0.0%	0.0%	0.0%	0.0%
	k__Bacteria;p__	0	0.0%	0.0%	0.0%	0.0%	0.0%
	k__Bacteria;p__AC1	0	0.0%	0.0%	0.0%	0.0%	0.0%
	k__Bacteria;p__AD3	0	0.0%	0.0%	0.0%	0.0%	0.0%
	k__Bacteria;p__Acidobacteria	0	11.6%	12.2%	11.8%	13.0%	9.6%
	k__Bacteria;p__Actinobacteria	0	7.5%	7.5%	7.0%	7.0%	8.4%
	k__Bacteria;p__AncK6	0	0.0%	0.0%	0.0%	0.0%	0.0%
	k__Bacteria;p__Armatimonadetes	0	0.5%	0.6%	0.5%	0.6%	0.4%
	k__Bacteria;p__BHI80-139	0	0.0%	0.0%	0.0%	0.0%	0.0%
	k__Bacteria;p__BRC1	0	0.0%	0.0%	0.0%	0.1%	0.0%
	k__Bacteria;p__Bacteroidetes	0	2.7%	2.1%	3.4%	2.8%	2.5%
	k__Bacteria;p__Caldithrix	0	0.0%	0.0%	0.0%	0.0%	0.0%
	k__Bacteria;p__Chlamydiae	0	0.1%	0.1%	0.1%	0.0%	0.1%
	k__Bacteria;p__Chlorobi	0	1.5%	1.2%	2.2%	1.2%	1.3%
	k__Bacteria;p__Chloroflexi	0	7.0%	6.9%	7.7%	7.1%	6.4%
	k__Bacteria;p__Cyanobacteria	0	0.7%	0.8%	0.5%	0.5%	1.2%
	k__Bacteria;p__Deferribacteres	0	0.0%	0.0%	0.0%	0.0%	0.0%
	k__Bacteria;p__Elusimicrobia	0	0.0%	0.1%	0.1%	0.0%	0.0%
	k__Bacteria;p__FBP	0	0.0%	0.0%	0.0%	0.0%	0.0%
	k__Bacteria;p__FCPU426	0	0.0%	0.0%	0.0%	0.0%	0.0%
	k__Bacteria;p__Fibrobacteres	0	0.0%	0.0%	0.0%	0.0%	0.0%
	k__Bacteria;p__Firmicutes	0	6.6%	4.7%	5.0%	6.1%	10.5%
	k__Bacteria;p__Fusobacteria	0	0.0%	0.0%	0.0%	0.0%	0.0%

	k__Bacteria;p__GAL15	0	0.0%	0.0%	0.0%	0.0%	0.0%
	k__Bacteria;p__GN02	0	0.0%	0.0%	0.0%	0.0%	0.0%
	k__Bacteria;p__GN04	0	0.1%	0.1%	0.1%	0.1%	0.0%
	k__Bacteria;p__GOUTA4	0	0.0%	0.0%	0.0%	0.0%	0.0%
	k__Bacteria;p__Gemmatimonadetes	0	1.5%	1.6%	1.7%	1.5%	1.1%
	k__Bacteria;p__Hyd24-12	0	0.0%	0.0%	0.0%	0.0%	0.0%
	k__Bacteria;p__KSB3	0	0.0%	0.0%	0.0%	0.0%	0.0%
	k__Bacteria;p__Kazan-3B-28	0	0.0%	0.0%	0.0%	0.0%	0.0%
	k__Bacteria;p__LCP-89	0	0.0%	0.0%	0.0%	0.0%	0.0%
	k__Bacteria;p__LD1	0	0.0%	0.0%	0.0%	0.0%	0.0%
	k__Bacteria;p__Lentisphaerae	0	0.0%	0.0%	0.0%	0.0%	0.0%
	k__Bacteria;p__MVP-21	0	0.0%	0.0%	0.0%	0.0%	0.0%
	k__Bacteria;p__MVS-104	0	0.0%	0.0%	0.0%	0.0%	0.0%
	k__Bacteria;p__NC10	0	0.1%	0.1%	0.1%	0.1%	0.2%
	k__Bacteria;p__NKB19	0	0.0%	0.0%	0.0%	0.0%	0.0%
	k__Bacteria;p__Nitrospirae	0	3.8%	3.9%	3.7%	3.2%	4.2%
	k__Bacteria;p__OD1	0	0.1%	0.1%	0.1%	0.1%	0.1%
	k__Bacteria;p__OP11	0	0.0%	0.0%	0.0%	0.0%	0.0%
	k__Bacteria;p__OP3	0	0.1%	0.1%	0.1%	0.1%	0.1%
	k__Bacteria;p__OP8	0	0.1%	0.1%	0.1%	0.1%	0.1%
	k__Bacteria;p__OP9	0	0.0%	0.0%	0.0%	0.0%	0.0%
	k__Bacteria;p__PAUC34f	0	0.0%	0.0%	0.0%	0.0%	0.0%
	k__Bacteria;p__Planctomycetes	0	2.1%	2.0%	1.9%	2.3%	2.3%
	k__Bacteria;p__Poribacteria	0	0.0%	0.0%	0.0%	0.0%	0.0%
	k__Bacteria;p__Proteobacteria	1	31.0%	33.1%	29.9%	30.7%	30.2%
	k__Bacteria;p__SAR406	0	0.0%	0.0%	0.0%	0.0%	0.0%
	k__Bacteria;p__SBR1093	0	0.0%	0.0%	0.0%	0.0%	0.0%
	k__Bacteria;p__SC4	0	0.0%	0.0%	0.0%	0.0%	0.0%
	k__Bacteria;p__SR1	0	0.0%	0.0%	0.0%	0.0%	0.0%
	k__Bacteria;p__Spirochaetes	0	0.2%	0.2%	0.3%	0.2%	0.2%
	k__Bacteria;p__Synergistetes	0	0.0%	0.0%	0.0%	0.0%	0.0%
	k__Bacteria;p__TM6	0	0.1%	0.1%	0.1%	0.1%	0.1%
	k__Bacteria;p__TM7	0	0.0%	0.0%	0.0%	0.0%	0.0%
	k__Bacteria;p__TPD-58	0	0.1%	0.1%	0.1%	0.1%	0.0%
	k__Bacteria;p__Tenericutes	0	0.0%	0.0%	0.0%	0.0%	0.0%
	k__Bacteria;p__VHS-B3-43	0	0.0%	0.0%	0.0%	0.0%	0.0%
	k__Bacteria;p__Verrucomicrobia	0	2.3%	2.3%	2.3%	2.4%	2.3%
	k__Bacteria;p__WPS-2	0	0.0%	0.0%	0.0%	0.0%	0.0%
	k__Bacteria;p__WS1	0	0.0%	0.0%	0.0%	0.0%	0.0%
	k__Bacteria;p__WS2	0	0.0%	0.0%	0.0%	0.0%	0.0%
	k__Bacteria;p__WS3	0	0.1%	0.1%	0.1%	0.1%	0.1%
	k__Bacteria;p__WS4	0	0.0%	0.0%	0.0%	0.0%	0.0%
	k__Bacteria;p__WS5	0	0.0%	0.0%	0.0%	0.0%	0.0%
	k__Bacteria;p__WWE1	0	0.0%	0.0%	0.0%	0.0%	0.0%
	k__Bacteria;p__ZB3	0	0.0%	0.0%	0.0%	0.0%	0.0%
	k__Bacteria;p__[Caldithrix]	0	0.0%	0.0%	0.0%	0.0%	0.0%
	k__Bacteria;p__[Thermi]	0	0.0%	0.0%	0.0%	0.0%	0.0%

附图 3-5　成熟期土壤 Phylum 层次上的物种分布图

附图 3-5 彩图

参考文献

[1] 陈再明，陈宝梁，周丹丹. 水稻秸秆生物炭的结构特征及其对有机污染物的吸附性能［J］. 环境科学学报，2013，33（1）：9-19.

[2] GUL S，WHALEN J K，THOMAS B W，et al. Physico-chemical properties and microbial responses in biochar-amended soils：Mechanisms and future directions［J］. Agriculture，Ecosystems Environment，2015，206：46-59.

[3] ZHOU D N，ZHANG F P，DUAN Z Y，et al. Effects of heavy metal pollution on microbial communities and activities of mining soils in Central Tibet，China［J］. Journal of Food，Agriculture & Environment，2013，11（1）：676-681.

[4] 王震宇，徐振华，郑浩，等. 花生壳生物炭对中国北方典型果园酸化土壤改性研究［J］. 中国海洋大学学报，2013，43（8）：86-91.

[5] KIMETU J M，LEHMANN J. Stability and stabilization of biochar and green manure in soil with different organic carbon contents［J］. Soil Research，2010，48（7）：577-585.

[6] 金诚，赵转军，南忠仁，等. 绿洲土 Pb-Zn 复合胁迫下重金属形态特征和生物有效性［J］. 环境科学，2015，36（5）：1870-1876.

[7] 高瑞丽，朱俊，汤帆，等. 水稻秸秆生物炭对镉、铅复合污染土壤中重金属形态转化的短期影响［J］. 环境科学学报，2016，36（1）：251-256.

[8] LEHMAN J，GAUNT J，BONDON M. Biochar sequestration in terrestrial ecosystems：A review［J］. Mitigation and Adaptation Strategies for Global Change，2006，11：403-427.

[9] GLASER B，LEHMANN J，ZECH W. Ameliorating physical and chemical properties of highly weathered soils in the tropics with biochar a review［J］. Biology and Fertility of Soils，2002，35（4）：219-230.

[10] SCHULZ H，DUNST G，GLASER B. Positive effects of composted biochar on plant growthand soil fertility［J］. Agronomy for Sustainable Development，2013，33：817-827.

[11] LANG Y H，WANG H，LIU W. Effect of pomelo peel biochars on adsorption performance of phosphorus in soil［J］.Periodical of Ocean University of China，2015，45（4）：78-84 .

[12] FELLET G，MARMIROLI M，MARCHIOL L. Elements uptake by metal accumulator species grown on mine tailings amended with three types of biochar［J］. Science of the Total Environment，2014，468：598-608.

[13] KLOSS S，ZEHETNER F，WIMMER B，et al. Biochar application to temperate soils：

Effects on soil fertility and crop growth under greenhouse conditions [J]. Journal of Plant Nutrition and Soil Science, 2014, 177 (1): 3-15.

[14] ZHU Y G, KHANS S, CAI C, et al. Sewage sludge biochar influence upon rice (Oryza sativa L.) yield, metal bioaccumulation and greenhouse gas emissions from acidic paddy soil [J]. Environmental Science and Technology, 2013, 47 (15): 8624-8632.

[15] 魏永霞，朱畑豫，刘慧. 连年施加生物炭对黑土区土壤改良与玉米产量的影响[J]. 农业机械学报，2022，53 (1)：291-301.

[16] YAO Y, GAO B, ZHANG M, et al. Effect of biochar amendment on sorption and leaching of nitrate, ammonium, and phosphate in a sandy soil [J]. Chemosphere, 2012, 89: 1467-147.

[17] XU G, WEI L L, SUN J N, et al. What is more important for enhancing nutrient bioavailability with biochar application into a sandy soil: Direct or indirect mechanism [J]. Ecological Engineering, 2013, 52 (2): 119-124.

[18] ZHENG H, WANG Z, DENG X, et al. Impacts of adding biochar on nitrogen retention and bioavailability in agricultural soil [J]. Geoderma, 2013, 206: 32-39.

[19] BUTNAN S, DEENIK J L, TOOMSAN B, et al. Biochar characteristics and application rates affecting corn growth and properties of soils contrasting in texture and mineralogy [J]. Geoderma, 2015, 237: 105-116.

[20] SINGH B P, HATTON B J, BALWANT S, et al. Influence of biochars on niturous oxide emission and nitrogen leaching from two contrasting soils [J]. Journal of Environmental Quality, 2010, 39: 1224-1235.

[21] SUGUIHIRO T M, PAULO ROBERTO DE OLIVEIRA P R D, REZENDE E I P D, et al. An electroanalytical approach for evaluation of biochar adsorption characteristics and its application for Lead and Cadmium determination [J]. Bioresource Technology, 213, 143: 40-45.

[22] LEHMANN J. Black is the new green [J]. Nature. 2006, 442 (10): 624-626.

[23] 朱庆祥. 生物炭对 Pb、Cd 污染土壤的修复试验研究 [D]. 重庆：重庆大学，2011.

[24] BIAN R J, CHEN D, LIU X Y, et al. Biochar soil amendment as a solution to prevent Cd-tainted rice from China: Results from a cross-site field experiment [J]. Ecological Engineering, 2013, 58: 378-383.

[25] 蔺海红，付琳琳，李恋卿，等. 生物质炭对土壤特性及葡萄幼苗植株生长的影响[J]. 中国农学通报 2013，29 (28)：195-200.

[26] 郭观林，周启星，李秀颖. 重金属污染土壤原位化学固定修复研究进展 [J]. 应用生态学报，2005，16 (10)：1990-1996.

[27] 陈再明，方远，徐义亮，等. 水稻秸秆生物炭对重金属 Pb^{2+} 的吸附作用及影响因素 [J]. 环境科学学报，2012，32（4）：769-776.

[28] YUAN J H，XU R K. ZHANG H，et al. The forms of alkalis in the biochar produced from crop residues at different temperatures [J]. Bioresource Technology，2011，102：3488-3497.

[29] 马锋锋，赵保卫，钟金魁. 牛粪生物炭对磷的吸附特性及其影响因素研究 [J]. 中国环境科学，2015，35（4）：1156-1163.

[30] 武玉，徐刚，吕迎春，等. 生物炭对土壤理化性质影响的研究进展 [J]. 地球科学进展，2014，29（1）：68-79.

[31] KIM K H，KIM J Y，CHO T S，et al. Influence of pyrolysis temperature on physicochemical properties of biochar obtained from the fast pyrolysis of pitch pine（Pinus rigida）[J]. Bioresource Technology，2012，118：58-162.

[32] YUAN J H，XU R K，WANG N，et al. Amendment of acid soil with cropresidues and biochars [J]. Pedosphere，2011，21（3）：302-308.

[33] 陆海楠，胡学玉，刘红伟. 不同裂解条件对生物炭稳定性的影响 [J]. 环境科学与技术，2013，36（8）：11-14.

[34] 郑庆福，王永和、孙月光，等. 不同物料和炭化方式制备生物炭结构性质的 FTIR 研究 [J]. 光谱学与光谱分析，2014，34（4）：962-966.

[35] BEESLEY L，JIMÉNEZ E M，GOMEZ-EYLES J L，et al. Effects of biochar and greenwaste compost amendments on mobility，bioavailability and toxicity of inorganic and organic contaminants in a multielement polluted soil [J]. Environmental Pollution，2010，158：2282-2287.

[36] MASULILI A，UTOMO W H，SYECHFANI M S. Rice husk biochar for rice based cropping system in acid soil Ⅰ. The characteristics of rice husk biochar and its influence on the properties of acid sulfatesoils and rice growth in west Kalimantan，Indonesia [J]. Journal of Agricultural Science，2010，2（1）：39-47.

[37] 徐楠楠，林大松，徐应明，等. 生物炭在土壤改良和重金属污染治理中的应用 [J]. 农业环境与发展，2013，30（4）：29-34.

[38] 房彬，李心清，赵斌，等. 生物炭对旱作农田土壤理化性质及作物产量的影响 [J]. 生态环境学报，2014，23（8）：1292-1297.

[39] 赵殿峰，徐静，罗璇，等. 生物炭对土壤养分、烤烟生长以及烟叶化学成分的影响 [J]. 西北农业学报，2014，23（3）：85-92.

[40] 高海英，何绪生，陈心想，等. 生物炭及炭基硝酸铵肥料对土壤化学性质及作物产量的影响 [J]. 农业环境科学学报，2012，31（10）：1948-1955.

[41] 张伟明. 生物炭的理化性质及其在农业生产上的应用 [D]. 沈阳：沈阳农业大学，2012.

[42] LAIRD D A, FLEMING P, DAVIS D D, et al. Impact of biochar amendments on the quality of a typical midwestern agricultural soil [J]. Geoderma, 2010, 158 (30): 443-449.

[43] 赵迪，黄爽，黄介生. 生物炭对粉黏壤土水力参数及胀缩性的影响 [J]. 农业工程学报，2015，31 (17)：137-144.

[44] 陈红霞，杜章留，郭伟，等. 施用生物炭对华北平原农田土壤容重阳离子交换量和颗粒有机质含量的影响 [J]. 应用生态学报，2011，22 (11)：2930-2934.

[45] MULCAHY D N, MULCAHY D L DIETZ D, et al. Biochar soil amendment increases tomato seedling resistance to drought in sandy soils [J]. Journal of Arid Environments, 2013, 88: 222-225.

[46] 齐瑞鹏，张磊，颜永毫，等. 定容重条件下生物炭对半干旱区土壤水分入渗特征的影响 [J]. 应用生态学报，2014，25 (8)：2281-2288.

[47] HERATH H M S K, CAMPS-ARBESTAIN M, HEDLEY M. Effect of biochar on soil physical properties in two contrasting soils: An alfisol and an andisol [J]. Geoderma, 2013 (209/210): 188-197.

[48] CROSS A, SOHI S P, SARAN P S. The priming potential of biochar products in relation to labile carbon contents and soil organic matter status [J]. Soil Biology & Biochemistry, 2011, 43: 2127-2134.

[49] VERHEIJEN F, JEFFERY S, BASTOS A C, et al. Biochar application to soil [C] // Luxembour: Institute for Environment and Sustainability, 2010.

[50] 韩光明. 生物炭对不同类型土壤理化性质和微生物多样性的影响 [D]. 沈阳：沈阳农业大学，2013.

[51] 勾芒芒，屈忠义. 土壤中施用生物炭对番茄根系特征及产量的影响 [J]. 生态环境学报，2013，22 (8)：1348-1352.

[52] ZEELIE A. Effect of biochar on selected soil physical properties of sandy soil with low agricultural suitability [D]. Stellenbosch: Stellenbosch University, 2012.

[53] 勾芒芒，屈忠义，杨晓，等. 生物炭对砂壤土节水保肥及番茄产量的影响研究 [J]. 农业机械学报，2014，45 (1)：137-144.

[54] CHEN Y, SHINOGI Y, TAIRA M. Influence of biochar use on sugarcane growth, soil parameters, and groundwater quality [J]. Aust J Soil Res, 2010, 48 (6/7): 526-530.

[55] KEILUWEIT M, NICO P S, JOHNSON M G, et al. Dynamic molecular structure of plant biomass-derived black carbon (biochar) [J]. Environmental Science and Technology, 2010, 44 (4): 1247-1253.

[56] 卜晓莉，薛建辉. 生物炭对土壤生境及植物生长影响的研究进展 [J]. 生态环境学报，2014，23 (3)：535-540.

[57] 逄雅萍，黄爽，杨金忠，等. 生物炭促进水稻土镉吸附并阻滞水分运移 [J]. 农业工程学报，2013，29 (11)：107-124.

[58] 张祥，王典，姜存仓，等. 生物炭对我国南方红壤和黄棕壤理化性质的影响 [J]. 中国生态农业学报，2013，21 (8)：979-984.

[59] 刘祥宏. 生物炭在黄土高原典型土壤中的改良作用 [D]. 北京：中国科学院，2013.

[60] 陈玲桂. 生物炭输入对农田土壤重金属迁移的影响研究 [D]. 浙江：浙江大学，2013.

[61] 孙军娜，董陆康，徐刚，等. 糠醛渣及其生物炭对盐渍土理化性质影响的比较研究 [J]. 农业环境科学学报，2014，33 (3)：532-538.

[62] LIANG B，LEHMANN J，SOLOMON D，et al. Black carbon increases cation exchange capacity in soils [J]. Soil Science Society of America Journal，2006，70 (5)：1719-1730.

[63] CHINTALA R，SCHUMACHER T E，MCDONALD L M，et al. Phosphorus sorption and availability from biochars and soil/biochar mixtures [J]. Clean Soil Air Water，2014，42 (5)：626-634.

[64] GLASER B，HAUMAIER L，GUGGENBERGER G，et al. The Terra Preta'phenomenon：A model foe sustainable agriculture in the humid tropics [J]. Naturwissenschaften，2001，88 (10)：37-41.

[65] 黄超，刘丽君，章明奎. 生物质炭对红壤性质和黑麦草生长的影响 [J]. 浙江大学学报（农业与生命科学版），2011，37 (4)：439-445 .

[66] 高德才，张蕾，刘强，等. 旱地土壤施用生物炭减少土壤氮损失及提高氮素利用率 [J]. 农业工程学报，2014，30 (6)：54-61.

[67] MAGRINI-BAIR K A，CZERNIK S，PILATH H M. et al. Biomass derived，carbon sequestering，designed fertilizers [J]. Annals of Environmental Science. 2009，3 (1)：217-225.

[68] GUEERENA D，LEHMANN J，HANLEY K，et al. Nitrogen dynamics following field application of biochar in a temperate North American maize based production system [J]. Plant and Soil，2013，365 (1-2)：239-254.

[69] KNOWLES O A，ROBINSON B H，CONTANGELO A，et al. Biochar for the mitigation of nitrate leaching from soil amended with biosolids [J]. Science of the Total Environment，2011 (409)：3206-3210.

[70] 周志红，李心清，邢英，等. 生物炭对土壤氮素淋失的抑制作用 [J]. 地球与环境，2011，39 (2)：278-284.

[71] 程国淡，黄 青，张凯松，等. 热解温度和时间对生物干化污泥生物炭性质的影响 [J]. 环境工程学报，2013，7 (3)：1133-1138.

[72] 陈心想，耿增超，王森. 施用生物炭后塿土土壤微生物及酶活性变化特征 [J]. 农业环境科学学报，2014，33 (4)：751-758.

[73] PIGNATARO A, MOSCATELLI M C, MOCALI S, et al. Assessment of soil microbial functional diversity in a ccoppiced forest system [J]. Applied Soil Ecology, 2012, 62: 115-123.

[74] 唐光木，葛春辉，徐万里，等. 施用生物黑炭对新疆灰漠土肥力与玉米生长的影响 [J]. 农业环境科学学报，2011，30 (9)：1797-1802.

[75] 李明，李忠佩，刘明，等. 不同秸秆生物炭对红壤性水稻土养分及微生物群落结构的影响 [J]. 中国农业科学，2015，48 (7)：1361-1369.

[76] STEINBESISS S, GLEIXNER G, ANTONIETTI M. Effect of biochar amendment on soil carbon balance and soil microbial activity [J]. Soil Biology & Biochemistry, 2009, 41 (6):1301-1310.

[77] GROSSMAN J M, O'NEILL B E, TSAI S M, et al. Amazonian anthrosola support similar microbial communities that differ distinctly from those extant in adjacent, unmodified soils of the same mineralogy [J]. Microbial Ecology, 2010, 60: 192-205.

[78] AMELOOT N, NEVE S D, JEGAJEEVAGAN K, et al. Short-term CO_2 and N_2O emissions and microbial properties of biochar amended sandy loam soils [J]. Soil Biology & Biochemistry, 2013, 57: 401-410.

[79] LEHMANN J, ELLENBERGER C, HOFFMANN C, et al. Morpho-functional studies regarding the fertility prognosis of mares suffering from equine endometriosis [J]. Theriogenology, 2011, 76: 1326-1336.

[80] 顾美英，刘洪亮，李志强，等. 新疆连作棉田施用生物炭对土壤养分及微生物群落多样性的影响 [J]. 中国农业科学，2014，47 (20)：4128-4138.

[81] KOLTON M, HAREL Y M, PASTERNAK Z, et al. Impact of biochar application to soil on the root-associated bacterial community structure of fully developed greenhouse pepper plants [J]. Applied and Enviromental Microbiology, 2011, 77 (140): 4924-4930.

[82] ANDERSON C R, CONDRON L M, CLOUGH T J, et al. Biochar induced soil microbial community change: Implications for biogeochemical cycling of carbon, nitrogen and phosphorus [J]. Pedobiologia-International Journal of Soil Biology, 2011, 54 (5160): 309-320.

[83] 孙锋，赵灿灿，李江涛，等. 与碳氮循环相关的土壤酶活性对施用氮磷肥的响应[J]. 环境科学学报，2014，34（4）：1016-1023.

[84] 杨文彬，耿玉清，王冬梅. 漓江水陆交错带不同植被类型土壤酶活性研究 [J]. 生态学报，2015，35（14）：1-11.

[85] HILL B H，ELONEN C M，SEIFERT L R，et al. Microbial enzyme stoichiometry and nutrient limitation in US streams and rivers [J]. Ecological Indicators，2012，18：540-551.

[86] CHAPERON S，SAUVE S. Toxicity interaction of metals（Ag，Cu，Hg，Zn）to urease and dehydrogenase activities in soils [J]. Soil Biology and Biochemistry，2007，39（9）:2329-2338.

[87] 线郁，王美娥，陈卫平. 土壤酶和微生物量碳对土壤低浓度重金属污染的响应及其影响因子研究 [J]. 生态毒理学报，2014，9（1）：63-70.

[88] 侯艳伟，池海峰，毕丽君. 生物炭施用对矿区污染农田土壤上油菜生长和重金属富集的影响 [J]. 生态环境学报. 2014，23（6）：1057-1063.

[89] CZIMCZIK C I，MASIELLO C A. Controls on black carbon storage in soils [J]. Global Biogeochemical Cycles，2007，21（3）：1029-1036.

[90] LEHMANN J，JOSEPH S. Biochar for environmental management：science and technology [M]. London：Earthscan，2009.

[91] 黄剑. 生物炭对土壤微生物量及土壤酶的影响研究 [D]. 北京：中国农业科学院，2012.

[92] HOU Y W，ZENG Y F，AN Z L. Effect of the application of biochar on the chemical fraction of heavy metals in polluted red soil [J]. Journal of Inner Mongolia University（Natural Science Edition），2011，42（4）：460-466.

[93] CHEN J H，LIU X Y，ZHENG J W，et al. Biochar soil amendment increased bacterial but decreased fungalgene abundance with shifts in community structure in a slightly acid rice paddy from Southwest China [J]. Applied Soil Ecology，2013，71：33-44.

[94] O'DELL R，SILK W，GREEN P，et al. Compost amendment of Cu-Zn minespoil reduces toxic bioavailable heavy metal concentrations and promotes establishment and biomass production of bromus carinatus（hook and arn.）[J]. Environmental Pollution，2007，148：115-124.

[95] SALT D E，BLAYLOCK M，KUMAR N P，et al. Phytoremediation：A novel strategy for the removal of toxic metals from the environment using plants [J]. Nature Biotechnology，1995，13（5）：468-474.

[96] RASKIN I，ENSLEY B D. Phytoremediation of toxic metals：Using plants to clean up the

environment [M]. Wiley Interscience, 1999.

[97] 杜胜南. 生物炭对土壤中镉的影响研究 [J]. 农林科技与装备, 2013, 1 (223): 6-7.

[98] 高译丹, 梁成华, 裴中健, 等. 施用生物炭和石灰对土壤镉形态转化的影响 [J]. 水土保持学报, 2014, 28 (2): 258-261.

[99] 杨惟薇, 张超兰, 曹美珠, 等. 4 种生物炭对镉污染潮土钝化修复效果研究 [J]. 水土保持学报, 2015, 29 (1): 240-244.

[100] LOGANATHAN P, VIGNESWARAN S, KANDASAMY J, et al. Cadmium sorption and desorption in soils: A review [J]. Critical Reviewsin Environmental Science and Technology, 2012, 42 (5): 489-533 .

[101] PICCOLO A, MBAGWU J S C. Effects of different organic waste amendments on soil microaggregates stability and molecular sizes of humic substances [J]. Plant and Soil, 1990, 123 (1): 27-37.

[102] CAPORALE A G, PIGNA M, SOMMELLA A, et al. Effect of pruning-derived biochar on heavy metals removal and water dynamics [J]. Biology and Fertility of Soils, 2014, 50: 1211-1222.

[103] ABDEL-FATTAH T M, MAHMOUD M E, AHMED S B, et al. Biochar from woody biomass for removing metal contaminants and carbon sequestration [J]. Journal of Industrial and Engineering Chemistry, 2015, 22: 103-109.

[104] CAO X D, MA L N, LIANG Y, et al. Simultaneous immobilization of lead and atrazine in contaminated soils using dairy-manure biochar [J]. Environmental Science & Technology, 2011, 45 (11): 4884-4889.

[105] CHEN S B, ZHU Y G, MA Y B, et al. Effect of bone char application on Pb bioavailability in a Pb-contaminated soil [J]. Environmental Pollution, 2006, 139 (3): 433-439.

[106] GAUR A, ADHOLEYA A. Prospects of arbuscular mycorrhizal fungi in phytoremediation of heavy metal contaminated soil [J]. Current science, 2004, 86 (6): 528-534.

[107] RUFYIKIRI G, DECLERCK S, THIRY Y. Comparison of ^{233}U and ^{33}P uptake and translcation by arbuscular mycorrhizal fungus Glomus intraradices in root organ culture conditions [J]. Mycorrhiza, 2004, 14 (3): 203-207.

[108] 徐楠楠. 生物炭对 Cd 污染土壤钝化修复效应研究 [D]. 长春: 吉林大学, 2014.

[109] 蒋健, 王宏伟, 刘国玲, 等. 生物炭对玉米根系特性及产量的影响 [J]. 玉米科学, 2015, 23 (4): 62-66.

[110] 马莉, 吕宁, 冶军, 等. 生物炭对灰漠土有机碳及其组分的影响 [J]. 中国农业

生态报，2012，20（8）：976-981.

［111］MÉNDEZ A，GÓMEZ A，PAZ-FERREIRO J，et al. Effects of sewage sludge biochar on plant metal availability after application to a Mediterranean soil［J］. Chemosphere，2012，89：1354-1359.

［112］刘阿梅，向言词，田代科，等. 生物炭对植物生长发育及重金属镉污染吸收的影响［J］. 水土保持学报，2013，27（5）：197-199.

［113］刘文庆，祝方，马少云. 重金属污染土壤电动力学修复技术研究进展［J］. 安全与环境工程，2015，22（2）：55-60.

［114］秦鱼生，喻华，文强，等. 成都平原北部水稻土重金属含量状况及其潜在生态风险评价［J］. 生态学报，2013，33（19）：6335-6442.

［115］杨刚，李燕，巫林，等. 成都平原表层水稻土重金属污染健康风险分析［J］. 环境化学，2014，32（2）：269-275.

［116］李启权，张少尧，代天飞，等. 成都平原农地土壤镉含量特征及来源研究［J］. 农业环境科学学报，2014，33（5）：898-906.

［117］李富华. 成都平原农用土壤重金属污染现状及防治对策［J］. 四川环境，2009，28（4）：60-64.

［118］LI B，WANG C Q，TAN T，et al. Regional distribution and pollution evaluation of heavy metal pollution in topsoils of the Chengdu plain［J］. Journal of Nuclear Agricultural Sciences，2009，23（2）：308-315.

［119］VOORDE T F J V D，BEZEMER T M，GROENIGEN J W V，et al. Soil biochar amendment in a nature restoration area：Effects on plant productivity and community composition［J］. Ecological Applications，2014，24（5）：1167-1177.

［120］张伟明，管学超，黄玉威，等. 生物炭与化学肥料互作的大豆生物学效应［J］. 作物学报，2015，41（1）：109-122.

［121］VAN Z L，KIMBER S，DOWNIE A，et al. A glasshouse study on the interaction of low mineral ash biochar with nitrogen in a sandy soil［J］. Soil Research，2010，48：569-576.

［122］SHAABAN A，SE S M，DIMIN M F，et al. Influence of heating temperature and holding time on biochars derived from rubber wood sawdust via slow pyrolysis［J］. Journal of Analytical and Applied Pyrolysis，2014，107：31-39.

［123］ZHENG H，WANG Z Y，DENG X，et al. Impacts of adding biochar on nitrogen retention and bioavailability in agricultural soil［J］. Geoderma，2013，206：32-39.

［124］孟梁，侯静文，郭琳，等. 芦苇生物炭制备及其对 Cu^{2+} 的吸附动力学［J］. 实验室研究与探索，2015，34（1）：5-9.

[125] CHEN B L, ZHU D D, ZHU L Z. Transitional adsorption and partition of nonpolar and aromatic contaminants by biochars of pine needles with different pyrolytic temperatures [J]. Environmental Science and Technology, 2008, 42 (14): 5137-5143.

[126] 张千丰, 孟 军, 刘居东, 等. 热解温度和时间对三种作物残体生物炭 pH 值及碳氮含量的影响 [J]. 生态学杂志, 2013, 32 (9): 2347-2353.

[127] 王煌平, 张青, 李昱, 等. 热解温度对畜禽粪便生物炭产率及理化特性的影响 [J]. 农业环境科学学报, 2015, 34 (11): 2208-2214.

[128] PENG X, YE L L, WANG C H, et al. Temperature and duration dependent rice straw-derived biochar: Characteristics and its effects on soil properties of an Ultisol in Southern China [J]. Soil & Tillage Research, 2011, 112 (2): 159-166.

[129] LEHMANN J. RILLING M C. THIES J. et al. Biochar effects on soil biota-A review [J]. Soil Biology & Biochemistry, 2011, 43: 1812-1836.

[130] NOVAK J M, BUSSHCHER W J, LAIRD D L, et al. Impact of biochar amendment on fertility of a southeastern coastal plain soil [J]. Soil Science. 2009, 174: 105-113.

[131] 周强, 黄代宽, 余浪, 等. 热解温度和时间对生物炭 pH 值的影响 [J]. 地球环境学报, 2015, 6 (3): 195-200.

[132] BRAADBAART F, POOLE I. Morphological, chemical and physical changes during charcoalification of wood and its relevance to archaeological contexts [J]. Journal of Archaeological Science, 2008, 35: 2434-2445.

[133] 戴静, 刘阳生. 四种原料热解产生的生物炭对 Pb^{2+} 和 Cd^{2+} 的吸附特性研究 [J]. 北京大学学报 (自然科学版), 2013, 49 (6): 1075-1082.

[134] 安增莉, 侯艳伟, 蔡超, 等. 水稻秸秆生物炭对 Pb 的吸附特性 [J]. 环境化学, 2011, 30 (11): 1851-1857.

[135] 李瑞月, 陈德, 李恋卿. 不同作物秸秆生物炭对溶液中 Pb^{2+}、Cd^{2+} 的吸附 [J]. 农业环境科学学报, 2015, 34 (5): 1001-1008.

[136] CHEN B L, CHEN Z M. Sorption of naphthalene and Inaphthol by biochars of orange peels with different pyrolytic temperatures [J]. Chemosphere, 2009, 76: 127-133.

[137] 郎印海, 刘伟, 王慧. 生物炭对水中五氯酚的吸附性能研究 [J]. 中国环境科学, 2014, 34 (8) 2017-2023.

[138] DEMIRBAS A. Production and characterization of biochars from biomass via pyrolysis [J]. Energy Sources Part A, 2006, 28 (10): 413-422.

[139] 王震宇, 刘国成, MONICA X, 等. 不同热解温度生物炭对 Cd (Ⅱ) 的吸附特性 [J]. 环境科学, 2014, 35 (12): 4735-4744.

[140] 张振宇. 生物炭对稻田土壤镉生物有效性的影响研究 [D]. 沈阳: 沈阳农业大

学，2013.
[141] 夏广洁，宋萍，邱宇平. 牛粪源和木源生物炭对 Pb(Ⅱ) 和 Cd(Ⅱ) 的吸附机理研究 [J]. 农业环境科学学报，2014，33 (3)：569-575.
[142] 楚颖超，李建宏，吴蔚东. 椰纤维生物炭对 Cd(Ⅱ)、As(Ⅲ)、Cr(Ⅲ)Cr(Ⅵ) 的吸附 [J]. 环境工程学报，2015，9 (5)：2165-2170.
[143] 郭文娟. 生物炭对镉污染土壤的修复效应及其环境影响行为 [D]. 北京：中国农业科学院，2013.
[144] KOLODYNSKA D，WNETRZAK R，LEAHY J J，et al. Kinetic and adsorptive characterization of biochar in metal ions removal [J]. Chemical Engineering Journal，2012，197：295-305.
[145] 张伟明，孟军，王嘉宇，等. 生物炭对水稻根系形态与生理特性及产量的影响 [J]. 作物学报，2013，39 (8)：1445-1451.
[146] 刘孝利，曾昭霞，陈求稳，等. 生物炭与石灰添加对稻田土壤重金属面源负荷影响 [J]. 水利学报，2014，45 (6)：682-690.
[147] 马晓霞，王莲莲，黎青慧，等. 长期施肥对玉米生育期土壤微生物量碳氮及酶活性的影响 [J]. 生态学报，2012，32 (17)：5502-5511.
[148] 赵小蓉，杨谢，陈光辉，等. 成都平原区不同蔬菜品种对重金属富集能力研究 [J]. 西南农业学报，2010，23 (40)：1142-1146.
[149] 李冰，王昌全，谭婷，等. 成都平原土壤重金属区域分布特征及其污染评价 [J]. 核农学报，2009，23 (2)：308-315.
[150] 王浩，焦晓燕，王劲松，等. 生物炭对土壤水分特征及水胁迫条件下高粱生长的影响 [J]. 水土保持学报，2015，29 (2)：253-258.
[151] 尚杰，耿增超，赵军，等. 生物炭对塿土水热特性及团聚体稳定性的影响 [J]. 应用生态学报，2015，26 (7)：1969-1976.
[152] 郑瑞伦，王宁宁，孙国新，等. 生物炭对京郊沙化地土壤性质和苜蓿生长、养分吸收的影响 [J]. 农业环境科学学报，2015，34 (5)：904-912.
[153] LIANG B Q，LEHMANN J，SOHI S P，et al. Black carbon affects the cycling of nonblack carbon in soil [J]. Organic Geochemistry，2010，41 (2)：206-213.
[154] 陈延华，廖上强，李艳梅，等. 生物炭和园林废弃堆腐物对设施蔬菜的影响：Ⅰ土壤理化性质及产量 [J]. 农业环境科学学报，2015，34 (5)：913-919.
[155] BAILEY V L，FANSLER S J，SMITH J L，et al. Reconciling apparent variability in effects of biochar amentdment on soil enzyme activities by assay optimization [J]. Soil Biology & Biochemistry，2011，43：296-301.
[156] BARONTI S，VACCARI F P，MIGLIETTA F，et al. Impact of biochar application on

plant water relations in vitis vimifera (L.) [J]. European Journal of Agronomy, 2014, 53 (2) 38-44.

[157] STREUBEL J D, COLLINS H P, GARCIA-PEREZ M, et al. Influence of contrasting biochar types on five soils at increasing rates of application [J]. Soil Science Society of America Journal, 2011, 75 (4): 1402-1413.

[158] 颜永豪, 郑纪勇, 张兴昌, 等. 生物炭添加对黄土高原典型土壤田间持水量的影响 [J]. 水土保持学报, 2013, 27 (4): 120-126.

[159] 刘旻慧, 王震宇, 陈蕾, 等. 花生壳及中药渣混合生物炭对铅污染土壤的修复研究 [J]. 中国海洋大学学报 (自然科学版), 2016, 46 (1): 101-107.

[160] 惠锦卓, 张爱平, 刘汝亮, 等. 添加生物炭对灌淤土土壤养分含量和氮素淋失的影响 [J]. 中国农业气象, 2014, 35 (2): 156-161.

[161] 张爱平, 刘汝亮, 高霁, 等. 生物炭对宁夏引黄灌区水稻产量及氮素利用率的影响 [J]. 植物营养与肥料学报, 2015, 21 (5): 1352-1360.

[162] 刘丹丹, 刘菲, 缪德仁. 土壤重金属连续提取方法的优化 [J]. 现代地质, 2015, 29 (22): 390-394.

[163] 张翔, 余真, 张耿崚, 等. 污泥生物炭基堆肥对锰污染土壤性质及其修复的影响 [J]. 农业环境科学学报, 2015, 34 (7): 1277-1286.

[164] 邢英, 李心清, 王兵, 等. 生物炭对黄壤中氮淋溶影响: 室内土柱模拟 [J]. 生态学杂志, 2011, 30 (11): 2483-2488.

[165] 战秀梅, 彭靖, 王月, 等. 生物炭及炭基肥改良棕壤理化性状及提高花生产量的作用 [J]. 植物营养与肥料学报, 2015, 21 (6): 1633-1641.

[166] ZWIETEN L V, KIMBER S, MORRIS S, et al. Effects of biochar from slow pyrolysis of papermill waste on agronomic performanceand soil fertility [J]. Plant and Soil, 2010, 327 (1/2): 235-246.

[167] 周桂玉, 窦森, 刘世杰. 生物质炭结构特性及其对土壤有效养分和腐殖质组成的影响 [J]. 农业环境科学学报, 2011, 30 (10): 2275-2080.

[168] COX D, BEZDICEK D, FAUCI M. Effects of compost, coal ash, and straw amendments on restoring the quality of eroded Palouse soil [J]. Biology and Fertility of Soils, 2001, 33 (5): 365-372.

[169] CUI H J, WANG M K, FU M L, et al. Enhancing phosphorus availability in phosphorus-fertilized zones by reducing phosphate adsorbed on ferrihydrite using rice straw-derived biochar [J]. Journal of Soils and Sediments, 2011, 11 (7): 1135-1141.

[170] 王艳红, 李盟军, 唐明灯, 等. 稻壳基生物炭对生菜 Cd 吸收及土壤养分的影响 [J]. 中国生态农业学报, 2015, 23 (2): 207-214.

[171] DEENIK J L, MCCLELLAN A T, UEHARA G. Biochar volatile matter content effects on plant growth and nitrogen and nitrogen transformations in atropical soil [R]. Salt Lake City: Western Nutrient Management Conference, 2009: 26-31.

[172] 朱盼, 应介官, 彭抒昂, 等. 生物炭和石灰对红壤理化性质及烟草苗期生长影响的差异 [J]. 农业资源与环境学报, 2015, 32 (6): 590-595.

[173] 陈温福, 张伟明, 孟军. 农用生物炭研究进展与前景 [J]. 中国农业科学, 2013, 46 (16): 3324-3333.

[174] CHENG C H, LEHMANN J, ENGELHARD M H. Natural oxidation of black carbon in soils: Changes in molecular form and surface charge along a climosequence [J]. Geochimica et Cosmochimca Acta, 2008, 72: 1598-1610.

[175] DING Y, LIU Y X, WU W X, et al. Evaluation of biochar effects on nitrogen retention and leaching in multi-layered soil columns [J]. Water, Air, and Soil Pollution, 2010, 213: 47-55.

[176] NELISSEN V, RUTTING T, HUYGENS D, et al. Maize biochars accelerate short-term soil nitrogen dynamics in a loamy sand soil [J]. Soil Biology & Biochemistry, 2012, 55: 20-27.

[177] SPOKAS K A, NOVAK J M, VENTEREA R T. Biochar′s role as an alternative N-fertilizer: ammonia capture [J]. Plant and Soil, 2012, 350 (1/2): 35-42.

[178] DELUCA T H, MACKENZIE M D, GUNDALE M J. Biochar effects on soil nutrient transformations [J]. Biochar for Environmental Management: Science and Technology, 2009: 251-270.

[179] LEHMANN J, STEINER C, NEHLS T, et al. Nutrient availability and leaching in an archaeological anthrosol and a ferralsol of the central amazon basin: Fertilizer, manure and charcoal amendments [J]. Plant and Soil, 2003, 249 (2): 343-357.

[180] ZHAO X, WANG S Q, XING G X. Nitrification, acidification, and nitrogen leaching from subtropical cropland soils as affected by rice straw-based biochar: Laboratory incubation and column leaching studies [J]. Journal of Soils and Sediments, 2014, 14: 471-482.

[181] LI H, LU Z Q, MA H R, et al. Effect of biochar on carbon dioxide release, organic carbon accumulation, and aggregation of soil [J]. Environmental Progress & Sustainable Energy, 2014, 33 (3): 941-946.

[182] 姚玲丹, 程广焕, 王丽晓, 等. 施用生物炭对土壤微生物的影响 [J]. 环境化学, 2015, 34 (4): 697-704.

[183] 张又弛, 李会丹. 生物炭对土壤中微生物群落结构及其生物地球化学功能的影响

[J]. 生态环境学报，2015，24（5）：898-905.

[184] 崔红标，范玉超，周静，等. 改良剂对土壤铜镉有效性和微生物群落结构的影响[J]. 中国环境科学，2016，36（1）：197-205.

[185] 滕应，黄昌勇. 重金属污染土壤的微生物生态效应及其修复研究进展[J]. 土壤与环境，2002，11（1）：85-89.

[186] FERNÁNDEZ D A，ROLDAN A，AZCÓN R，et al. Effects of water stress，organic amendment and mycorrhizal inoculation on soil microbial community structure and activity during the establishment of two heavy metaltolerant native plant species [J]. Microbial Ecology，2012，63（4）：794-803.

[187] WANG Y P，LI Q B，SHI J Y，et al. Assessment of microbial activity and bacterial community composition in the rhizosphere of acopper accumulator and a nonaccumulator [J]. Soil Biology and Biochemistry，2008，40（5）：1167-1177.

[188] HMID A，CHAMI Z A，SILLEN W，et al. Olive mill waste biochar：apromising soil amendment for metal immobilization in contaminated soils [J]. Environmental Science & Pollution Research，2015，22（2）：1444-1456.

[189] 韩光明，刘东，孙世清，等. 生物炭对不同连作年限棉田棉花光合特性的影响[J]. 湖北农业科学，2015，54（24）：6202-6206.

[190] 韩玮，申双和，谢祖彬，等. 生物炭及秸秆对水稻土各密度组分有机碳及微生物的影响[J]. 生态学报，2016，36（18）：1-9.

[191] DOMENE X，HANLEY K，ENDERS A，et al. Short-term mesofauna responsers to soil additions of corn stower biochar and the role of microbial biomass [J]. Applied Soil Ecology，2015，89：10-17.

[192] YUAN J H，XU R K. The amelioration effects of low temperature biochar generated from nine crop residues on an acidi cultisol [J]. Soil Use and Management，2011，27：110-115.

[193] 周震峰，王建超，饶潇潇. 添加生物炭对土壤酶活性的影响[J]. 江西农业学报，2015，27（6）：110-112.

[194] TIFFANY L W，SANG W P，JORGE M V. Bio chemical and physiological mechanisms mediated by allelochemicals [J]. Current Opinion in Plant Biology，2004，7（4）：472-479.

[195] ANDRENI V，CAVALCA L，RAO M A，et al. Bacterial communities and enzyme activies of PAHs polluted soils [J]. Chemosphere，2004，57：401-412.

[196] 李静静，丁松爽，李艳平，等. 生物炭与氮肥配施对烤烟干物质积累及土壤生物学特性的影响[J]. 浙江农业学报，2016，28（1）：96-103.

[197] 赵军，耿增超，尚杰，等. 生物炭及炭基硝酸铵对土壤微生物量碳、氮及酶活性的影响 [J]. 生态学报，2016，36 (8)：1-8.

[198] 张灿灿，多立安，赵树兰. EDTA 对高羊茅生长及其土壤中酶活性的影响 [J]. 中国草地学报，2013，35 (3)：116-120.

[199] 陈心想，何绪生，耿增超，等. 施用生物炭后土壤生物活性与土壤肥力的关系 [J]. 干旱地区农业研究，2015，33 (3)：47-54.

[200] 何飞飞，梁云姗，荣湘民，等. 培养条件下生物炭对红壤菜地土氨挥发和土壤性质的影响 [J]. 云南大学学报 (自然科学版)，2014，36 (2)：299-304.

[201] 王立，安广楠，马放，等. AMF 对镉污染条件下水稻抗逆性及根际固定性的影响 [J]. 农业环境科学学报，2014，33 (10)：1882-1889.

[202] 孟立君，吴凤芝. 土壤酶研究进展 [J]. 东北农业大学学报，2004，35 (5)：622-626.

[203] 侯艳伟，曾月芬，安增莉. 生物炭施用对污染红壤中重金属化学形态的影响 [J]. 内蒙古大学学报 (自然科学版)，2011，42 (4)：460-467.

[204] LEHMANN J，JOSEPH S. Biochar for environmental management：Science and technology [M]. London，UK：Earthscan Ltd，2009.

[205] 张阳阳，胡学玉，余忠，等. Cd 胁迫下城郊农业土壤微生物活性对生物炭输入的响应 [J]. 环境科学研究，2015，28 (6)：936-942.

[206] TANG J C，ZHU W Y，KOOKANA R，et al. Characteristics of biochar and its application in remediation of contaminated soil [J]. Journal of Bioscience and Bioengineering，2013，116 (6)：653-659.

[207] HOUBEN D，EVRARD L，SONNET P. Beneficial effects of biochar application to contaminated soils on the bioavailability of Cd，Pb and Zn and the biomass production of rapeseed (Brassica napus L) [J]. Biomass and Bioenergy，2013，57：196-204.

[208] 柏建坤，李潮流，康世昌，等. 雅鲁藏布江中段表层沉积物重金属形态分布及风险评价 [J]. 环境科学，2014，35 (5)：3346-3350.

[209] 赵胜男. 乌梁素海重金属环境地球化学特征及其存在形态数值模拟分析 [D]. 呼和浩特：内蒙古农业大学，2013.

[210] LI X M，SHEN Q R，ZHANG D Q，et al. Functional groups determine biochar properties (pH and EC) asstudied by two-dimensional 13C NMR correlation spectroscopy [J]. PLo S One，2013，8 (6)：1-8.

[211] 张朝阳，彭平安，宋建中，等. 改进 BCR 法分析国家土壤标准物质中重金属化学形态 [J]. 生态环境学报，2012，21 (11)：1881-1884.

[212] 董騄睿，胡文友，黄标，等. 南京沿江典型蔬菜生产系统土壤重金属异常的源解

析［J］. 土壤学报，2014，51（6）：1251-1261.

［213］XU G，SUN J，SHAO H，et al. Biochar had effects on phosphorus sorption and desorption in three soils with differing acidity［J］. Ecological Engineering，2014，62：54-60.

［214］徐靖，韩义胜，唐清杰，等. 野生稻在水稻优质育种中的应用［J］. 安徽农业科学，2012，40（1）：83-84.

［215］莫争，王春霞，陈琴，等. 重金属 Cu，Pb，Zn，Cr，Cd 在水稻植株中的富集和分布［J］. 环境化学，2002，21（2）：110-116.

［216］孙亚芳，王祖伟，孟伟庆，等. 天津污灌区小麦和水稻重金属的含量及健康风险评价［J］. 农业环境科学学报，2015，34（4）：679-685.

［217］钟倩云，曾敏，廖柏寒，等. 碳酸钙对水稻吸收重金属（Pb、Cd、Zn）和 As 的影响［J］. 生态学报，2015，35（4）：1242-1248.

［218］LATTAO C，CAO X Y，MAO J D，et al. Influence of molecular structure and adsorbent properties on sorption of organic compounds to a temperature series of wood chars［J］. Environmental Science Technology，2014，48（9）：4790-4798.

［219］王玉璇. 湖南省某市稻谷重金属污染现状与防治对策［D］. 长沙：中南林业科技大学，2014.

［220］王耀锋，刘玉学，吕豪豪，等. 水洗生物炭配施化肥对水稻产量及养分吸收的影响［J］. 植物营养与肥料学报，2015，21（4）：1049-1055.

［221］ASAI H，SAMSON B K，STEPHAN H M，et al. Biochar amendment techniques for upland rice production in Northern Laos. 1. Soil physical properties，leaf SPAD and grain yield［J］. Field Crops Research，2010，111（20）：81-84.

［222］简敏菲，汪斯琛，余厚平，等. Cd^{2+}、Cu^{2+}胁迫对黑藻（Hydrilla verticillata）的生长及光合荧光特性的影响［J］. 生态学报，2016，36（6）：1-9.

［223］李泽，谭晓风，卢锟，等. 根外追肥对油桐幼苗生长、光合作用及叶绿素荧光参数的影响［J］. 中南林业科技大学学报，2016，32（6）：40-46.

［224］马富举，李丹丹，蔡剑，等. 干旱胁迫对小麦幼苗根系生长和叶片光合作用的影响［J］. 应用生态学报，2012，23（3）：724-730.

［225］朱启红，徐冬冬，夏红霞，等. 淹水胁迫对滴水观音光合气体交换参数的影响［J］. 水生态学杂志，2014，35（5）：91-94.

［226］夏红霞，朱启红，李 强，等. 淹水胁迫对石菖蒲光合特性的影响［J］. 水生态学杂志，2013，34（6）：86-90.

［227］何俊瑜，任艳芳. 镉胁迫对莴苣幼苗生长和光合性能的影响［J］. 西南农业学报，2009，4（27）：34-35.

[228] 宋久洋，刘 领，陈明灿，等. 生物质炭施用对烤烟生长及光合特性的影响 [J]. 河南科技大学学报（自然科学版），2014，35 (4)：68-72.

[229] 郭天财，王之杰，王永华. 不同穗型小麦品种旗叶光合作用日变化的研究 [J]. 西北植物学报，2002，22 (3)：554-560.

[230] 吴志庄，王道金，厉月桥，等. 施用生物炭肥对黄连木生长及光合特性的影响 [J]. 生态环境学报 2015，24 (6)：992-997.

[231] 张娜. 生物炭对麦玉复种体系作物生长及土壤理化性质的影响 [D]. 咸阳：西北农林科技大学，2015.

[232] 李永华，张开明，于红芳. 10 个秋菊品种的光合特性及净光合速率与部分生理生态因子的相关性分析 [J]. 植物资源与环境学报. 2012，21 (1)：70-76.

[233] 闫永庆，王文杰，朱虹. 盐碱胁迫对青山杨光合特性的影响 [J]. 东北农业大学学报，2010，2 (2)：31-38.

[234] 武春成，李天来，曹霞，等. 添加生物炭对连作营养基质理化性质及黄瓜生长的影响 [J]. 核农学报，2014，28 (8)：1534-1539.

[235] 李芳兰，包维楷，吴宁. 白刺花幼苗对不同强度干旱胁迫的形态与生理响应 [J]. 生态学报，2009，29 (10)：5406-5416.

[236] 曹翠玲，毛圆辉，曹朋涛. 低磷胁迫对豇豆幼苗叶片光合特性及根系生理特性的影响 [J]. 植物营养与肥料学报，2010，16 (6)：1373-1378.

[237] 高丽楠，张宏，陈舒慧，等. 高原 2 种草本植物的光合作用和叶绿素荧光参数日动态 [J]. 四川师范大学学报（自然科学版），2015，38 (4)：550-560.

[238] 宋尚文，孙明高，吕廷良，等. 盐胁迫对 3 个桑树品种幼苗光合特性的影响 [J]. 西南林学院学报，2010，30 (3)：33-34.

[239] 张芙蓉，赵丽娜，张 瑞，等. 生物炭对盐渍化土壤改良及甜瓜生长的影响 [J]. 上海农业学报，2015，31 (1)：54-58.

[240] 吴甘霖，段仁燕，王志高，等. 干旱和复水对草莓叶片叶绿素荧光特性的影响 [J]. 生态学报，2010，30 (14)：3941-3946.

[241] MAXWELL K，JOHNSON G N. Chlorophyll fluorescence a practical guide [J]. Journal of Experimental Botany，2000，51 (345)：659-668.

[242] 朱英华，屠乃美，肖汉乾，等. 硫对烟草叶片光合特性和叶绿素荧光参数的影响 [J]. 生态学报，2008，28 (3)：1000-1005.

[243] 李强，朱启红，丁武泉，等. 水体泥沙对菖蒲和石菖蒲生长发育的影响 [J]. 生态学报，2011，31 (5)：1341-1348.

[244] WANG X，LI Z Q，GU W B，et al. Systemic regulation of anatomic structure and photosynthetic characteristics of developing leaves in sorghum seedlings under salt stress

[J]. Acta Agronomica Sinica, 2010, 36 (11): 1941-1949.

[245] PÉREZ-LLAMAZARES A, ABOAL J R, CARBALLEIRA A, et al. Cellular location of K, Na, Cd and Zn in the moss pseudoscleropodium purum in an extensive survey [J]. Science of the Total Environment, 2011, 409: 1198-1204.

[246] LI X, JIAO D M, LIU Y L, et al. Chlorophyll fluorescence and membrane lipid peroxidation in the flag leaves of different high yield rice variety at late stage of development under natural condition [J]. Acta Botanica Sinica, 2002, 44 (4): 413-421.

[247] 王余，朱雯倩，王娓敏，等. 微囊藻毒素对水稻幼苗生长与叶绿素荧光的影响 [J]. 环境科学学报，2014，35 (2)：602-607.

[248] 王兆，刘晓曦，郑国华. 低温胁迫对彩叶草光合作用及叶绿素荧光的影响 [J]. 浙江农业学报，2014，27 (1)：49-56.

[249] 陈亚鹏，陈亚宁，徐长春，等. 塔里木河下游地下水埋深对气体交换和叶绿素荧光的影响 [J]. 生态学报，2011，31 (2)：0344-0353.

[250] LAVINSKY A O, SANTCANA C S, MIELKE M S, et al. Effects of light availability and soil flooding on growth and photosynthetic characteristics of Genipa Americana L. seed lings [J]. New Forests, 2007, 34 (1): 41-50.

[251] 姜玉萍，丁小涛，张兆辉，等. 淹水对不同葫芦科作物叶绿素荧光特性的影响 [J]. 中国瓜菜，2012，25 (1)：16-19.

[252] WAN Y L, YOU Z Y, HAN S J, et al. Microbial distribution in constructed wetland of Iris pseudacorus L [J]. Agricultural Science & Technology, 2010, 11 (9): 26-28, 44.

[253] 赵丽英，邓西平，山仑. 不同水分处理下冬小麦旗叶叶绿素荧光参数的变化研究 [J]. 中国生态农业学报，2007，15 (1)：63-66.

[254] 王晨光，郝兴宇，李红英，等. CO_2浓度升高对大豆光合作用和叶绿素荧光的影响 [J]. 核农学报，2015，29 (8)：1583-1588.

[255] 张雪芹，谢志楠，欧阳海波，等. 淹水对番木瓜光合和叶绿素荧光特性的影响 [J]. 中国南方果树，2011，40 (3)：29-32.

[256] 刘瑞仙，靖元孝，肖林，等. 淹水深度对互叶白千层幼苗气体交换、叶绿素荧光和生长的影响 [J]. 生态学报，2010，30 (19)：5113-5120.

[257] 袁连奇，张利权. 调控淹水对互花米草生理影响的研究 [J]. 海洋与湖沼，2010，41 (2)：175-179.

[258] 李川，周倩，王大铭，等. 模拟三峡库区淹水对植物生长及生理生化方面的影响 [J]. 西南大学学报（自然科学版），2011，33 (10)：46-50.

[259] 朱启红，夏红霞，李园园，等. 铅磷交互作用对石菖蒲抗氧化系统的影响 [J]. 西南农业学报，2015，28 (6)：284-289.

[260] BOURAOUI Z，BANNI M，GHEDIRA J，et al. Evaluation of enzymatic biomarkers and lipoperoxidation level in Hediste diversicolor exposed to copper and benzo[a]pyrene [J]. Ecotoxicology and Environmental Safety，2009，72：1893-1898.

[261] 梁建萍，贾小云，刘亚令，等. 干旱胁迫对蒙古黄芪生长及根部次生代谢物含量的影响 [J]. 生态学报，2016，36 (14)：1-8.

[262] 陈银萍，蘧苗苗，苏向楠，等. 外源一氧化氮对镉胁迫下紫花苜蓿幼苗活性氧代谢和镉积累的影响 [J]. 农业环境科学学报，2015，34 (12)：2261-2271.

[263] 朱启红，夏红霞，杨放，等. 短期干湿交替胁迫对滴水观音叶片抗氧化系统的影响 [J]. 淡水渔业，2015，45 (6)：70-74.

[264] 黄益宗，隋立华，王玮，等. O_3对水稻叶片氮代谢、脯氨酸和谷胱甘肽含量的影响 [J]. 生态毒理学报，2013，8 (1)：69-76.

[265] DINAKAR N，NAGAJYOTHI P C，SURESH S，et al. Cadmium induced changes on proline，antioxidant enzymes，nitrate and nitrite reductases in arachis hypogaea L [J]. Journal of Environmental Biology，2009，30 (2)：289-294.

[266] 李冬琴，曾鹏程，陈桂葵，等. 干旱胁迫对 3 种豆科灌木生物量分配和生理特性的影响 [J]. 中南林业科技大学学报，2016，36 (1)：33-39.

[267] KHAN M L R，NAZIR F，ASGHER M，et al. Selenium and sulfur influence ethylene formation and alleviate cadmium-induced oxidative stress by improving proline and glutathione production in wheat [J]. Journal of Plant Physiology，2015，173：9-18.

[268] 贺超，陈伟燕，贺学礼，等. 不同水肥因子与 AM 真菌对黄芩生长和营养成分的交互效应 [J]. 生态学报，2016，36 (10)：1-9.

[269] 周琦，祝遵凌，施曼. 盐胁迫对鹅耳枥生长及生理生化特性的影响 [J]. 南京林业大学学报（自然科学版），2015，39 (6)：56-60.

[270] 梁泰帅，刘昌欣，康靖全，等. 硫对镉胁迫下小白菜镉富集、光合速率等生理特性的影响 [J]. 农业环境科学学报，2015，34 (8)：1455-1463.

[271] 田景花，王红霞，张志华，等. 低温逆境对不同核桃品种抗氧化系统及超微结构的影响 [J]. 应用生态学报，2015，26 (5)：1320-1326.

[272] LIU W P，SU S C，LIU X，et al. Comparison of different cultivars of blueberry overwintering ability in Qingdao of China [J]. American Journal of Plant Sciences，2012，3：391-396.

[273] WANG W B，KIM Y H，LEE H S，et al. Differential antioxidation activities in two alfalfa cultivars under chilling stress [J]. Plant Biotechnology Reports，2009，3：

301-307.

[274] 李佳，刘杨，羌维民，等. 镉胁迫下多胺对玉米苗期生长的影响及其机理［J］. 农业环境科学学报，2015，34（6）：1021-1027.

[275] 蔡金峰，曹福亮，张往祥. 淹水胁迫对乌柏幼苗叶片质膜透性和渗透调节物质的影响［J］. 东北林业大学学报，2014，42（2）：42-46.

[276] 刘筱，易守理，高素萍. 铅胁迫对紫萼玉簪幼苗 SOD，POD 和 CAT 活性的影响［J］. 安徽农业科学，2011，39（14）：8244-8246.

[277] 朱启红，萧黎，徐东东，等. 干湿交替对滴水观音叶绿素荧光参数的影响［J］. 西南农业学报，2016，29（1）：69-73.

[278] 廖源林，蔡仕珍，邓辉茗，等. 苦楝叶片抗氧化系统对 Cd^{2+} 胁迫的响应［J］. 东北农业大学学报，2015，43（11）：22-27.

[279] 朱启红，夏红霞. 淹水胁迫对石菖蒲抗氧化酶系统的影响［J］. 水生态学杂志，2012，33（4）：138-141.

[280] 王丽丽，王轶男，宋莹莹，等. 镉、苯并（a）芘胁迫对双齿围沙蚕 SOD、CAT 活性及 MDA 含量的影响［J］. 海洋环境科学，2015，34（1）：17-22.

[281] GERACITZANO L A，BOCCHETTI R，MONSERRAT J M，et al. Oxidative stress responses in two populations of Laeonereis acuta（Polychaeta，Nereididae）after acute and chronic exposure to coppe［J］. Mar Environ Res，2004，58：1-17.

[282] 汤叶涛，关丽捷，仇荣亮，等. 镉对超富集植物滇苦菜抗氧化系统的影响［J］. 生态学报，10，30（2）：0324-0332.

[283] 王俊杰，云锦凤，吕世杰. 黄花苜蓿耐盐生理特性的初步研究［J］. 干旱区资源与环境，2008，22（12）：158-163.

[284] ZHANG H，VORONEY R，PRICE G. Effects of temperature and processing conditions on biochar chemical properties and their influence on soil C and N transformations［J］. Soil Biology and Biochemistry，2015，83：19-28.

[285] YANG Y M，NAN Z R，ZHAO Z J. Bioaccumulation and translocation of cadmium in wheat（Triticum aestivum L.）and maize（Zea mays L.）from the polluted oasis soil of Northwestern China［J］. Chemical Speciation and Bioavailability，2014，26（1）：43-51.

[286] LIU Y，WU J，YANG G，et al. The Growth of Three Kinds of Grass in Lead-Zinc Mining Area and Their Bioaccumulation Charateristics of Heavy Metals［J］. Journal of Soil and Water Conservation，2014，28（5）：291-296.

[287] CHRZAN A. Necrotic bark of common pine（Pinus sylvestris L.）as a bioindicator of environmental quality［J］. Environmental Science and Pollution Research，2015，

22 (2):1066-1071.

[288] ZHOU H, ZHOU X, ZENG M, et al. Effects of combined amendments on heavy metal accumulation in rice (Oryza sativa L.) planted on contaminated paddy soil [J]. Ecotoxicology and environmental safety, 2014, 101: 226-232.

[289] 孙国红, 李剑睿, 徐应明, 等. 不同水分管理下镉污染红壤钝化修复稳定性及其对氮磷有效性的影响 [J]. 农业环境科学学报, 2015, 34 (11): 2105-2113.

[290] 李冰. 成都平原农田土壤镉污染成因与阻控技术研究 [D]. 咸阳: 西北农林科技大学, 2014.

[291] 王子莹, 邱梦怡, 杨妍, 等. 不同生物炭吸附乙草胺的特征及机理 [J]. 农业环境科学学报, 2016, 35 (1): 93-100.

[292] 孔露露, 周启星. 新制备生物炭的特性表征及其对石油烃污染土壤的吸附效果 [J]. 环境工程学报, 2015, 9 (5): 2462-2468.

[293] 武丽君, 王朝旭, 张峰, 等. 玉米秸秆和玉米芯生物炭对水溶液中无机氮的吸附性能 [J]. 中国环境科学, 2016, 36 (1): 74-81.

[294] DING W C, DONG X L, Ime I M, et al. Pyrolytic temperatures impact lead sorption mechanisms by bagasse biochars [J]. Chemosphere, 2014, 105: 68-74.

[295] Ozlem O. Influence of pyrolysis temperature and heating rate on the production of bio-oil and char from safflower seed by pyrolysis, using a well-swept fixed-bed reactor [J]. Fuel Processing Technology, 2007, 88 (5): 523-531.

[296] 张越, 林珈羽, 刘沅, 等. 改性生物炭对镉离子吸附性能研究 [J]. 武汉科技大学学报, 2016, 39 (1): 48-52.

[297] KAMEYAMA K, MIYAMOTO T, SHIONO T, et al. Influence of sugarcane bagasse-derived biochar application on nitrate leaching in calcaric dark red soil [J]. Journal Environmental Quality, 2012, 41 (4): 1131-1137.

[298] ZU X, LIU X M, CHEN Y J, et al. Effects of biochar amendment on rapeseed and sweet potato yields and water stable aggregate in upland red soil [J]. CATENA, 2014, 123 (2/3): 45-51.

[299] ALFRED O, JAN M, VEGAR D M, et al. Insitu effects of biochar on aggregation, water retention and porosity in light-textured tropical soils [J]. Soil and Tillage Research, 2016, 155: 35-44.

[300] FORBES M S, RAISON R J, SKJEMSTAD J O. Formation, transformation and transport of black carbon (charcoal) in terrestrial and aquatic ecosystems [J]. Science of the Total Environment, 2006, 370 (1): 190-206.

[301] WANG Y F, PAN F B, WANG G S, et al. Effects of biochar on photosynthesis and

antioxidative system of malus hupehensis rehd. seedlings under replant conditions [J]. Scientia Horticulturae, 2014, 175: 9-15.

[302] LI Y, LI X T, SHEN F, et al. Responses of biomass briquetting and pelleting to water-involved pretreatments and subsequent enzymatic hydrolysis [J]. Bioresource Technology, 2014, 151: 54-62.

[303] LI Y, SHEN F, GUO H, et al. Phytotoxicity assessment on corn stover biochar. derived from fast pyrolysis, based on seed germination, early growth, and potential plant cell damage [J]. Environmental Science and Pollution Research, 2015, 22 (12): 9534-9543.

[304] 王晋，庄舜尧，曹志洪，等. 不同生物炭浸提液对水稻发芽及幼苗发育的影响 [J]. 中国农学通报，2014，30 (30)：50-55.

[305] HILLE M, OUDEN J D. Charcoal and activated carbon as adsorbate of phytotoxic compounds - a comparatme study [J]. Oikos, 2005, 108 (1): 202-207.

[306] BARGMANN I, RILLIG M C, BUSS W, et al. Hydrochar and biochar effects on germination of spring barley [J]. Journal of Agronomy and Crop Science, 2013, 199 (5): 360-373.

[307] 朱优矫，李文庆，田晓飞，等. 生物炭基质对番茄幼苗生长及光合特性的影响 [J]. 长江蔬菜，2016，22 (9)：18-21.

[308] 蒋健，王宏伟，刘国玲，等. 生物炭对玉米根系特性及产量的影响 [J]. 玉米科学，2015，23 (4)：62-66.

[309] 程效义，孟军，黄玉威，等. 生物炭对玉米根系生长和氮素吸收及产量的影响 [J]. 沈阳农业大学学报，2016，47 (2)：218-223.

[310] 张伟明，孟军，王嘉宇，等. 生物炭对水稻根系形态与生理特性及产量的影响 [J]. 作物学报，2013，39 (8)：1445-1451.

[311] 王艳芳，沈向，陈学森，等. 生物碳对缓解对羟基苯甲酸伤害平邑甜茶幼苗的作用 [J]. 中国农业科学，2014，47 (5)：968-976.

[312] 王晓维，徐健程，孙丹平，等. 生物碳对铜胁迫下红壤地油菜苗期叶绿素和保护性酶活性的影响 [J]. 农业环境科学学报，2016，35 (4)：640-646.

[313] 何云勇，李心清，杨放，等. 裂解温度对新疆棉秆生物炭物理化学性质的影响 [J]. 地球与环境，2016，44 (1)：19-24.

[314] 黄韡，吴承祯，钱莲文. 生物质炭对铝胁迫下常绿杨生理特征的影响 [J]. 莆田学院学报，2014，21 (2)：42-46.

[315] 杨志晓，丁燕芳，张小全，等. 赤星病胁迫对不同抗性烟草品种光合作用和叶绿素荧光特性的影响 [J]. 生态学报，2015，35 (12)：4146-4154.

[316] 金睿，刘可星，艾绍英，等. 生物炭复配调理剂对镉污染土壤性状和小白菜镉吸收及其生理特性的影响 [J]. 南方农业学报，2016，47 (9)：1480-1487.

[317] 许仁智，齐国翠，曹晶潇，等. 甘蔗渣生物炭覆盖处理对河流沉积物中重金属释放的阻控作用 [J]. 环境污染与防治，2020，42 (10)：1227-1232.

[318] 周震峰，王建超，饶潇潇. 添加生物炭对土壤酶活性的影响 [J]. 江西农业学报，2015，27 (6)：110-112.

[319] 韩光明，刘东，孙世清，等. 生物碳对不同连作年限棉田棉花光合特性的影响 [J]. 湖北农业科学. 2015，54 (24)：6203-6206.

[320] 吴志庄，王道金，厉月桥，等. 施用生物碳肥对黄连木生长及光合特性的影响 [J]. 生态环境学报，2015，24 (6)：992-997.

[321] 付春娜，张丽莉，黄越，等. 生物碳与干旱对马铃薯初花期生长特性的影响 [J]. 贵州农业科学. 2016，44 (10)：18-21.

[322] BASSO A S，MIGUEZ F E，LAIRD D A，et al. Assessing potential of biochar for increasing water-holding capacity of sandy soils [J]. Global Change Biology Bioenergy，2013，5 (2)：132-143.

[323] GITHINJI L. Effect of biochar application rate on soil physical and hydraulic properties of a sandy loam [J]. Archives of Agronomy and Soil Science，2014，60 (4)：457-470.

[324] PRAYOGO L，JONES J E，BAEYENS J，et al. Impact of biochar on mineralisation of C and N from soil and willow litter and its relationship with microbial community biomass and structure [J]. Biol Fertil Soils，2014，50：695-702.

[325] 苏倩，侯振安，赵靓，等. 生物炭对土壤磷素和棉花养分吸收的影响 [J]. 植物营养与肥料学报，2014，20 (3)：642-650.

[326] ILLINGWORTH J，WILLIAMS P T，RAND B. Characterisation of biochar porosity from pyrolysis of biomass flax fibre [J]. Journal of the Energy Institute，2013，86 (2)：63-70.

[327] WANG J Y，PAN X J，LIU Y L，et al. Effects of biochar amendment in two soils on greenhouse gas emissions and crop production [J]. Plant and Soil，2012，360 (1/2)：287-298.

[328] PERRY L G，BLUMENTHAL D M，MONACO T A，et al. Immobilizing nitrogen to control plant invasion [J]. Oecologia，2010，163 (1)：13-24.

[329] 邹春娇，张勇勇，张一鸣，等. 生物炭对设施连作黄瓜根域基质酶活性和微生物的调节 [J]. 应用生态学报，2015，26 (6)：1772-1778.

[330] FOWLES M. Black carbon sequestration as an alternative to bioenergy [J]. Biomass and Bioenergy，2007，31：426-432.

[331] 赵秋芳，马海洋，王辉，等. 生物炭对香草兰生长及根际土壤微生物的影响 [J]. 湖北农业科学，2015，54 (22)：5647-5651.

[332] 胡雲飞，李荣林，杨亦扬. 生物炭对茶园土壤 CO_2 和 N_2O 排放量及微生物特性的影响 [J]. 应用生态学报，2015，26 (7)：1954-1960.

[333] QUILLIAM R S, MARSDEN K A, GERTLER C, et al. Nutrient dynamics, microbial growth and weed emergence in biochar amended soil are influenced by time since application and reapplication rate [J]. Agriculture, Ecosystems and Environment, 2012, 158: 192-199.

[334] 崔立强，杨亚鸽，严金龙，等. 生物质炭修复后污染土壤铅赋存形态的转化及其季节特征 [J]. 中国农学通报，2014，30 (2)：233-239.

[335] MARTINCZ C E, MOTTO H L. Solubility of lead, zinc and copper added to mineral soils [J]. Environmental Pollution, 2000, 107: 153-158.

[336] 黄代宽，李心清，董泽琴，等. 生物炭的土壤环境效应及其重金属修复应用的研究进展 [J]. 广州农业科学，2014，42 (11)：159-165.

[337] 张星，刘杏认，张晴雯，等. 生物炭和秸秆还田对华北农田玉米生育期土壤微生物量的影响 [J]. 农业环境科学学报，2015，34 (10)：1943-1950.

[338] ZHAO Z J, NAN Z R, WANG Z W, et al. Interaction between Cd and Pb in the soil-plant system: a case study of an arid oasis soilcole system [J]. Journal of Arid Land, 2014, 6 (1): 59-68.

[339] 袁晶晶，同延安，卢绍辉，等. 生物炭与氮肥配施改善团聚体结构提高红枣产量 [J]. 农业工程学报，2018，34 (3)：159-165.

[340] WU F P, JIA Z K, WANG S G, et al. Contrasting effects of wheat straw and its biochar on greenhouse gas emissions and enzyme activities in a chernozemic soil [J]. Biology and Fertility of Soils, 2013, 49: 555-565.

[341] SHAN X Q, WANG Z W. Speciation analysis and bioavailabilit [J]. Chinese Journal of Analysis Laboratory, 2001, 20 (6): 103-108.

[342] 陈明，杨涛，徐慧，等. 赣南某钨矿区土壤中 Cd、Pb 的形态特征及生态风险评价 [J]. 环境化学，2015，34 (12)：2257-2262.

[343] WANG Z W, NAN Z R, ZHAO Z J, et al. Effects of Cadmium, Zinc and Nickel on celery growth and bioaccumulation of heavy metals in contaminated arid oasis soils [J]. Journal of Arid Land Resources and Environment, 2011, 25 (2): 138-143.

[344] 周波，唐晶磊，代金君，等. 蚯蚓作用下污泥重金属形态变化及其与化学生物学性质变化的关系 [J]. 生态学报，2015，35 (19)：6269-6279.

[345] 武文飞，南忠仁，王胜利，等. 绿洲土 Cd、Pb、Zn、Ni 复合污染下重金属的形态

特征和生物有效性［J］. 生态学报，2013，33（2）：0619-0630.

［346］曹莹，邸佳美，沈丹，等. 生物炭对土壤外源镉形态及花生籽粒富集镉的影响［J］. 生态环境学报，2015，24（4）：688-693.

［347］景琪，李晔，张譞，等. 螯合剂和商陆联合修复重金属 Cd、Cu 污染土壤的田间试验［J］. 武汉理工大学学报，2014，36（4）：139-143.

［348］刘春艳. Cu、Cd 单一及复合污染对油菜生长发育的影响［D］. 芜湖：安徽师范大学，2012.

［349］孙宁川，唐光木，刘会芳，等. 生物炭对风沙土理化性质及玉米生长的影响［J］. 西北农业学报，2016，25（2）：209-214.

［350］李昌见，屈忠义，勾芒芒，等. 生物炭对土壤水肥利用效率与番茄生长影响研究［J］. 农业环境科学学报，2014，33（11）：2187-2193.

［351］王小晶，陈怡，王菲，等. 钾肥对镉污染土壤大白菜品质的效应研究［J］. 农业资源与环境学报，2015，32（1）：40-47.

［352］赵倩雯，孟军，陈温福. 生物炭对大白菜幼苗生长的影响［J］. 农业环境科学学报，2015，34（12）：2394-2401.

［353］刘菁华，米彩红，周丽丽，等. 生物炭还田对融雪期棕壤有效养分的影响［J］. 西北农业学报，2018，27（6）：880-887.

［354］WITTENMAYER L，SZABO K. The role of root exudates in specific apple（Malus xdomestica Borkh.）replant disease（SARD）［J］. Journal of Plant Nutrition and Soil Science，2000，163（4）：399-404.

［355］乌英嘎，张贵龙，赖欣，等. 生物炭施用对华北潮土土壤细菌多样性的影响［J］. 农业环境科学学报，2014，33（5）：965-971.

［356］王震宇，宋晓娜，陈蕾，等. 生物炭对宁夏低质土壤中油菜生长及氮素利用的影响［J］. 中国海洋大学学报（自然科学版），2015，45（12）：94-101.

［357］CUI H W，MA W G，HU J，et al. Chilling tolerance evaluation，and physiological and ultrastructural changes under chilling stress in tobacco［J］. African Journal of Agricultural Research，2012，7：3349-3359.

［358］李平，张永江，刘连涛，等. 水分胁迫对棉花幼苗水分利用和光合特性的影响［J］. 棉花学报，2014，26（2）：113-121.

［359］杜研，杨文忠，孙林琦，等. 不同施肥处理对核桃叶片光合作用和叶绿素荧光特性的影响［J］. 甘肃农业大学学报，2015，50（4）：97-101.

［360］JIANG J L，GU X Y，SONG R，et al. Microcystin-LR induced oxidative stress and ultrastructural alterations in mesophyll cells of submerged macrophyte vallisneria natans（Lour）hara［J］. Journal of Hazardous Materials，2011，190（1/3）：188-196.

[361] PERRON M C, QIU B S, BOUCHER N, et al. Use of chlorophyll a fluorescence to detect the effect of microcystins on photosynthesis and photosystem Ⅱ energy fluxes of green algae [J]. Toxicon, 2012, 59 (5): 567-577.

[362] 赵阳，赵竑绯，等. 模拟淹水对杞柳生长和光合特性的影响 [J]. 生态学报，2013, 33 (3): 898-906.

[363] 徐澜，高志强，安伟，等. 冬麦春播条件下旗叶光合特性、叶绿素荧光参数变化及其与产量的关系 [J]. 应用生态学报，2016, 27 (1): 133-142.

[364] 肖冰，潘存德，王世伟，等. 新温 185 号核桃叶片光谱特征及其对施肥的响应 [J]. 新疆农业科学，2014, 51 (7): 1205-1212.

[365] 杨志晓，丁燕芳，张小全，等. 赤星病胁迫对不同抗性烟草品种光合作用和叶绿素荧光特性的影响 [J]. 生态学报，2015, 35 (12): 4146-4154.

[366] 孙存华，李扬，杜伟，等. 干旱胁迫下藜的光合特性研究 [J]. 植物研究，2010, 11, 27 (6): 22-23.

[367] 王雯，李曼，王丽红，等，酸雨对全生育时期水稻叶绿素荧光的影响 [J]. 生态环境学报，2014, 23 (1): 80-85 .

[368] 吴晓丽，汤永禄，李朝苏，等. 不同生育时期渍水对冬小麦旗叶叶绿素荧光及籽粒灌浆特性的影响 [J]. 中国生态农业学报，2015, 23 (3): 309-318.

[369] 朱帅，吴帼秀，蔡欢，等. 低镁胁迫对低温下黄瓜幼苗光合特性和抗氧化系统的影响 [J]. 应用生态学报，2015, 26 (5): 1351-1358.

[370] 吴娟，施国新，夏海威，等. 外源钙对汞胁迫下菹草（Potamogeton crispus L.）叶片抗氧化系统及脯氨酸代谢的调节效应 [J]. 生态学报，2014, 33 (2): 380-387.

[371] 刘国锋，韩士群，刘学芝，等. 藻华聚集的环境效应：对漂浮植物水葫芦（Eichharnia crassipes）抗氧化酶活性的影响 [J]. 湖泊科学，2016, 28 (1): 31-39.

[372] KRATSCH H A, WISE R R. The ultrastructure of chillingstress [J]. Plant, Cell and Environment, 2000, 23: 337-350.

[373] 孙天国，沙伟，刘岩. 复合重金属胁迫对两种藓类植物生理特性的影响 [J]. 生态学报，2010, 33 (3): 2332-2339.

[374] YADAV S K. Cold stress tolerance mechanisms in plants [J]. Agronomy for Sustainable Development, 2010, 30: 515-527.

[375] 朱涵毅，陈益军，劳佳丽，等. 外源 NO 对镉胁迫下水稻幼苗抗氧化系统和微量元素积累的影响 [J]. 生态学报，2013, 33 (2): 0603-0609.